Gentechnik geht uns alle an!

Oskar Luger · Astrid Tröstl · Katrin Urferer

Gentechnik geht uns alle an!

Ein Überblick über Praxis und Theorie

2., vollständig überarbeitete und erweiterte Auflage

 Springer VS

Oskar Luger
Oberfellabrunn, Österreich

Katrin Urferer
Waidhofen/Ybbs, Österreich

Astrid Tröstl
Mistelbach, Österreich

ISBN 978-3-658-15604-6   ISBN 978-3-658-15605-3   (eBook)
DOI 10.1007/978-3-658-15605-3

Die Deutsche Nationalbibliothek verzeichnet diese Publikation in der Deutschen National-
bibliografie; detaillierte bibliografische Daten sind im Internet über http://dnb.d-nb.de abrufbar.

Springer VS
© Springer Fachmedien Wiesbaden 2012, 2017

Springer VS ist Teil von Springer Nature
Die eingetragene Gesellschaft ist Springer Fachmedien Wiesbaden GmbH
Die Anschrift der Gesellschaft ist: Abraham-Lincoln-Str. 46, 65189 Wiesbaden, Germany

Vorwort

Unser gemeinsames Interesse an der Biologie und an der Vermittlung von biologischem Wissen hat uns zusammen und zu diesem Buch geführt. Wir haben während unserer gemeinsamen beruflichen Laufbahn und in langjähriger Freundschaft immer wieder festgestellt, wie herausfordernd es sein kann, komplexe Sachverhalte möglichst einfach, kritisch und logisch darzustellen. Mit diesem Buch haben wir uns der Herausforderung im Bereich der Gentechnik gestellt. Das Ergebnis ist ein Werk, das einen Gesamtüberblick über die klassische Gentechnik, die neuen Methoden des Genome Editing und die für das Verständnis notwendigen Grundlagen der Genetik gibt.

Das Buch ist eine Weiterentwicklung, massive Erweiterung und in vielen Teilen völlige Neubearbeitung des ersten Buches „Über Gentechnik und Klone". Wir haben uns in der neuen Auflage ausschließlich der Gentechnik gewidmet, um diese noch umfassender aufarbeiten zu können. Schließlich gibt es kaum einen anderen Bereich der Wissenschaft, der so umfassend und grundlegend in unser aller Leben eingreift und wahrscheinlich eingreifen wird. Betroffen sind nicht nur unsere Ernährung, sondern noch viel mehr der gesamte medizinische Bereich, sei es bei der Medikamentenproduktion oder bei der Diagnose und Behandlung von (Erb-) Krankheiten.

So vieles passiert weitgehend ohne öffentliches Interesse, denn die Gentechnik ist weit mehr als gentechnisch verändertes Soja irgendwo in Amerika. Es betrifft uns in Deutschland oder Österreich genauso, nur wissen viele darüber nicht Bescheid. Haben wir schon gentechnisch veränderte Lebensmittel auf dem Teller? Können wir das selber bestimmen oder ist es einerlei? Werden wir schon mit gentechnisch hergestellten Medikamenten behandelt? Können unsere Nachbarn gentechnisch veränderte Pflanzen anbauen? Fragen wie diese sollten viel offener in der Gesellschaft diskutiert werden. Es scheint uns wichtig und wir hoffen mit dem Buch einen kleinen Beitrag leisten zu können, dass der interessierte Laie informiert an die Diskussionen herangehen kann. Nur wer informiert ist, kann sich selbst ein Urteil bilden und muss nicht Meinungen anderer übernehmen.

Zum Aufbau dieses Buches: Nach den hinführenden Kapiteln sind die Themen der Gentechnik immer so aufgebaut, dass zunächst die biologischen Grundinformationen über die Methoden und Anwendungen behandelt werden. Daran anschließend werden kritisch die tatsächlichen Erfolge, Umsetzungsschwierigkeiten, Herausforderungen in der Praxis sowie Nebeneffekte aufgezeigt. In dieser Zusammenstellung sind uns auch die sozialen und ökologischen Effekte ein Anliegen, auch wenn diese nicht ausschließlich durch die Anwendung der Gentechnik hervorgerufen wurden bzw. werden. In vielen Fällen verstärkt der Einsatz gentechnischer Methoden aber massiv bereits vorhandene Probleme.

Zum Abschluss möchten wir uns bei allen bedanken, die zum Gelingen dieses Buches beigetragen haben. Wir wollen damit bei unseren Familien beginnen, die uns mit viel Zeit, Rat und Tat unterstützt haben. Es wäre uns ohne ihre Hilfe unmöglich gewesen, so viel Zeit in das Buch zu investieren. Bei unseren Freundinnen, Kolleginnen und besonders bei unseren Schülern und Schülerinnen bedanken wir uns für die vielen intensiven und konstruktiven Diskussionen zum Thema. Stellvertretend für den Springer Verlag danken wir Dr. Andreas Beierwaltes, Susanne Göbel und Stefanie Loyal für die tolle Unterstützung dieses Projekts.

Oskar Luger, Astrid Tröstl und Katrin Urferer
Niederösterreich, Juni 2016

▶ Gerne können Sie uns unter gentechnikgehtunsallean@gmx.at kontaktieren. Updates und weitere Informationen finden Sie auf www.gentechnikgehtunsallean. at und der gleichnamigen Facebook-Seite.

Inhalt

Vorwort V

1 Einleitung 1

2 Grundlagen der (Molekular-) Genetik 5
  2.1 Von Mendel bis zur DNA 5
  2.2 Aufbau der DNA 10
  2.3 Von der DNA zum Protein 13
  2.4 Epigenetik 17

3 Was ist Gentechnik? 21
  3.1 Nicht jede genetische Veränderung ist Gentechnik 22
  3.2 Methoden und Technologien der klassischen Gentechnik 23
  3.3 Genome Editing – Gentechnik oder doch nicht? 27
  3.4 Gentechnik ist nicht Züchtung 32
  3.5 Gentechnik ist nicht Klonen 33

4 Gentechnisch veränderte Pflanzen 37
  4.1 Anbau gentechnisch veränderter Pflanzen – ein weltweiter Überblick 37
  4.2 Herbizid- und Insektenresistenz bei gentechnisch veränderten Pflanzen 42
    4.2.1 Resistenzen gegen Herbizide 43
    4.2.2 Resistenzen gegen Insekten 53
    4.2.3 Mehrfachresistenzen 57
  4.3 Gentechnisch veränderte Pflanzen mit Zusatznutzen am Beispiel Goldener Reis 58
  4.4 Gentechnisch veränderte Pflanzen für die Industrie 67

4.5   Gentechnisch veränderte Pflanzen als Futtermittel 70
4.6   Soziale und gesundheitliche Aspekte gentechnisch veränderter
      Pflanzen 73
4.7   Hungerproblematik 78
4.8   Koexistenz gentechnisch veränderter, konventioneller und
      biologischer Landwirtschaft 81
      4.8.1 Ist eine Wahlfreiheit für die Konsumenten und
             Konsumentinnen zu gewährleisten? 81
      4.8.2 Kennzeichnungspflicht 86
4.9   Kosten der Gentechnik 88
4.10 Genetische Erosion 90
4.11 Alternativen zur gentechnischen Veränderung von Pflanzen 92

5   Gentechnisch veränderte Tiere 97
5.1   Fische 97
5.2   Insekten 100
5.3   Säugetiere 104

6   Gentechnisch veränderte Mikroorganismen 109
6.1   Anwendungen in der Lebensmittelindustrie 109
6.2   Anwendungen in anderen Industriezweigen 111
6.3   Allergierisiko 113

7   Gentechnologie in der medizinischen Anwendung am Menschen 115
7.1   Biopharmazeutika – Medikamentenproduktion mittels
      gentechnisch veränderter Organismen 115
      7.1.1 Mikroorganismen/Säugerzellen/Pflanzenzellen 116
      7.1.2 Pharmapflanzen 121
      7.1.3 Gentechnisch veränderte Tiere 123
      7.1.4 Pharmakogenomik 125
7.2   Gendiagnose 126
      7.2.1 Diagnostische Tests 127
      7.2.2 Prädiktive Tests 130
      7.2.3 Vorgeburtliche Risikoabschätzung 136
      7.2.4 Reihenuntersuchungen (Screenings) 146
      7.2.5 Systematische Früherkennung von genetischen
             Krankheiten 146
      7.2.6 Rechtliche, soziale und persönliche Folgen 148
7.3   Gentherapie 151

7.3.1 Somatische Gentherapie 152
7.3.2 Keimbahntherapie 155
7.4 Xenotransplantate 158

8 Patentierung – die Ökonomie hinter der Gentechnologie 161
8.1 Patente und die Macht der Konzerne 161
8.2 Biologische Patentierung – Genetic Use Restriction Technologies
(GURT) – Terminator-Technologien 166
8.3 Biopiraterie 170

9 Schlussbemerkungen 175
9.1 Gentechnik betrifft uns ALLE 175
9.2 Unerwartete Nebeneffekte auf Ebene der Organismen 176
9.3 Die ökologische Dimension 177
9.4 Nahrungsmittelsicherheit 178
9.5 Die ethische Dimension 179
9.6 Grundsätzliche Überlegungen 179

Quellenverzeichnis 181
Literaturverzeichnis 189
Kommentiertes Literaturverzeichnis 201
Abbildungsverzeichnis 205
Tabellenverzeichnis 211

Einleitung

Die Gentechnik ist mittlerweile keine ganz junge Wissenschaft mehr, aber nach wie vor besonders in Europa ein sehr umstrittenes Thema. Als zukunftsweisend und fortschrittlich bezeichnen die einen die Gentechnik, bei den anderen löst sie Abwehr und tiefes Misstrauen aus. Immer wieder sind mit diesen Methoden große Erwartungen und im medizinischen Bereich auch Heilserwartungen verbunden. Die europäische, vor allem deutschsprachige Bevölkerung steht der Gentechnik besonders in der Lebensmittelproduktion sehr skeptisch und ablehnend gegenüber. Wobei die Skepsis auch in anderen Regionen der Erde, sogar in den USA, quasi im Mutterland der Gentechnik, zunimmt. Trotzdem breitet sie sich auf sehr vielen Gebieten aus und betrifft mehr oder weniger unbemerkt in irgendeiner Weise unser aller Leben, ob wir es wünschen oder nicht.

Grundsätzlich geht es in der Gentechnik um Gene, deren Erforschung und Veränderung, somit auch um die Schaffung neuer Lebewesen, die so in der Natur nicht entstehen würden. Das Potenzial der Technik ist also sehr weitreichend und immer neue Methoden etwa im Bereich der Genomchirurgie (Genome Editing) vergrößern die Möglichkeiten ständig. Jedoch haben potentiell weitreichende Technologien oft den Nachteil, auch teils folgenschwere Risiken zu bergen.

Der aus Österreich stammende und in den Dreißigerjahren in die USA emigrierte Biochemiker Erwin Chargaff hat in seiner 1981 erschienenen Autobiographie Parallelen zwischen der Atom- und der Gentechnik gezogen, die uns in diesem Zusammenhang passend erscheinen:

> „Zwei verhängnisvolle und in ihrer endgültigen Wirkung noch nicht abzuschätzende wissenschaftliche Entdeckungen haben mein Leben gezeichnet. Erstens die Spaltung des Atoms, zweitens die Aufklärung der Chemie der Vererbung. In beiden Fällen geht es um die Misshandlung eines Kerns: des Atomkerns und des Zellkerns. In beiden Fällen habe ich das Gefühl, dass die Wissenschaft eine Schranke überschritten hat, die sie hätte scheuen sollen." (Chargaff 1981, S. 246)

Das Verblüffende an dieser Aussage ist die Person, die sie formuliert hat. Denn Chargaff selbst war maßgeblich an eben dieser Entschlüsselung der Chemie der Vererbung beteiligt. 25 Jahre später sagte auch der frühere UNO Generalsekretär Kofi Annan, dass die potentiellen Gefahren der Gentechnik ähnlich wie die enormen Auswirkungen der Kernkraft ernst genommen werden müssen.

Diese zwei Technologien haben bei genauerer Betrachtung ihrer Folgen mehr gemeinsam, als ein einseitiger Blick auf ihre verschiedenen Ausgangspunkte – hier die Physik, da die Biologie – vermuten ließe: Beide Techniken können, sind sie einmal entfesselt bzw. freigesetzt, Unabänderbares erzeugen. Wenn in ihren äußerst komplexen Konstruktionen, Abläufen und Systemen etwas Unbedachtes passiert, können unvorhergesehene Reaktionen ausgelöst werden, die irreparabel und nie wieder gut zu machen sind. Zudem waren oder sind beide Großtechnologien mit Heilsversprechungen verbunden. So hat die Atomtechnologie, unbescheiden, unbegrenzte, billige und saubere Energie auf einfache Weise versprochen und man hat dabei z. B. unter den Teppich gekehrt, dass neben allen Problemen mit Erzeugeranlagen, den Folgen von Unfällen wie Harrisburg, Tschernobyl und Fukushima, auch der tödliche Abfall über Zeiträume gesichert und bewacht werden müsste, wie sie, historisch gesehen, noch keine staatliche Ordnung der Welt heil überstanden hat. Man stelle sich dazu, einmal ganz abgesehen von den kriegerischen Aspekten, die Frage, wie es der Menschheit wohl ergangen wäre, wenn uns die Neandertaler tödlich verstrahlte Landstriche und ein paar längst vergessene Atommülldeponien auf allen Kontinenten hinterlassen hätten.

Mit noch wesentlich gewaltigerem und weiter gefächertem Anspruch aber tritt die Gentechnik auf. Sie verheißt nicht weniger als die Heilung zahlreicher schwerer Krankheiten, sogar die Reparatur von Erbkrankheiten samt Verlängerung des Lebens und die Beseitigung des Hungers in der südlichen Hemisphäre. Für den satten Norden soll es neuartige Lebensmittel geben, die seinen Bewohnern und Bewohnerinnen ohne Aufgabe ihrer Lebensweise Gesundheit verschaffen werden. Neuerdings verspricht die Gentechnik auch veränderte Pflanzen zur einfacheren Gewinnung von Agrotreibstoffen, also eine Lösung des Energie- und in weiterer Folge des Klimaproblems. Kurz formuliert und in dieser Logik zu Ende gedacht, bedeutet das, dass Gentechnik diese unvollkommene Welt bei unvermindertem Lebensstil rettet.

Dass man allzu großartigen Versprechungen mit Vorsicht begegnen sollte, ist eigentlich eine Binsenweisheit. Daher wollen wir im Folgenden zuerst einmal nach dem Preis für all die Herrlichkeiten fragen und uns die berühmte Kehrseite der Medaille ansehen und herausfinden, ob die auch so glänzt wie die lauthals propagierte und gepriesene Vorderseite.

Wie so oft – und besonders dann, wenn man es mit Lebendigem zu tun hat – ist diese Kehrseite anfangs manchmal unauffällig und sie kann durchaus auch völlig anders aussehen, als man es sich anfänglich vorgestellt hat. Da finden sich dann große Problemfelder bei der Anwendung der Gentechnik, nicht nur im direkten gesundheitlichen Bereich, sondern in ökologischen, sozialen, gesellschaftlichen und nicht zuletzt in ethischen Belangen. Wie überall, ist es auch in der Gentechnologie wichtig, zunächst einmal zu klären, wo die Vorteile liegen und wie groß diese tatsächlich sind, welche Nachteile man in Kauf nehmen und welchen Preis man bezahlen muss. Das Werk versucht die verschiedensten Bereiche der Gentechnik anzusprechen, theoretisch zu erklären und einen kritischen Blick auf die Praxis zu werfen.

Grundlagen der (Molekular-) Genetik

2

Die Genetik ist zu einer der grundlegenden Wissenschaften unserer Zeit geworden. Das Wissen um unsere Erbinformation hat viele Bereiche der Lebenswissenschaften revolutioniert. Sei es das Herausfinden von Verwandtschafts- oder Abstammungsbeziehungen zwischen Lebewesen oder auf molekularer Ebene die Gewinnung von Erkenntnissen über die Funktionsweise einzelner Gene. Das Wissen im großen Feld der Genetik ist regelrecht explodiert und tut es in manchen Bereichen immer noch. Ein Teilbereich der Genetik dreht sich um die aktive Veränderung der DNA, die Gentechnik. Um die Gentechnik besser ergründen zu können, soll vorab eine kurze Einführung in die Genetik und deren molekulare Grundlagen erfolgen.

2.1 Von Mendel bis zur DNA

Die Auseinandersetzung mit Genetik ist schon sehr alt. Die Frage nach der Funktionsweise der Vererbung beschäftige Gelehrte, Philosophen genauso wie die Landwirte seit deren Anfängen. Trotzdem wird das Werk von Gregor Mendel gemeinhin als der Beginn genetischer Forschungen angesehen. Etwa hundert Jahre vor der Aufklärung der Struktur der DNA stieß Johann Gregor Mendel (1822 – 1884) bei Kreuzungsversuchen im Garten des Augustinerklosters in Brünn auf Gesetzmäßigkeiten, die später ihm zu Ehren Mendel'sche Regeln genannt wurden. Er konnte zeigen, dass „etwas", er nannte es Faktoren, in Pollen und Eizelle die Eigenschaften der Nachkommen bestimmt. Heute wissen wir deutlich mehr über die Erbanlagen und im folgenden Text wird dieses Wissen auch in die Erklärungen eingebaut, auch wenn diese Begrifflichkeiten und Hintergrundinformationen nicht von Mendel stammen und ihm auch nicht bekannt waren.

Er führte über Jahre hinweg Kreuzungsversuche an Erbsen durch. Erbsen eigneten sich deshalb gut für die Versuche, weil sie klar unterscheidbare Merkmale haben, wie etwa weiße oder violette Blüten bzw. glatte oder runzelige Samenkörner. Besonders praktisch für die Handhabung war auch die Eigenschaft, dass Erbsen in unseren Breiten weitgehend selbstbestäubend sind. Somit konnte Mendel die Pflanzen durch Entfernung der Staubbeutel aus der Blüte gezielt mit einfachem Werkzeug kreuzen.

Infobox

Unter *Genotyp* versteht man die Gesamtheit der Gene. Ein deutscher Begriff für Genotyp wäre Erbbild.

Unter *Phänotyp* versteht man die Gesamtheit der sichtbaren, äußeren Merkmale. Ein deutscher Begriff für Phänotyp wäre Erscheinungsbild.

Ein *Allel* ist eine Genvariante. Jedes Gen kommt beim Menschen und generell bei fast allen Lebewesen, die sich geschlechtlich fortpflanzen, zweifach vor. Einmal wird es vom Vater, einmal von der Mutter vererbt. Dieses eine Gen kann in verschiedenen Ausprägungen oder Varianten vorliegen, was als Allel bezeichnet wird. Liegt ein Gen in zwei gleichen Varianten (=Allelen) vor, so spricht man von reinerbig (=homozygot). Liegt es in zwei verschiedenen Allelen vor, so nennt man das mischerbig (=heterozygot).

Rezessiv bedeutet zurücktretend: Ein rezessives Merkmal wird im Phänotyp nur sichtbar, wenn es von beiden Eltern vererbt wird. Wenn also beide Allele eines Gens reinerbig rezessiv sind.

Dominant bedeutet überdeckend: Ein dominantes Merkmal zeigt sich im Phänotyp auch, wenn es nur von einem Elternteil vererbt ist, also in einem Allel vorkommt.

Intermediär heißt übersetzt dazwischenliegend. Diese Merkmale sind weder zurücktretend noch überdeckend. Es kommt zu einer Mischung der Merkmale, wenn das Allel heterozygot ist.

Zunächst führte er Vorversuche durch, um reinerbige (= homozygote) Erbsensorten zu erhalten. Reinerbig oder homozygot bedeutet, dass diese Pflanzen von beiden Elternteilen die Erbanlage für beispielsweise violette Blüten bekommen haben und auch alle Nachkommen dieses Merkmal haben. Beide Varianten oder Allele sind identisch.

Kreuzte Mendel seine reinerbigen Erbsen mit violetten Blüten mit reinerbigen Erbsen mit weißen Blüten, so hatten alle Nachkommen die gleiche Blütenfarbe, in diesem Fall violett. Die Anlage für die weiße Blüte ist aber nicht verlorengegangen,

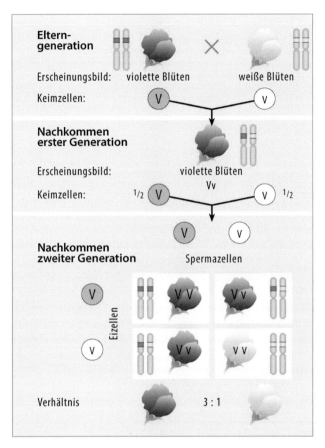

Abb. 2.1 Mendels Spaltungsregel: Bei diesem dominant-rezessiven Kreuzungsbeispiel werden reinerbig violettblühende Erbsen mit reinerbig weißblühenden Erbsen gekreuzt, wobei violett dominant (V) und weiß rezessiv (v) ist. In Anlehnung an: Brigitte Gold, Wien © Veritas-Verlag, Linz. Entnommen aus: Andreas Schermaier, Herbert Weisl: bio@school 8. Linz: Veritas-Verlag 2015 (8. Auflage), S. 12

sie taucht wieder auf, wenn man diese nun mischerbigen Nachkommen unter sich kreuzt. Einen solchen Erbgang, bei dem eine Eigenschaft die andere zu- oder verdeckt, nennt man dominant-rezessiv. In dem Fall ist violett die dominante (zudeckende) Variante dieses Gens und weiß das rezessive (verdeckte) Allel. Im Erscheinungsbild der Pflanze (= Phänotyp) sieht man nur die Eigenschaft violett. Im Genotyp oder Erbbild sind aber beide Eigenschaften, violett und weiß, gleichermaßen vorhanden. In der folgenden Generation mit den mischerbigen Eltern taucht bei 25 Prozent der Nachkommen die weiße Farbe wieder auf. Alle anderen Blüten sind violett. Im Erbbild zeigt sich, dass 25 Prozent der Nachkommen reinerbig das Merkmal für die violette Farbe haben, 25 Prozent das Merkmal für die weiße Farbe und dass 50 Prozent mischerbig sind (siehe Abb. 2.1).

Es gibt neben dem dominant-rezessiven auch einen anderen Erbgang, bei dem eine Mischung der beiden Merkmale entsteht, wie z.b. bei der japanischen Wunderblume, bei der die Eltern reinerbig rot und reinerbig weiß und die Nachkommen mischerbig rosa sind (intermediärer Erbgang). Hier sind beide Allele gleichwertig und kommen auch beide im Phänotyp zur Ausprägung.

Eine weitere Gesetzmäßigkeit beobachtete Mendel bei aufbauenden Versuchen mit Erbsen, die sich in zwei Merkmalen voneinander unterschieden. Er kreuzte etwa reinerbige, gelbe, runde Erbsen mit reinerbigen, grünen, runzeligen Erbsen. In der ersten Generation waren wiederum alle Nachkommen gleich, nämlich gelb und rund. Diese beiden Merkmale waren offenbar dominant. In der nächsten Generation aber erhielt er gelbe-runde, gelbe-runzelige, grüne-runde und auch grüne-runzelige Erbsen (siehe Abb. 2.2). Er entdeckte somit, dass es zur Neukombination der Merkmale und damit zur Entstehung neuer Sorten kommt.

Diese Vererbungsregeln gelten für alle Lebewesen gleich. Heute wissen wir allerdings um gewisse Einschränkungen. So kommt es etwa zur Neukombination von Merkmalen nur, wenn die Gene/Merkmale auf verschiedenen Chromosomen liegen. Zudem sind die Gesetzmäßigkeiten nur dann gültig, wenn eine bestimmte Eigenschaft nur von einem einzigen Gen abhängt. Beim Menschen wären das z.B. die Blutgruppen, oder ganz bestimmte, monogene (von einem Gen abhängige) Erbkrankheiten. Immer dann, wenn mehrere Erbanlagen für eine bestimmte Eigenschaft verantwortlich sind, und das ist in der überwiegenden Zahl der Merkmale der Fall, kann man die Mendel'schen Regeln nicht direkt anwenden. Ganz abgesehen davon, dass natürlich immer die Umwelt eines Menschen, seine gesamte Entwicklung, seine Erlebnisse etc. und auch die gegenseitige Beeinflussung von Genen eine mehr oder weniger große Rolle spielen. Die letztendlichen Eigenschaften sind fast immer ein Resultat aus der Wirkung verschiedener Erbanlagen und mit diesen in Wechselwirkung tretenden, vielfältigen, nicht genetischen, äußeren Einflüssen.

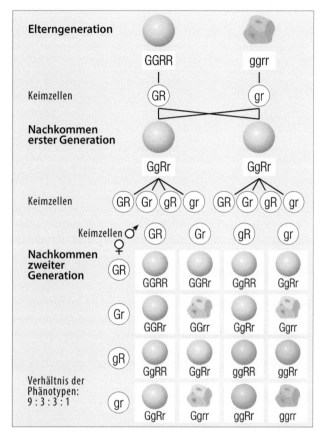

Abb. 2.2 Erbschema zum dihybriden Erbgang: Bei diesem dominant-rezessiven Kreuzungsbeispiel werden zwei unterschiedliche Merkmale gekreuzt. Die reinerbig gelben (G) und runden (R) Erbsen werden mit reinerbig grünen (g) und runzeligen (r) Erbsen gekreuzt, wobei gelb und rund dominant sind sowie grün und runzelig rezessiv. In der zweiten Generation zeigt sich eine Durchmischung beider Merkmale. In Anlehnung an: Brigitte Gold, Wien © Veritas-Verlag, Linz. Entnommen aus: Andreas Schermaier, Herbert Weisl: bio@school 8. Linz: Veritas-Verlag 2015 (8. Auflage), S. 14

Mendel selbst blieb die Anerkennung für seine Entdeckungen übrigens versagt, erst zu Beginn des 20. Jahrhunderts wurden seine Regeln von Hugo de Vries, Carl Correns und Erich Tschermak wiederentdeckt, bestätigt und dann zu seinen Ehren so benannt. In diesen ersten Jahren des neuen Jahrhunderts entstand durch die Beobachtungen in der Zellforschung die Theorie von Theodor Boveri und Walter Sutton, dass Chromosomen bei der Vererbung eine Rolle spielen. In dieser Zeit wurden auch die Begriffe „Genetik" und etwas später „Gen" geprägt. Durch die Versuche von Thomas Hunt Morgan ab 1910 an Fruchtfliegen konnte er zeigen, dass bestimmte Merkmale auf bestimmten Chromosomen liegen. Er entdeckte auch, dass Gene, die auf einem Chromosom liegen und somit gemeinsam vererbt werden, während der Bildung der Keimzellen trotzdem ausgetauscht werden können. Später wurden aufbauend auf diesen Erkenntnissen Genkarten erstellt. Frederick Griffith setzte mit seinen Versuchen an Mäusen mit verschiedenen Bakterienstämmen einen Meilenstein für die Entdeckung der DNA als Träger der Erbinformation. Diese Erkenntnisse wurden von Oswald Avery und später Alfred Hershey sowie Martha Chase fortgeführt. Dadurch wurde die Rolle der DNA und schrittweise auch deren Aufbau immer deutlicher.

2.2   Aufbau der DNA

Die materielle Grundlage der Erbanlagen, der Gene, ist die DNA (desoxyribonucleicacid) oder auf deutsch DNS (Desoxiribonukleinsäure). Die Grundlagen der Vererbung sind bei allen Lebewesen gleich.

Aufgeklärt wurde die Struktur der DNA, nach grundlegenden Arbeiten des Exilösterreichers Erwin Chargaff und Rosalind Franklins, 1953 durch James Watson und Francis Crick, die den Nobelpreis dafür erhielten. Die DNA ist ein langes fadenförmiges Molekül, das aus zwei Strängen besteht und wie eine Wendeltreppe oder eine verdrillte Strickleiter gewunden ist, daher der Name Doppelhelix („Helix" kommt vom lateinischen Namen für die Weinbergschnecke, Helix pomatia; man bezeichnet damit in der Biochemie allgemein schraubenartig gewundene Strukturen). Jeder dieser beiden Stränge ist aus Nukleotiden aufgebaut, die aus den drei Bausteinen Phosphorsäure, einem Zucker (Desoxiribose) und vier verschiedenen Kernbasen Adenin, Thymin, Guanin oder Cytosin bestehen, wie Abb. 2.3 zeigt. Die Stricke der Strickleiter bilden lange Abfolgen von Zucker und Phosphorsäure. An jedem Zuckermolekül hängt je eine Kernbase. Die beiden gegenüberliegenden Kernbasen schauen zueinander, sind über Wasserstoffbrücken miteinander verbunden und bilden somit die Sprossen der Strickleiter.

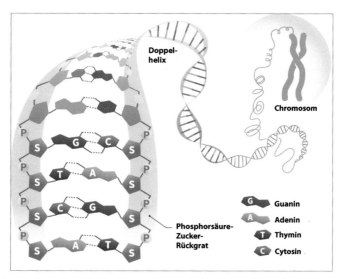

Abb. 2.3 Aufbau der DNA: Diese schematische Darstellung der DNA zeigt den molekularen Aufbau der DNA mit den vier Kernbasen und dem Phosphorsäure-Zucker-Rückgrat, die Doppelhelix und die Verpackung des DNA Fadens als Chromosom während der Zellteilung. Eine bestimmte Sequenzabfolge, die für ein Protein codiert, wird als Gen bezeichnet. In Anlehnung an: © jack0m / Getty Images / iStock

Die Basen der beiden gegenüberliegenden Hälften der DNA stehen in einer charakteristischen Beziehung zueinander: Adenin ist immer mit Thymin gepaart; ebenso ist Cytosin immer mit Guanin verbunden. Die beiden Einzelstränge der DNA sind also nicht identisch, sondern sie ergänzen sich zur ganzen Doppelhelix, man sagt, sie sind komplementär. In der Abfolge der vier Kernbasen liegt die Erbinformation gespeichert. Somit ist ein Gen ein Abschnitt auf der DNA mit einer charakteristischen Abfolge von Kernbasen.

Da die beiden Stränge nicht identisch sind, sondern komplementär, hätten beide Stränge eine andere Information: tatsächlich sind die Gene aber nur in einem der beiden Stränge gespeichert, der andere ist eine Art Platzhalter, dient als Blaupause bei Reparaturen von Fehlern und ist wichtig bei der Verdoppelung der DNA vor jeder Zellteilung. Dabei weichen die beiden Stränge auseinander und zu jedem Einzelstrang wird ein komplementärer neuer dazu gebaut, sodass im Endeffekt zwei neue Doppelstränge entstehen, die immer aus einer neuen und einer alten Hälfte bestehen (siehe dazu Abb. 2.4). Diese semikonservative Verdoppelung ist wichtig, weil beim Kopieren der DNA Fehler passieren können, die dann nach der Vorlage des alten Stranges repariert werden können.

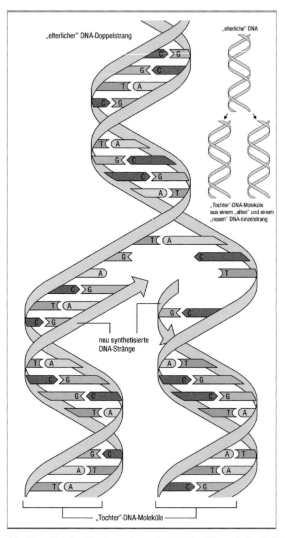

Abb. 2.4   Replikation: Bei der Verdoppelung der DNA während der Zellteilung wird zu jedem alten Strang ein neuer Strang hinzugefügt. Dieser semikonservative Vorgang ist weniger fehleranfällig. © dpa / picture alliance

Die DNA liegt nicht lose im Zellkern, sondern bildet mit Eiweißen lange fadenförmige Stränge, die Chromosomen. Üblicherweise sind Chromosomen mit einem Lichtmikroskop nicht zu sehen, sie sind dazu zu dünn. Nur wenn eine Zelle sich teilt, werden sie sichtbar, da sie sich dann eng spiralisieren, und können auch fotografiert werden. An Hand von Chromosomenbildern können genetische Defekte, die auf der Änderung der Chromosomenzahl oder einzelner Chromosomen beruhen, nachgewiesen werden. Die Zahl der Chromosomen ist charakteristisch für jede Spezies, z.B. beim Menschen sind das 46. Von den 46 Chromosomen stammen 23 von der Mutter (im Zellkern der Eizelle) und 23 vom Vater (im Zellkern der Samenzelle). Somit haben wir und alle anderen Lebewesen, die sich geschlechtlich fortpflanzen, jede Erbanlage doppelt, eine vom Vater und eine von der Mutter. Wenn die Zahl der Chromosomen nicht stimmt, kann das zum Tod führen oder zu einer ererbten Veränderung oder Behinderung. Ein Beispiel dafür wäre das Down Syndrom, bei dem ein Chromosom (Chromosom Nr. 21) dreimal statt zweimal vorhanden ist.

Infobox

DNA ist die Abkürzung für den englischen Begriff desoxyribonucleic acid oder zu deutsch Desoxiribonukleinsäure. Die DNA besteht aus zwei komplementären, also sich gegenseitig ergänzenden, Strängen.
RNA ist die Abkürzung für ribonucleic acid oder Ribonukleinsäure. Im Unterschied zur DNA hat die RNA ein anderes Zuckermolekül, die Base Thymin wird durch Uracil ersetzt und ist einsträngig. Die RNA ist wesentlich an der Übersetzung (Boten-RNA) der DNA-Informationen in Proteine beteiligt.

2.3 Von der DNA zum Protein

Wofür stehen nun die Gene und wie wird die Erbinformation verwirklicht? Gene enthalten Informationen für den Bau von Eiweißen oder Proteinen, die eine wichtige Rolle in jedem Lebewesen spielen. Eiweiße sind Bauelemente für alle Lebewesen (alle Strukturen im Körper bestehen zu einem guten Teil aus Eiweißen), sie dienen als Transporteinrichtungen, als Hormone und als Enzyme, eine der herausragenden Aufgaben von Eiweißen.

Infobox

Enzyme sind biologische Katalysatoren, die praktisch alle Prozesse, alle Abbau-, Aufbau- und Umbauvorgänge im Organismus steuern. Was immer auch in Lebewesen hergestellt oder zerlegt wird, jedes Mal ist ein bestimmtes Enzym daran beteiligt. Meist können Enzyme nur eine bestimmte Reaktion beeinflussen und damit steuern, deswegen gibt es sehr viele verschiedene Enzyme in jedem Organismus. Alle Bausteine einer Zelle müssen, sofern nicht mit der Nahrung als Ganzes aufgenommen, hergestellt werden, wofür die Zelle diese Enzyme braucht.

Eiweiße sind aus Aminosäuren zusammengesetzt, wobei die Abfolge der Aminosäuren für jedes Eiweiß charakteristisch ist und damit seine dreidimensionale Struktur sowie seine Funktion bedingt. Das bedeutet, dass in der Abfolge der vier Kernbasen in den Genen die Abfolgen der 20 verschiedenen Aminosäuren für die vielen verschiedenen Eiweiße gespeichert ist. Damit diese Codierung funktionieren kann, werden immer drei hintereinanderliegende Kernbasen (Basentriplets) gcmeinsam abgelesen und stehen für eine Aminosäure. Das Basentriplet Adenin-Adenin-Guanin steht etwa für die Aminosäure Lysin. Dabei stehen manchmal auch mehrere Basentriplets für eine Aminosäure und es gibt ein charakteristisches Triplet für den Anfang und das Ende eines jeden Gens, die sogenannten Start- und Stoppsequenzen.

Für die Übersetzung der DNA in Proteine sind zwei Teilschritte notwendig, die Transkription (Abschreibprozess) und die eigentliche Translation (Übersetzungsvorgang). Die DNA befindet sich im Zellkern, im Innersten einer jeden Zelle. Die Bildung von Eiweißen erfolgt aber im Zellplasma, das den Kern umgibt. Immer wenn ein Eiweiß gebraucht wird, muss die Information dafür aus dem Zellkern und in das umgebende Plasma transportiert werden, wo dann auf Basis dieser Information das Protein gebildet wird. Diese Informationsübertragung vom Zellkern in das Plasma nennt man Transkription. Diese läuft, vereinfacht, etwa folgendermaßen ab: Die beiden Stränge der Doppelhelix weichen auseinander und entlang dem informationstragenden Teil wird eine komplementäre RNA (Ribonukleinsäure), die Boten- oder messenger-RNA gebildet, die sich von der DNA löst und ins Plasma wandert. Damit ist die Information dort angelangt, wo die Eiweiße gebildet und meist auch gebraucht werden. Auf Grund dieser Information, der Abfolge der Basentriplets, wird im Zellplasma nun das gewünschte Eiweiß zusammengebaut. Dafür sind eigene Strukturen im Plasma notwendig, die Ribosomen, Eiweißfabriken der Zelle, und eine weitere Art der RNA, die transfer-RNA, die die Aminosäuren mitbringt und gemeinsam mit der Boten-RNA für die richtige Abfolge der Aminosäuren im entstehenden Eiweiß sorgt.

Glaubte man ursprünglich, die DNA bestehe vor allem aus Genen, Informationen für Eiweiße, so stellte sich später heraus, dass nur ein kleiner Teil der DNA wirklich Gene sind. Die Hauptmasse besteht aus Teilen, deren Funktion lange unbekannt war und die etwas abfällig und in Unkenntnis früher junk- DNA, also Abfall-DNA, genannt wurde. Diese Teile, die keine Gene sind, dienen zum großen Teil der Regulation der Aktivität der Gene. Teilweise sind das auch Erbanlagen, die zwar derzeit nicht direkt als Gene gebraucht werden, aber nicht funktionslos sein dürften. Teilweise besteht die DNA aus scheinbar sinnlosen, viele Male wiederholten Nukleotidabfolgen. Nur etwa drei Prozent der DNA sind das, was man Gene nennt, also Informationen für Eiweiße.

Aber diese Gene bilden keine zusammenhängende Einheit auf der DNA, sondern sind gewissermaßen zerstückelt. Es ist, als hätte man in einen Text an mehreren Stellen andere Textstücke eingeschoben. Beim Bau von Eiweißen wird zuerst eine lange, unreife Boten-RNA (prä-mRNA) gebildet, die alles enthält. Dann werden diese Einschübe (man nennt sie Introns) herausgeschnitten. Dabei bilden sich Schleifen, die an Lassos erinnern. Die so entstandenen Einzelstücke, die die gerade benötigte Information enthalten (man nennt sie Exons), werden wieder zusammengesetzt (siehe dazu Abb. 2.5). Was seltsam erscheint, hat sich als ein genialer Vorgang, den man Prozessierung oder Spleißen nennt, erwiesen. Eine Zelle kann die Einzelteile der Gene unterschiedlich kombinieren und dadurch mit einem Gen durch unterschiedliches Herausschneiden und Kombinieren von Textstellen mehrere, verschiedene Eiweiße erzeugen. Dadurch ist das Genom außerordentlich flexibel.

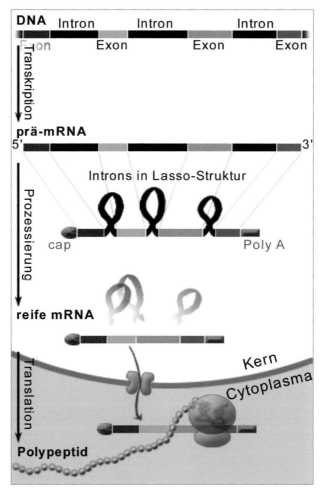

Abb. 2.5   Von der DNA zum Protein: In den Zellen höherer Lebewesen wird die DNA
in eine prä-mRNA (unreife Boten-RNA) abgeschrieben. Bei der Prozessierung
bilden die Introns Schleifen oder Lasso-Strukturen und werden herausgeschnitten. Die Exons werden zusammengefügt und enthalten die Information für das
Protein. Die reife mRNA wird aus dem Kern zu den Ribosomen gebracht und
in Proteine (Polypeptide) übersetzt. Quelle: www.lukashensel.de

2.4   Epigenetik

Die Epigenetik ist ein relativ neuer Zweig der Wissenschaft. Während im Jahr 2000 mit der Entschlüsselung der menschlichen DNA noch viele glaubten, dass sie hiermit den Schlüssel zum Verständnis der Gene in der Hand hätten, so weiß man heute, dass die Abläufe doch viel komplexer sind. Das Genom, die Summe aller Gene, ist in jeder Zelle des Körpers mit mehr oder weniger großen Abweichungen (Mutationen) gleich. Allerdings sind in den verschiedenen Zelltypen unterschiedliche, je nachdem was benötigt wird, Gene ein- oder ausgeschalten. Die Regulation und Steuerung der Gene ist sehr komplex und wird unter dem Begriff der Epigenetik zusammengefasst. Ein Teil der Steuerungsmechanismen ist auch durch Umweltfaktoren beeinflusst. Das bedeutet, dass die DNA, etwa durch chemische Verbindungen, markiert und dadurch reguliert wird. In Leberzellen werden zum Teil ganz andere Gene benötigt als in Nervenzellen, beide haben die selbe DNA, aber unterschiedliche epigenetische Markierungen.

Infobox

Die Epigenetik gilt als das Verbindungsstück zwischen den Umwelteinflüssen und der Genetik. Der Begriff Epigenetik umfasst ein komplexes Steuerungssystem, das durch die Umwelt beeinflusst wird und Gene reguliert, das heißt ein- oder ausschaltet. Die Summe aller Markierungen auf der DNA (Proteine, chemische Verbindungen) wird als Epigenom bezeichnet. Das bekannteste Beispiel hierfür ist die so genannte Methylierung: dabei binden Methylgruppen (das sind kleine Moleküle) an der DNA und führen zu einem Inaktivieren bzw. Ausschalten des nachfolgenden Gens, wie Abb. 2.6 zeigt. Eine weitere Möglichkeit ist die Histonmodifikation, also die chemische Veränderung an den Histonen. Histone sind Teil der Verpackung des DNA-Fadens zu Chromosomen.

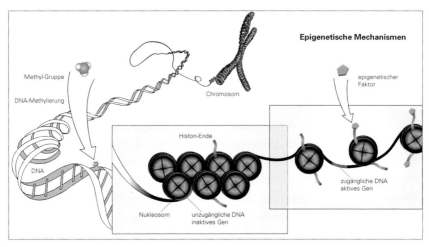

Abb. 2.6   Epigenetik: Diese Abbildung stellt vereinfacht und schematisch einen Ausschnitt epigenetischer Mechanismen dar. © Stefan Pigur

Wie weitreichend die Folgen der Epigenetik sind, zeigen folgende Beobachtungen und deren Interpretationen: Forscher konnten etwa zeigen, dass eineiige Zwillinge zu Beginn ihres Lebens nicht nur ein identes Genom haben, sondern auch ein sehr ähnliches Epigenom. Je älter eineiige Zwillinge dieser Studie waren, desto mehr hatte sich ihr Epigenom auseinanderentwickelt, während die Gene freilich immer noch, abgesehen von Mutationen, ident waren.[1] Die Epigenetik ermöglicht also Anpassungen der Gene an die Lebensumstände innerhalb eines Lebens bzw. innerhalb weniger Generationen. So konnte man feststellen, dass sich epigenetische Informationen über die Keimzellen auch vererben lassen. Dramatische Ereignisse wie Hungersnöte, Kriege, aber auch schlichtweg die Art der Lebensführung hinterlassen epigenetische Spuren, die mitunter auch in folgenden Generationen noch zum Tragen kommen. Vor allem bei der Vererbung über Generationen hinweg gibt es noch viele Fragen zu klären.

Schwangere Frauen haben mit ihrem Lebensstil während der Schwangerschaft großen Einfluss auf das heranwachsende Kind, das ist völlig klar. Jedoch werden bei weiblichen Babys die Anlagen für deren Eizellen bereits in einer frühen Phase der Schwangerschaft angelegt. Das hat zur Folge, dass eine Frau, die mit einem weiblichen Embryo schwanger ist, mit ihrem Lebensstil auch bereits die Enkelkinder beeinflusst. So konnte gezeigt werden, dass beispielsweise rauchende Schwangere epigenetische Markierungen auf dem Genom der Kinder und bei Mädchen auch auf deren Eizellen verursachen. In Schweden ergab eine Untersuchung, dass Enkelkinder rauchender Großmütter ein deutlich höheres Asthmarisiko haben, auch wenn die Mütter nicht geraucht haben.[2] Im Zuge dieser Erkenntnisse zeigt sich auch immer mehr die Rolle der Väter.[3] So kam mittlerweile bei einer norwegischen Untersuchung klar heraus, dass rauchende Väter ebenso das Asthmarisiko der Kinder erhöhen können. Je länger die Väter vor der Zeugung rauchten, desto schwerwiegender die Auswirkungen.[4] Diese Phänomene sind wohl ebenso mit epigenetischen Markierungen erklärbar, auch wenn diese im Detail noch nicht erforscht sind. In diesem Zusammenhang wird auch eine ethische Diskussion geführt werden müssen. Eltern, auch Väter, müssen mit ihrem Lebensstil nicht nur für sich selbst Verantwortung übernehmen, sondern zudem für die epigenetische Ausstattung der Kinder und Enkelkinder.

Mit der Erkenntnis, dass „erworbene" Eigenschaften über den Weg der epigenetischen Markierungen sehr wohl an zukünftige Generationen weitergegeben werden können, müssen Lehrbücher zum Thema Evolution eigentlich umgeschrieben werden. Denn die Theorie von Lamarck, dass die Giraffen ihren langen Hals davon haben, dass sie sich ihr Leben lang nach Blättern strecken und diese Anpassung auch weitervererben, stimmt zumindest ein bisschen. Und der berühmte österreichische Wissenschaftler Paul Kammerer, der überzeugt war, die Vererbung erworbener Eigenschaften bewiesen zu haben, den man aber für einen Fälscher hielt und immer missachtet hat, lag wahrscheinlich auch nicht so falsch.

Epigenetische Vorgänge können aber auch kurzfristiger wieder rückgängig gemacht werden. Hierfür ist der grüne Tee ein gutes Beispiel: Mit Hilfe der Epigenetik kann nämlich die positive Wirkung von grünem Tee als Vorbeuger gegen Krebserkrankungen erklärt werden. Ein Stoff der grünen Teeblätter löscht eine epigenetische Abschaltung von einem „Anti-Krebs-Gen", die im Laufe des Lebens erfolgt und mit zunehmendem Alter häufiger vorkommt. Durch den Inhaltsstoff des Tees wird das Gen somit wieder eingeschaltet und das Protein kann wieder in der Zelle gegen Krebserkrankungen arbeiten.

Anhand der wenigen genannten Beispiele kann man die Bedeutung der Epigenetik und die weitreichenden Folgen für die verschiedensten Bereiche der Genetik und darüber hinaus bereits erahnen. Es kann getrost als eines der wichtigsten Zukunftsthemen der Lebenswissenschaften betrachtet werden. Viele Studien zu dem Themenkreis laufen bereits und werden immer neue Erkenntnisse liefern. Ebenso gilt es, Verfahren weiterzuentwickeln, um epigenetische Markierungen lesen, zu einzelnen Basen zuordnen und schließlich interpretieren zu können. Derzeit werden Epigenomkarten gesunder und kranker Zellen als Vergleichswerte gesammelt und der Forschung zur Verfügung gestellt. Es ist aber schon aufgrund der jetzigen Datenlage davon auszugehen, dass Alterungsprozesse, altersabhängige

Erkrankungen wie Alzheimer oder Parkinson, chronische Erkrankungen, aber auch Persönlichkeitsmerkmale mit epigenetischen Markierungen in Zusammenhang gebracht werden können.

Sowohl pharmazeutische als auch biotechnologische Unternehmen haben die Bedeutung der Epigenetik in der Medizin erkannt und arbeiten an der Entwicklung entsprechender Diagnoseverfahren und in weiterer Folge an Therapiemöglichkeiten, bei denen es um die Veränderung der epigenetischen Markierungen geht. Erste Tumormedikamente, deren Wirkmechanismen auf das Epigenom abzielen, werden bereits bei bestimmten Arten von Blutkrebs eingesetzt.

Im Hinblick auf die Gentechnik spielt die Epigenetik auch eine wichtige Rolle. Lebewesen tendieren verständlicherweise dazu, nicht benötigte Gene epigenetisch abzuschalten. Die gentechnisch eingefügten Gene sind oft für die veränderten Organismen selbst kein Vorteil. Somit ist es mitunter schwierig, Gene in transgene Lebewesen dauerhaft und stabil einzubauen.

Was ist Gentechnik? 3

Die Gentechnik wird gemeinhin nach ihren Anwendungsgebieten mit *Farben* unterschieden:

- So spricht man von der *grünen Gentechnik*, wenn man die gentechnischen Veränderungen im Bereich der Landwirtschaft, im Wesentlichen bei Pflanzen meint.
- Alle Anwendungen, die den medizinischen und pharmazeutischen Bereich betreffen, werden als *rote Gentechnik* bezeichnet.
- Industrielle Anwendungsmöglichkeiten, wie beispielsweise in der chemischen Industrie, werden unter der *weißen* bzw. *grauen Gentechnik* zusammengefasst. Gelegentlich wird mittlerweile innerhalb der verschiedenen Industriezweige zwischen weißer und grauer Gentechnik unterschieden.
- Die *blaue Gentechnik* umfasst neuerdings die Anwendungsgebiete im Meer. Wobei diese Verwendung noch sehr selten ist.

Gelegentlich liest man auch schon von anderen Farbzuteilungen, wobei diese noch nicht genauer definiert sind bzw. sich noch nicht durchgesetzt haben. Es ist aber anzunehmen, dass das Farbenspiel in Zukunft bunter werden wird, da die Anwendungsmöglichkeiten immer vielfältiger werden. Alle derzeit wesentlichen Anwendungsgebiete werden in den folgenden Kapiteln näher aufgearbeitet.

Diese Frage „Was ist Gentechnik?" ist brennender denn je und beschäftigt derzeit Wissenschaftler und Wissenschaftlerinnen, aber vor allem Juristen und Juristinnen sowie Politiker und Politikerinnen. Schließlich bestimmt die Zuordnung wissenschaftlicher Methoden zur „Gentechnik" alle weiteren rechtlichen Bestimmungen und Auflagen für deren Anwendungen und die dabei entstehenden Organismen. Die Definition von Gentechnik oder Genetic Engineering ist an sich klar: Es handelt sich dabei um molekulargenetische Methoden mit dem Ziel der genetischen Veränderung. Dazu sind Methoden zur Isolierung, Vermehrung oder Entschlüsselung der DNA notwendig, aber im Gegensatz zur Biotechnologie wird bei der Gentechnik zusätzlich eine Manipulation der DNA vorgenommen. Warum die Frage trotzdem so brennend ist, liegt an den neuesten technologischen Methoden zur Veränderung der DNA. Bei diesen spricht die Wissenschaft von Genome Editing oder Genomchirurgie. Biologisch gesehen handelt sich nach wie vor um eine technische Veränderung der DNA, auch wenn diese methodisch anders erfolgt als in der Vergangenheit. Rechtlich und politisch gilt es jetzt, diese neuen Möglichkeiten einzuordnen und festzulegen, ob hier die Auflagen der Gentechnik anzuwenden sind oder nicht. Ungeachtet der rechtlichen Frage, wo genau die Grenzen der Gentechnik liegen, sollen im Folgenden, historisch aufgearbeitet, die technischen und methodischen Meilensteine rund um die Gentechnik erläutert werden. Viele dieser Techniken oder Verfahren sind für sich genommen keine Gentechnik, werden aber sehr wohl auch für diese verwendet und sind deshalb ebenfalls erwähnt. Zuvor sollen auch noch die natürlichen genetischen Veränderungen ihren Platz finden.

3.1   Nicht jede genetische Veränderung ist Gentechnik

Um die Gentechnik möglichst gut abzugrenzen, muss etwas weiter ausgeholt werden. Denn nicht jede Veränderung der DNA ist gleich Gentechnik. Mutationen sind natürliche Änderungen in der Basenabfolge, die spontan und jederzeit vorkommen können. Es gibt allerdings auch sogenannte Mutagene, wie etwa Strahlung oder bestimmte chemische Stoffe, die Mutationen auslösen können. Mutationen können entweder völlig ohne Auswirkung bleiben oder sowohl positive als auch negative Folgen haben. Zumeist sind Mutationen für das Individuum eher nachteilig, weil es mitunter zu Krebserkrankungen oder ähnlichen Fehlfunktionen kommen kann. Aus evolutionärer Sicht sind Mutationen aber eine Möglichkeit zur Entwicklung neuer Merkmale und langfristig neuer Arten.

DNA kann auch natürlich auf andere Lebewesen übertragen werden. Bakterien sind, etwa bei der Bildung von Resistenzen, bekannt dafür, sehr anpassungsfähig zu sein, obwohl sie sich nicht geschlechtlich fortpflanzen und es somit nicht zu einer ständigen Durchmischung des Erbgutes kommt. Ein Grund, warum Bakterien dies schaffen, ist der Austausch bzw. die Übertragung von DNA-Stücken, von Plasmiden, den kleinen ringförmigen DNA-Stücken. Darüber hinaus gibt es auch Bakterien, wie das Bodenbakterium Agrobacterium tumefaciens, die DNA auf Pflanzen übertragen können, was bei diesen zu Wucherungen führt.

Neben den Bakterien sind Viren die Meister der DNA Übertragung. Da Viren selbst keinen Stoffwechsel haben, brauchen sie Wirtszellen für die Vermehrung. Dabei wird die Erbinformation des Virus in die Wirtszelle eingebaut, damit die Zelle für das Virus Proteine herstellen, seine DNA vervielfältigen kann und so für die Vermehrung der Viren sorgt. Bei Bakteriophagen (Viren, die Bakterien befallen) konnte darüber hinaus festgestellt werden, dass bei diesem Vorgang auch Erbinformation von den Bakterien in die Viren gelangen kann und beim Befall des nächsten Bakteriums wieder auf dieses übertragen wird. Bakterien können unter bestimmten Bedingungen aber auch freie DNA, also DNA-Stücke außerhalb einer Zelle, durch die Zellwand aufnehmen. Diese natürlichen Möglichkeiten der DNA Veränderung und die Übertragung bzw. den Einbau in andere Lebewesen nimmt sich die Gentechnik zum Vorbild und nutzt diese auch.

Infobox

Ein *Plasmid* ist ein ringförmiges DNA-Stück, das im Zellplasma von Bakterien vorkommt. Bakterien haben meist viele Plasmide.

Bakteriophagen oder kurz *Phagen* sind Viren, die auf den Befall von Bakterien spezialisiert sind.

Restriktionsenzyme oder *Restriktionsendonukleasen* können die DNA an ganz bestimmten Stellen (Basenabfolgen) erkennen und schneiden. Diese werden auch als Scheren der Gentechnik bezeichnet.

Ligasen sind Enzyme, die DNA-Stücke wieder verbinden können. Sie werden als Klebstoff der Gentechnik bezeichnet.

Unter *DNA Sequenzierung* versteht man die Methode des Ablesens der Nukleotid-Abfolge eines DNA-Stranges.

3.2 Methoden und Technologien der klassischen Gentechnik

Die Geschichte der Gentechnologie beginnt mit der Entdeckung der Restriktionsenzyme Ende der 1960er und zu Beginn der 1970er Jahre. Diese genetischen Scheren ermöglichen das Erkennen und Schneiden von DNA an ganz bestimmten Stellen. Gemeinsam mit den Ligasen, Enzyme, die DNA-Stücke wieder verbinden können, stellen die Restriktionsenzyme eine Grundlage für die gentechnische Veränderung dar. Natürlich kommen Restriktionsenzyme beispielsweise bei Bakterien vor, die damit Bakteriophagen DNA schneiden und so den Virusbefall verhindern können. Ligasen gehören zum natürlichen Repertoire jeder Zelle, weil sie beispielsweise bei der Vermehrung oder auch Reparatur der DNA nötig sind. Bereits kurze Zeit später wurde 1973 das erste gentechnisch veränderte rekombinante Escherichia coli Bakterium erzeugt. Dabei wurde ein Plasmid mit einem Antibiotika-Resistenz-Gen aus dem Bakterium isoliert, ein zweites, anderes Resistenz-Gen gentechnisch eingebaut und dann wieder in das Bakterium übertragen. Diese ersten Erfolge führten auch zur ersten Reglementierung der Forschung und Anwendung der neuen Gentechnik zunächst in den USA, später auch in anderen Ländern.

1977 vermeldeten Wissenschaftler unabhängig voneinander die Entwicklung von Methoden zur Sequenzierung von DNA. Damit konnte die Basenabfolge abgelesen werden. Eine der beiden Methoden, die Sanger Methode, war lange Zeit Standard der Wissenschaft und wurde erst in den letzten Jahren durch neue Verfahren abgelöst.

Bereits Anfang der 1980er Jahre konnte das menschliche Gen für Insulin in Bakterien eingebaut werden, und 1982 wurde Humaninsulin zum ersten Medikamentenwirkstoff, der mit gentechnisch veränderten Bakterien hergestellt und auch zugelassen wurde. Bereits 1985 wurde der erste gentechnisch hergestellte Impfstoff gegen Hepatitis-B zugelassen.

Mit der Erfindung der Mikroinjektion durch zwei amerikanische Wissenschaftler 1981 begann auch die gentechnische Veränderung von Tieren. Bei dieser Methode werden mit einem sehr dünnen Glasröhrchen viele Kopien eines Gens in eine Zelle bzw. in dessen Zellkern injiziert (siehe Abb. 3.1). Durch die natürlichen Reparaturmechanismen der Zelle wird das Gen dann in die DNA stabil eingebaut. Der Einbau des Fremdgens erfolgt zufällig, was auch zum Zerstören von Genen in der Ziel-DNA mit den unterschiedlichsten Folgen haben kann. Bei Tieren erfolgt die Injektion in eine befruchtete Eizelle und das war lange Zeit die vorherrschende Methode. Die Erfolgsquoten, ein lebendes Tier mit dem gewünschten Gen zu erhalten, waren sehr gering, meist unter zehn Prozent, und die so entstandenen Tiere waren oft krank.

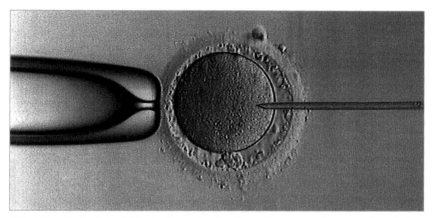

Abb. 3.1 Technik der Mikroinjektion: Die Eizelle wird mit einer Glaspipette festgehalten und die Fremd-DNA wird mit einer sehr feinen Glaskapillare ins Zellinnere injiziert. © Haag + Kropp / mauritius images

In den 1980er Jahren wurde auch die Polymerase-Kettenreaktion, kurz PCR entwickelt. Mit dem zugehörigen Gerät ist es möglich, kurze DNA-Stücke rasch millionenfach zu kopieren. Diese Technik ermöglichte erst viele Untersuchungen in Medizin, Biotechnologie oder Gerichtsmedizin und ist aus den Laboren nicht mehr wegzudenken.

Infobox

Bei der Mikroinjektion werden viele Kopien eines Gens in einen Zellkern injiziert, und das führt, mit unterschiedlichen Erfolgsraten, zum Einbau der DNA an einer beliebigen Stelle im Genom der Zelle.
Die Genkanone ist ein Gerät, mit dessen Hilfe man Gene in Zellen schießen kann.
Bei der PCR oder polymerase chain reaction oder Polymerase-Kettenreaktion handelt es sich um eine Methode, mit der man DNA-Stücke in kurzer Zeit millionenfach kopieren kann.
Retroviren sind Viren, deren Erbinformation in RNA kodiert ist. Viele Viren dieser Gruppe sind so genannte Tumorviren, die beim Menschen zu Krebserkrankungen führen können.

Anfang der 1980er Jahre wurde erstmals eine Pflanze, es war eine Tabakpflanze, gentechnisch verändert. Dazu nutzte man das Agrobacterium tumefaciens, das von Natur aus Plasmide auf Pflanzen überträgt. Das Plasmid des Bakteriums wurde mit einem zusätzlichen Gen ausgestattet und dann mit Pflanzenzellen im Reagenzglas in Kontakt gebracht. Die Pflanzenzellen nahmen die DNA auf und daraus entwickelten sich ganze, gentechnisch veränderte Tabakpflanzen. Die ersten Patente auf veränderte Pflanzen folgten, und wenige Jahre später begannen in den USA bereits die ersten Freilandversuche mit verschiedenen transgenen Pflanzen.

Ende der 1980er Jahre wurde die Genkanone entwickelt. Mit diesem Gerät wurden die Gene, beispielsweise an Goldpartikel geheftet, in die Zellen geschossen. Dies ist freilich eine recht grobe Methode mit unterschiedlichen Erfolgsquoten und sie führt zu einem zufälligen Einbau der Gene irgendwo in das Genom. Trotzdem zählt die Genkanone zu den etablierten Techniken der klassischen Gentechnik, vor allem bei der gentechnischen Veränderung von Pflanzen.

Die Arbeit der 1990er Jahre war geprägt von den ersten entschlüsselten oder besser abgelesenen Genomen bis hin zum 2001 abgeschlossenen Human Genome Project. Die Sequenzierungsmethoden, also DNA Lesemethoden, wurden und werden immer schneller, billiger und effizienter. Mittlerweile sind es Methoden der dritten Generation und Hochdurchsatzsequenzierungen, die eine rasche und einfache Genomanalyse realisierbar machen und die Möglichkeiten der Gendiagnose erweitern, aber die Gesellschaft auch vor neue Herausforderungen stellen. Beides wird im Kapitel Gendiagnose (siehe Kapitel 7.2) ausführlich behandelt.

In die 1990er Jahre fallen auch die ersten Versuche, mittels Gentherapie Erbkrankheiten zu heilen. Dabei spielte vor allem das Einschleusen von Genen mittels Viren eine entscheidende Rolle. Diese Technik kommt seit den 1970er Jahren in der Grundlagenforschung vor und wurde seither ständig weiterentwickelt. Eine ganze Reihe von verschiedenen Viren, allen voran Retroviren, kommen als Transportmittel von Genen in die Zielzelle in Frage. Vor allem bei der Anwendung am Menschen sorgten die Viren teilweise auch für Probleme. Mehr zum Thema ist im Kapitel Gentherapie (siehe Kapitel 7.3) aufgearbeitet.

1994 wurde in den USA mit der „Anti-Matsch-Tomate" das erste gentechnisch veränderte Gemüse auf den Markt gebracht. Zunächst konnte sich diese Tomate nicht durchsetzen und wurde 1997 wieder vom Markt genommen. Allerdings ist das Sortiment, vor allem in den USA, wesentlich breiter aufgestellt und auch an den Konsumenten und die Konsumentin angepasst bzw. haben diese in den USA auch die anfängliche Skepsis gegenüber gentechnisch veränderten Lebensmitteln abgelegt. In Europa wäre gentechnisch verändertes Gemüse in den Supermarktregalen, nach wie vor oder vielleicht sogar mehr denn je, ein Ladenhüter.

3.3   Genome Editing – Gentechnik oder doch nicht?

Seit Beginn des neuen Jahrtausends explodieren in der Gentechnik die Pressemeldungen förmlich. Neue Techniken bringen immer neue Möglichkeiten und reizen den rechtlichen Rahmen aus bzw. sind so revolutionär, dass hierfür erst ein rechtlicher Rahmen geschaffen werden muss. Dazu zählen vor allem Methoden, die unter Genome Editing oder auf Deutsch oft als Genomchirurgie zusammengefasst werden. Allein die Begrifflichkeit deutet darauf hin, dass die Eingriffe in die DNA kleiner und feiner sind als bei den bisherigen Methoden der Gentechnik. Es werden hierfür Enzyme, sogenannte Nukleasen, eingesetzt, die, ähnlich wie Restriktionsenzyme, bestimmte DNA-Abschnitte erkennen können und dort einen Bruch des DNA-Stranges hervorrufen. Da diese Nukleasen künstlich gebaut werden können, ist ein Bruch an jedem beliebigen DNA-Abschnitt möglich. An diesen Bruchstellen können dann DNA-Stücke oder auch nur einzelne Nukleotide eingebaut werden. Für den Einbau nutzt man die natürlichen Reparaturmechanismen der Zellen aus. Während bei der herkömmlichen Gentechnik ganze Gene oder Genkonstrukte eingebaut wurden, so wird hierbei im kleineren Rahmen manipuliert.

Medial besonders große Aufmerksamkeit bekommt das *CRISPR/Cas-System*, das eine Möglichkeit des Genome Editing ist. Dieses Verfahren wurde vom Science Journal zur Technik des Jahres 2015 gewählt, weil damit so vieles, so einfach und so billig möglich ist. Das Herzstück dieser Technik ist das Cas-Protein, ein Enzym, das mit Hilfe eines kurzen DNA-Stücks den gewünschten DNA-Abschnitt in der Zelle findet und dort den Doppelstrang schneiden kann. Das DNA-Stück kann beliebig gebaut werden und somit ist nukleotidgenau jeder einzelne Abschnitt auf der Ziel-DNA bearbeitbar. Gene können zerstört, ein- oder ausgeschalten werden, sie können auch nach Belieben umgeschrieben werden.

Infobox

CRISPR ist die Abkürzung für Clustered Regularly Interspaced Short Palindromic Repeats, also DNA-Wiederholungen mit verschiedenen DNA-„Platzhaltern" dazwischen. Diese DNA-Abschnitte sind bei Bakterien entdeckt worden und dienen der Abwehr von Viren. Mit Hilfe dieses Systems können Bakterien die Erbinformation von Viren schneiden und unschädlich machen. Wie dieses System funktioniert, zeigt das Factsheet CRISPR/Cas-System in Abb. 3.2.

Cas9 ist ein Enzym, das DNA-Stränge schneiden kann. Cas9 gehört zu einer großen Familie von Cas-Enzymen, die unterschiedliche Eigenschaften haben und neben DNA beispielsweise auch RNA schneiden können. Cas-Gene wurden in der Nähe von CRISPR-Regionen gefunden und deshalb als CRISPR-associated bezeichnet.

Diese Technik scheint derzeit die komplette Biotechnologie-Branche zu revolutionieren und hat längst selbst in den kleinsten Laboren der Welt Einzug gehalten. Hunderte Patente wurden bereits vergeben und unzählige Anträge sind eingebracht. Der Wettstreit ist unglaublich und die Anzahl der wissenschaftlichen Publikationen explodiert. Rechtliche Beschränkungen gibt es hierfür derzeit nicht und diese Entwicklung scheint beinahe sich selbst zu überholen. Zeit für Grundlagenforschung, Risikoforschung, ethische Bedenken oder Ähnliches bleibt offenbar nicht. Bis die Politik eine rechtliche Einordnung für diese Technik gefunden hat, sind längst Jubelmeldungen über Heilung von Krankheiten publiziert und Versuche an Embryonen vorgenommen worden. Es wirkt fast so, als ob sich alle über die scheinbaren Erfolge freuen und die Fragen nach dem „Wie genau und warum funktioniert es?" unerwünscht sind. Das positive wie negative Potenzial der Technik reicht so weit, dass es die Vorstellungskraft übersteigt. Studenten und Studentinnen konnten beispielsweise ein Virus konstruieren, das das CRISPR/Cas-System durch Inhalation, also simples Einatmen, in Mäuse transportiert und in deren Lungen durch gezieltes Verändern der DNA Lungenkrebs auslöst. Jeder kann sich ausmalen, was ein solches Virus anrichten kann. Es mag für manche beeindruckend klingen, aber dieses unfassbare Gefahrenpotenzial lässt erblassen.

Trotz aller Euphorie rings um die CRISPR/Cas-Technik ist auch diese Technik nicht fehlerfrei. Manchmal schneidet z.B. das Cas-Enzym an Stellen, an denen der Schnitt nicht geplant war, zusätzlich zum erwünschten Platz. Es gibt bereits einen eigenen Namen für diese ungeplanten Schnitte in der DNA, man nennt sie off target cuts, also Schnitte außerhalb des Ziels. Deren Häufigkeit kann außerdem enorm schwanken. Die Folgen solcher off target cuts sind unabsehbar und könnten beispielsweise zu Krebs führen. Erste Ergebnisse etwa aus China dürften diese Fehler bereits bestätigen. So wurden bei Experimenten an menschlichen Embryonen bei einer abschließenden Untersuchung ungeplante Mutationen festgestellt.[5]

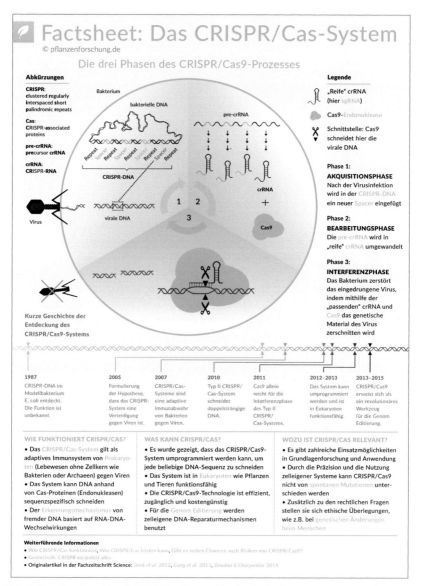

Abb. 3.2 Factsheet: Das CRISPR/Cas-System: Beschreibt die Zerstörung von eingedrungener Virus-DNA. Phase 1 zeigt das Eindringen der Virus-DNA bei der Infektion und den Einbau eines kleinen Stücks DNA (Spacer) in die Virus-DNA. In der Phase 2 wird eine RNA (crRNA) erzeugt, die den Spacer erkennt. In der Phase 3 heftet sich die

crRNA gemeinsam mit dem Enzym Cas9 an die passende Stelle der Virus-DNA, wobei die Virus-DNA an dieser Stelle vom Enzym Cas9 zerschnitten wird. Mit Hilfe von passenden crRNAs kann DNA an jeder beliebigen Stelle geschnitten werden und es können dort Änderungen (Herausschneiden, Einsetzen, Umbauen der DNA an dieser Stelle) durchgeführt werden. Quelle: pflanzenforschung.de

Infobox

Unter *Mutagenese* fasst man chemische oder physikalische Methoden zusammen, die Mutationen in der DNA auslösen können. Mutagenese ist beispielsweise in der Züchtung erlaubt.

Entscheidend für die weitere Entwicklung des Genome Editing ist derzeit die *rechtliche Einordnung*, die möglichst rasch erfolgen sollte, aber gleichzeitig höchst umstritten ist. Die Veränderung der DNA in kleinerem Rahmen bringt Vorteile mit sich, weil beispielsweise der unkontrollierte Einbau der Fremdgene ins Genom oder andere unerwünschte Nebeneffekte vermutlich wegfallen. Erfahrungen über langfristige Auswirkungen gibt es freilich nicht. Und nichtsdestotrotz bleibt es eine Veränderung der DNA. Rechtlich gesehen streiten Wissenschaftler und Wissenschaftlerinnen sowie Juristen und Juristinnen, ob es sich dabei nun um Gentechnik oder um ein modernes Mutageneseverfahren handelt. Unter Mutagenese versteht man das künstliche Hervorrufen von Mutationen, beispielsweise durch Strahlung, einen chemischen Stoff oder wie in diesem Fall durch Enzyme. Das Auslösen von Mutationen etwa durch Strahlung ist bei herkömmlichen Züchtungsmethoden erlaubt. Es stellt sich die Frage, ob das Genome Editing hier einzuordnen ist? Einzelne Wissenschaftler und Medien hab die Genomchirurgie in Artikeln als „Natürliche Gentechnik" bezeichnet, weil diese Veränderungen theoretisch auch auf natürlichem Weg passieren könnten. Bei der „richtigen" Gentechnik ist dies durch den Einbau von artfremden Genen völlig unmöglich.

Die Frage des rechtlichen Rahmens ist Anfang des Jahres 2016 unter anderem durch die Erlaubnis Großbritanniens, diese Technik zu Forschungszwecken an Embryonen anzuwenden, noch mehr in den Blickpunkt der Öffentlichkeit gerückt. Der Tabubruch, den das liberale Großbritannien hiermit begangen hat, ist schockierend. Bis Ende 2016 sollte die EU-Kommission eine rechtliche Einordnung für das Genome Editing vorgeben. Wird das Verfahren der Gentechnik zugeordnet, unterliegt es den hierfür geltenden strengen Auflagen, als Mutagenese wird es rasch in alle Lebensbereiche Einzug halten. Es gibt schon viele Versuche an Tieren und Pflanzen, und es gibt bereits Pläne für die Gentherapie am Menschen. Eine erste

Genehmigung für Tests an krebskranken Menschen wurde in den USA im Juni 2016 bereits erteilt. Es wird leichter, schneller und deutlich billiger möglich sein, Veränderungen an der DNA vorzunehmen und resultierende Produkte ohne großes Aufsehen auf den Markt zu bringen. Es wäre fast so, als würde man eine (hochgefährliche) Chemikalie, die Mutationen auslösen kann, im Supermarkt anbieten.

Das Büro für Technikfolgen-Abschätzung beim Deutschen Bundestag (TAB) sieht Methoden des Genome Editing als Teil der Synthetischen Biologie und bezeichnet diese als die nächste Stufe der Bio- und Gentechnologie. Grundsätzlich versteht man unter der Synthetischen Biologie die künstliche Schaffung von Lebewesen oder Teilen davon, wie beispielsweise Zellen. Im weiteren Verständnis des Begriffs ist es eine Form der Veränderung von Lebewesen, die über die herkömmliche gentechnische Veränderung hinausgeht. Ein Einbeziehen des Genome Editing in einer Risiko- und Regulierungsdebatte zur Synthetischen Biologie wäre somit auch denkbar. Egal wie man einen rechtlichen Rahmen dafür findet, die Zeit drängt. In einem Bericht des Büros für Technikfolgen-Abschätzung beim Deutschen Bundestag schreiben die Autoren „[...] angesichts der fortschreitenden Möglichkeiten der Synbio i.w.S. (Anm.: Synthetischen Biologie im weiteren Sinne), vor allem der Genome-Editing-Verfahren, erscheint es fast schon drängend, dass sich das BMBF – im Verbund mit den anderen betroffenen Fachministerien für Umwelt, Naturschutz, Bau und Reaktorsicherheit (BMUB) und für Ernährung und Landwirtschaft (BMEL) – erneut der Biosicherheitsforschung zuwendet, nachdem diese seit 2012 nur noch im Rahmen europäischer Projekte gefördert worden ist. Die Brisanz von Fragen der Zulassung von GVO (Anm.: gentechnisch veränderte Organismen) und der Biosicherheitsforschung als Basis zukünftiger Risikoabschätzung und -regulierung wird noch dadurch gesteigert, dass eine Reihe von Gentechnologieanwendungen von der Risikoregulierung und damit der Sicherheitsbewertung auch in der EU und Deutschland nicht (mehr) erfasst wird, weil die quantitativen Änderungen auf DNA-Ebene sehr gering sind, gleichzeitig aber durch Summierung zu substanziell veränderten GVO führen könnten." (Sauter A, Albrecht S, van Doren et al, 2015, S. 23)

Zur Frage der rechtlichen Zuordnung muss auch ein weiterer wesentlicher Aspekt angesprochen werden: Die Veränderung der DNA durch das CRISPR/Cas-System wird in Organismen schwer nachweisbar sein, weil diese gerade bei geringfügigen Änderungen auch auf natürlichem Weg passieren könnten. Die Frage ist, wie man etwas regulieren und kontrollieren kann, was nicht oder schwer nachweisbar ist. Dem geringfügigen Umschreiben von DNA scheint somit mit oder ohne rechtliche Beschränkung schon jetzt Tür und Tor geöffnet.

CRISPR/Cas kann mit einer weiteren Technik verbunden werden, die man *Gene Drive* nennt, und die zu einem noch nie da gewesenen Eingriff in die Natur verwendet werden kann. Wie oben in den Mendel'schen Regeln erklärt, erbt man von den Eltern immer zwei Varianten zu einer Eigenschaft, z.b. die violette oder weiße Blütenfarbe. Bei jeder Kreuzung oder Fortpflanzung bleiben die beiden Varianten erhalten und werden an die Nachkommen weitergegeben. Beim Gene Drive ist dieser universelle Vorgang ausgehebelt. Das neu eingefügte oder veränderte Gen schreibt jede andere Variante dieses Gens nach seinem eigenen Muster um. Ein Chromosom zwingt dem zweiten seine Genvariante auf. Im Fall von weiß und violett hieße das, dass das Violett-Gen weiß auslöschen und auch auf violett umschreiben würde (oder umgekehrt). Das Erschreckende daran ist, dass das nicht nur in dem einen Individuum erfolgen würde, sondern in allen nachkommenden. Mit der Zeit bleibt ausschließlich die veränderte Genvariante übrig. Auf diese Weise werden nicht nur die bislang universell geltenden Vererbungsregeln ausgetrickst, sondern ganze Arten können verändert oder je nach gezielter Veränderung auch ausgelöscht werden. Andere Merkmale dieses Gens, bestimmte Eigenschaften, würden einfach verschwinden. Dies ist ein Eingriff in die Natur von noch nie da gewesenem Ausmaß, mit absolut unvorhersehbaren Folgen. Die derzeitigen Anwendungen dieser Technik sind im Kapitel zu den gentechnisch veränderten Tieren (siehe Kapitel 5) nachzulesen.

Es könnte natürlich mit der gleichen Methode das ehemals ausgelöschte Gen wieder eingebaut werden, das sich dann wiederum überall durchzusetzen versuchen würde. Was geschieht, wenn beide Gene aufeinandertreffen, ist noch nicht bekannt und es stellt sich die Frage, ob alles technisch Machbare ausprobiert werden sollte.

Die klassische Gentechnik hat große Hoffnungen geweckt, die sehr oft nicht erfüllt worden sind. Auch neue, wieder sehr begeistert begrüßte Methoden müssen sich erst beweisen.

3.4   Gentechnik ist nicht Züchtung

Infobox

Züchtung, also das gezielte Kreuzen von Individuen, ist eine sehr alte Technik der Landwirtschaft. Dabei wurden auch natürlich auftretende Mutationen zur Züchtung herangezogen, so zum Beispiel bei der Züchtung der ersten Maispflanzen vor tausenden von Jahren in Mexiko. Später hat man auch Mutationen absichtlich durch Strahlung oder chemische Stoffe hervorgerufen und für die Weiterzüchtung verwendet.

Seitens der Befürworter und Befürworterinnen der Gentechnik wird oft betont, dass Gentechnik nichts anderes sei als Züchtung mit anderen Methoden. Was so nicht stimmt. Es ist mit Züchtungsmethoden schlichtweg unmöglich, z. B. in Baumwolle Bakteriengene einzukreuzen, weil man Baumwolle nur mit Baumwolle kreuzen kann. Diese Schranke gibt es mit der Gentechnik nicht mehr. Man kann neue Lebewesen erzeugen, die man so nicht züchten könnte und die so auch nicht in der Natur entstehen könnten. Gentechnik unterscheidet sich daher qualitativ und grundsätzlich sehr deutlich von der klassischen Züchtung. Außerdem – und das wird von Befürwortern und Befürworterinnen konsequent verschwiegen – werden bei der klassischen Gentechnik nicht nur einfach irgendwo isolierte Gene eingebaut, sondern es werden vorher ganze Genkonstrukte gebastelt, die dann in den neuen Organismus eingebaut werden.

Aber auch bei der Anwendung neuer Methoden der Gentechnik oder der genetischen Manipulation, wie bei CRISPR/Cas, stimmt der Vergleich nicht. Die traditionelle Züchtung arbeitet alleine mit den Vererbungsregeln, den Mendel'schen Regeln, die der geschlechtlichen Fortpflanzung, seit es diese gibt, zu Grunde liegen. Durch den Gene Drive werden die Mendel'schen Regeln aber außer Kraft gesetzt. Die künstlich hervorgerufene genetische Änderung wird zu 100 Prozent dominant: Sie zwingt sich bei jeder Kreuzung oder geschlechtlichen Fortpflanzung selbst allen Partnern auf und hebelt so die Vererbungsregeln aus. Etwas, das es in der Natur bislang nicht gegeben hat. Werden über die CRISPR/Cas-Methode ganze Gene eingefügt, dann hat das natürlich den gleichen Effekt wie der Einbau mit klassischen gentechnischen Methoden. Es ist präziser, rascher und billiger, aber in Vorgang und Ergebnis unnatürlich. Es gibt auch eine Reihe von Rechtsgutachten, die CRISPR/Cas als Gentechnik bezeichnen.

3.5 Gentechnik ist nicht Klonen

Infobox

Klonen ist das technische Erschaffen eines genetisch identen Lebewesens bzw. genetisch identer Zellen.

Gentechnik ist, wie oben ausführlich besprochen, die technische Veränderung der DNA mit Hilfe verschiedenster Methoden. Das Klonen von Zellen oder Lebewesen ist eine davon völlig unabhängige Technik, die mit der Gentechnik direkt wenig zu tun hat. Allerdings kann es gerade bei der gentechnischen Veränderung von Tieren vorkommen, dass neben gentechnischen Methoden auch das Klonen angewendet wird. Pflanzen bilden über Stecklinge oder Ausläufer auf natürlichem Weg Klone, und somit ist eine technische Methode wie bei Tieren zumeist nicht notwendig. Prinzipiell sind aber geklonte Tiere, wie das berühmte erste Klonschaf Dolly, aber nicht gentechnisch verändert. Oft kommt es hier zu Verwechslungen oder Verwirrungen.

Am Beispiel des berühmt gewordenen Klonschafs Dolly kann auch die Technik des Klonens gut erklärt werden (siehe Abb. 3.3). Zum Klonen von Tieren benötigt man den Zellkern mitsamt der enthaltenen DNA einer Körperzelle von dem Tier, das geklont werden soll. Zudem benötigt man eine Eizelle, deren Zellkern entfernt wird. Der Zellkern der Körperzelle, im Fall von Dolly war es eine Euterzelle, wird anschließend in die entkernte Eizelle eingefügt. Die Eizelle enthält nun die

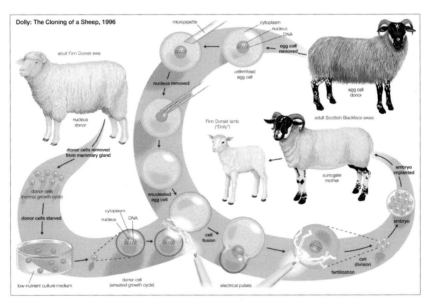

Abb. 3.3   Wie Dolly erzeugt wurde: Aus dem Euter eines Schafes (weiß) wurden Zellen entnommen, die in einer Nährlösung gehalten und vorbereitet wurden. Einem anderen Schaf (schwarz-weiß) wurde eine reife Eizelle entnommen, entkernt und mit einer der vorbereiteten Euterzellen verschmolzen. Dadurch bekam die entkernte Eizelle den Zellkern und damit die Erbinformation des weißen Schafes. Die Eizelle mit dem fremden Kern begann sich zu entwickeln und wurde dann in ein Ammenschaf implantiert. Das Ammenschaf trug das Tier aus und brachte Dolly, eine genetische Kopie des weißen Schafes, zur Welt. © Alamy / Universal Images Group North America LLC / mauritius images

Erbinformation der Euterzelle, beginnt sich zu teilen und zu einem Embryo heran-
zuwachsen. In einem frühen Stadium wird der Embryo dann in die Gebärmutter
eines Ammentiers, also einer Leihmutter, eingesetzt. Die Leihmutter trägt das
geklonte Tier aus und bringt es zur Welt. Genetisch ist Dolly somit ident mit dem
Tier, das die Euterzelle gespendet hat. Die Technik ist allerdings sehr aufwendig
und hat nur geringe Erfolgsraten. Außerdem zeigen die Tiere oft schon recht jung
deutliche Alterserscheinungen.

Für die Gentechnik ist das Klonen dann interessant, wenn gentechnisch veränderte Zellen zu Tieren heranwachsen sollen oder es um die genetisch idente
Vermehrung gentechnisch veränderter Tiere geht.

Gentechnisch veränderte Pflanzen

4

Die gentechnische Veränderung von Pflanzen, vorwiegend von Nahrungspflanzen, aber auch von anderweitig wirtschaftlich interessanten Pflanzen, wie Baumwolle oder verschiedenen forstwirtschaftlich bedeutenden Bäumen oder Zierpflanzen, wird schon seit langer Zeit angewandt. Zahlreiche gentechnisch veränderte Nutzpflanzen, vor allem Raps, Mais, Sojabohnen und Baumwolle werden weltweit angebaut und sind in zahlreichen Ländern im Handel erhältlich.

Infobox

gv Pflanzen: gv ist die Abkürzung für gentechnisch verändert; gv Pflanzen sind somit gentechnisch veränderte Pflanzen

---

4.1   Anbau gentechnisch veränderter Pflanzen – ein weltweiter Überblick

Seit Beginn des Anbaus gentechnisch veränderter Pflanzen 1996 in den USA sind die Anbauflächen kontinuierlich angestiegen. In den letzten Jahren verlangsamte sich das Wachstum allerdings. Machte es von 2009 auf 2010 noch zehn Prozent (14 Mio. ha) aus, so waren es von 2013 auf 2014 nur mehr 3,4 Prozent (sechs Mio. ha) mehr Anbaufläche. Tab. 4.1 zeigt den Anstieg von 2009 bis 2014.[6] Dieses abgebremste Wachstum ergibt sich aus der Marktsättigung in den gentechnik-freundlichen Ländern und einer (zunehmenden) Skepsis in den übrigen Gebieten. 2015 wird aus dem abgebremsten Wachstum sogar ein leichter Rückgang der weltweiten Anbauflächen auf 179,7 Millionen Hektar – am deutlichsten in den USA.[7] Die Zahlen werden jährlich von der ISAAA (International Service for the Acquisition of Agri-Biotech Applications) veröffentlicht. Kritiker und Kritikerinnen bemerken dazu allerdings, dass die Zahlen gentechnik-freundlich geschönt seien. Die ISAAA zählt zwar zu den NGOs, ist aber u.a. von Monsanto, Bayer Cropscience und Mahyco finanziert.

Tab. 4.1   Zunahme der Anbauflächen der kommerziellen Nutzung gentechnisch veränderter Pflanzen (nach Daten der ISAAA)

Anbaufläche gentechnisch veränderter Pflanzen in Mio. ha	2009	2010	2011	2012	2013	2014	2015
USA	64	66,8	69	69,5	70,2	73,1	70,9
Brasilien	21,4	25,4	30,3	36,6	40,3	42.2	44,2
Argentinien	21,3	22,9	23,7	23,9	24,4	24,3	24,5
Kanada	8,2	8,8	10,4	11.6	10,8	11,6	11,0
Indien	8,4	9,4	10,6	10,8	11,0	11,6	11,6
Gesamt	134	148	160	170	175	181	180

Die in der Tabelle aufgelisteten Staaten sind jene mit dem weitaus überwiegenden Anbau von gentechnisch veränderten Pflanzen. In einer weiteren Reihe von Staaten werden gentechnisch veränderte Pflanzen angebaut, allerdings auf vergleichsweise kleineren Flächen. Siehe dazu auch Abbildung 4.1.

Betrachtet man die Pflanzenarten, die angebaut werden, dann sind es fast ausschließlich vier verschiedene Arten: Soja (47 Prozent), Mais (32 Prozent), Baumwolle (14 Prozent) und Raps (fünf Prozent). Die restlichen Prozente verteilen sich vor allem auf Reis, Kartoffeln, Tomaten oder Auberginen.

Häufig tauchen Produkte von gentechnisch veränderten Pflanzen als Zusätze in verschiedenen Lebens- und Genussmitteln (z.B. Sojalezithin oder Glukosesirup aus Mais), besonders aber im Tierfutter auf (auch dabei wiederum insbesondere Mais und Soja). In den Kapiteln 4.5 und 6 ist dieses Thema ausführlich behandelt.

Im Gegensatz zum weltweiten Trend hat die Anbaufläche innerhalb der EU abgenommen, wie aus Tab. 4.2 ersichtlich ist. Zur Aussaat zugelassen ist in der EU aktuell nur der gentechnisch veränderte Mais MON810 von Monsanto. Die gentechnisch veränderte Kartoffel Amflora wurde zwei Jahre lang in Schweden und Deutschland angebaut, verlor aber die Zulassung durch einen Beschluss des Europäischen Gerichtshofes 2013.

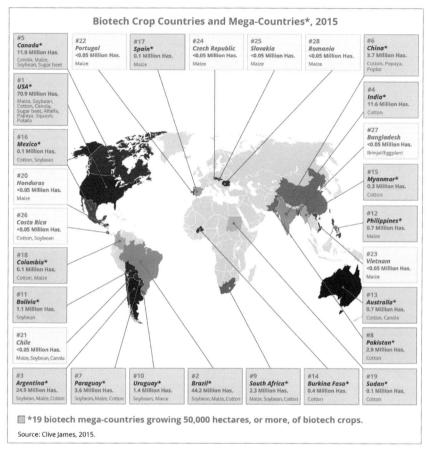

Abb. 4.1   Biotech Crop Countries and Mega-Countries 2015: Die Karte zeigt jene Länder, die 2015 gentechnisch veränderte Pflanzen angebaut haben. Alle Länder, die mehr als 50.000 Hektar gentechnisch veränderte Pflanzen bewirtschaftet haben, werden als Mega-Countries geführt. In der jeweiligen Beschriftung stehen bei den Ländern sowohl die bepflanzte Fläche als auch die Nutzpflanzen, die gentechnisch verändert wurden. Quelle: James, C. 2015. 20th Anniversary (1996 to 2015) of the Global Commercialization of Biotech Crops and Biotech Crop Highlights in 2015. ISAAA Brief 51. International Service for the Acquisition of Agri-biotech Applications, Ithaca, NY, USA. http://www.isaaa.org.

Tab. 4.2   Veränderung der Anbauflächen für MON810 in der EU (nach: http://www.
keine-gentechnik.de/dossiers/anbaustatistiken.html, Zugegriffen: April 2016)

Anbau in ha	2008	2009	2010	2011	2012	2013	2014	2015
Mais MON-810								
Spanien	79.269	76.057	67.726	97.346	116.306	136.962	131.537	107.749
Portugal	4.856	5.202	4.869	7.723	9.278	8.171	8.542	8.017
Tschechien	8.380	6.480	4.830	5.090	3.052	2.560	1.754	997
Polen	3.000	3.000	3.000	3.000	3.000	0	0	0
Slowakei	1.931	875	1.248	760	216	100	411	104
Rumänien	6.130	3.244	823	588	189	835	770,7	2,5
Deutschland	3.173	0	0	0	0	0	0	0
Gesamt	106.739	94.858	82.496	114.507	132.041	148.628	143.015	116.870

2013 hat Polen den Anbau von MON810 verboten. Insgesamt ist der Anbau in acht
Ländern der EU verboten (Österreich, Deutschland, Frankreich, Griechenland,
Ungarn, Luxemburg, Polen, Bulgarien). Generell ist die Akzeptanz für gentechnisch veränderte Pflanzen in der EU sehr niedrig. Dies ist auch einer der Gründe,
warum andere Länder außerhalb der EU zögern, gentechnisch veränderte Pflanzen
anzubauen, da sie einen Rückgang der Exporte in die EU fürchten. Umgekehrt
eröffnen gentechnikfreie Produkte aus Europa neue Marktchancen in den USA.
Beispielsweise will der österreichische Zucker- und Stärkehersteller Agrana künftig
mit gentechnikfreien Produkten in den USA punkten. Die Nachfrage nach gentechnikfreien Rohstoffen generell, aber auch für die Herstellung von Babynahrung im
Besonderen, steigt. Aufgrund der nahezu vollflächigen Verwendung von gentechnisch veränderten Pflanzen in den USA ist eine gentechnikfreie Landwirtschaft
nur mehr erschwert möglich.

Die Skepsis in vielen EU Staaten gegenüber Gentechnik in der Landwirtschaft
und die Möglichkeit jedes einzelnen Landes, den Anbau zu verhindern, bremst auch
Konzerne zunehmend. So hat Konzern Syngenta 2015 beispielsweise Anträge auf
Zulassung von zwei gentechnisch veränderten Maissorten zurückgezogen, weil 19
EU-Staaten angekündigt haben, über den Opt-out Mechanismus nationale Anbau-
und Importverbote auszusprechen.

Infobox

Die Mitgliedstaaten der EU können über den *Opt-out Mechanismus* auf dem eigenen Staatsgebiet den Anbau von gentechnisch veränderten Pflanzen verbieten, auch wenn diese in der EU zum Anbau zugelassen sind. Das Verbot muss begründet werden, wobei auch umwelt- und sozialpolitische oder agrarische Argumente zählen.

In Afrika südlich der Sahara erhöht sich jedoch der Druck, gentechnisch verändertes Saatgut anzubauen. Einerseits war in der Vergangenheit die US-amerikanische Regierung aktiv, um den eigenen Konzernen neue Absatzmärkte zu sichern, andererseits steht die Bill und Melinda Gates Stiftung in enger Kooperation mit den Gentechnik- und Saatgutkonzernen. Ein weiterer Aspekt ist die Nahrungsmittelhilfe. Während die EU dazu übergegangen ist, Hilfsnahrungsmittel auf den lokalen Märkten zu kaufen, um eben diese lokalen Märkte nicht durch Import zu zerstören, besteht die Hilfe aus den USA rund zur Hälfte aus der heimischen Überschussproduktion. Diese aber ist mit gentechnisch veränderten Produkten kontaminiert. Inzwischen wird von verschiedenen Organisationen, auch finanziert von der Gates Stiftung, der Sojaanbau in Afrika südlich der Sahara forciert. Dies kann nur auf Kosten der lokalen Feldfrüchte gehen, weswegen die FAO (Ernährungs- und Landwirtschaftsorganisation der Vereinten Nationen) befürchtet, dass langfristig die Ernährungssicherheit darunter leiden wird. Einstweilen ist noch nicht von gentechnisch verändertem Soja die Rede, aber am Beispiel Brasiliens kann gesehen werden, wie schnell sich gentechnisch verändertes Soja ausbreitet und überhandnimmt. In Afrika gibt es eine außerordentlich große Zahl an einheimischen, lokal entwickelten Nahrungspflanzen, die außerdem an die lokalen Gegebenheiten angepasst sind und die Grundlage einer langfristigen Ernährungssicherheit darstellen könnten. Eben diese lokalen, nicht kommerziellen Nahrungspflanzen sind es, an denen die großen internationalen Gesellschaften, wie Monsanto oder Du Pont oder High Bred Pioneer, großes Interesse haben. Vor allem Cassava, verschiedene Hirsen und andere Gräser, Süßkartoffeln und verschiedene Leguminosen, wie Augenbohne und Straucherbse sollen neben Reis und Bananen gentechnisch verändert werden. Die Aktivitäten konzentrieren sich auf Burkina Faso, Ghana, Ägypten, Kenia, Nigeria und Uganda.

In der allgemeinen Begründung für die Anwendung der Gentechnik in der Lebensmittelproduktion geht es um verschiedene Bereiche. Einerseits um eine Landwirtschaft, die mit weniger Gift auskommen, somit also ökologisch verträglicher sein soll, und andererseits um Ertragssteigerungen, die das Einkommen der Landwirte und Landwirtinnen verbessern und außerdem die Hungerproblematik

in dieser Welt, insbesondere in den armen Ländern des Südens, lösen sollen. Dazu
kommen, vor allem in den letzten Jahren, Bestrebungen, Pflanzen zu entwickeln,
die mehr Nährstoffe enthalten, gesünder sind oder auch noch unter ungünstigen
Bedingungen, z.b. klimatischen Veränderungen, gedeihen. Das sind sehr positive, begrüßenswerte Ziele. Es fragt sich nur, ob die Gentechnik ihren eigenen
Anforderungen gerecht wird und ob die Vorteile die Risiken und Nebeneffekte
tatsächlich aufwiegen.

Die Erzeugung von gentechnisch veränderten Pflanzen ist, verglichen mit der
von Tieren, relativ einfach. Einzelne Pflanzenzellen oder Gewebsstücke können sehr
leicht vegetativ (ungeschlechtlich) in Zellkulturen in einer Nährlösung gehalten
und vermehrt werden. Aus solchen Einzelzellen oder kleinen Gewebsteilen können
ganze Pflanzen, die Blüten und Samen ausbilden, herangezogen werden. Man muss
also nur einzelne Pflanzenzellen gentechnisch verändern und kann dann aus diesen
gentechnisch manipulierten Zellen ganze Pflanzen ziehen und diese vermehren.

4.2   Herbizid- und Insektenresistenz bei gentechnisch veränderten Pflanzen

Infobox

Unter *Resistenz* versteht man die Widerstandsfähigkeit von Organismen gegenüber Umwelteinflüssen (Schädlinge, Krankheitserreger, chemische Stoffe, …).
Resistenzen entstehen auf natürlichem Weg durch Anpassungen der Organismen,
durch Kreuzungen und Züchtungen oder durch Einbau von Resistenzgenen
anderer Organismen.

Die ersten Generationen gentechnisch veränderter Pflanzen, die nach wie vor
großflächig angebaut und vermarktet werden, sind Kulturpflanzen mit verschiedenen eingebauten Resistenzen, und zwar mit Resistenzen gegen Herbizide und
gegen Insekten. Im Prinzip sind es immer noch diese beiden gentechnischen Veränderungen, die den Markt an gentechnisch veränderten Pflanzen beherrschen.
Andere gentechnisch veränderte Pflanzen sind noch in der Entwicklungs- oder
Erprobungsphase oder werden nur in kleinen Nischen verwendet.

Die eine wie die andere Technik, Herbizid- und Insektenresistenz, ist ideal für
den Einsatz in einer großflächigen, technisierten Landwirtschaft mit riesigen Monokulturen. Denn gerade dort machen sich Wildkräuter und Schadinsekten besonders
unangenehm bemerkbar. Diese beiden Resistenzen, vor allem die Herbizidtoleranz,

machen den Farmern das Leben (kurzfristig) leichter bzw. bequemer. Daher kommt auch die große Akzeptanz in der großflächigen, industrialisierten Landwirtschaft, wie man sie u. a. in den USA, in Kanada, in Argentinien oder Brasilien findet. Allerdings geht die Begeisterung für gentechnisch veränderte Pflanzen besonders oder gerade in Ländern, in denen schon länger gentechnisch veränderte Pflanzen angebaut werden, wie den USA, zurück, weil die damit verbundenen Probleme immer deutlicher zu Tage treten. Das Wall Street Journal berichtete im Februar 2015, dass sich Bauern und Bäuerinnen in den USA von der Gentechnik wieder abwenden. In einigen Staaten (Illinois und Nebraska) ist der Anteil an gentechnisch bewirtschafteten Ackerflächen sogar leicht zurückgegangen.[8]

Bei beiden Resistenzen gibt es eine Reihe von Einwendungen und Risiken, die teilweise nur die eine, teilweise beide gentechnischen Manipulationen betreffen, und vor allem sind beide Techniken, auch wegen der Resistenzbildung bei Unkräutern und Schadinsekten, nicht nachhaltig.

4.2.1   Resistenzen gegen Herbizide

Von den großen Pharma- und Saatgutfirmen, wie Monsanto, Syngenta oder Bayer, wurden häufige Nutzpflanzen, wie erwähnt sind das vor allem Mais, Soja, Raps und Baumwolle, durch den Einbau von entsprechenden Genen gegen sogenannte Totalherbizide resistent gemacht. Genau genommen von jedem Konzern immer gegen das jeweils eigene Herbizid. Während Pflanzen von der Firma Monsanto gegen ‚Roundup' (mit dem Wirkstoff Glyphosat) resistent sind (sogenannte roundup ready Pflanzen), sind gentechnisch veränderte Pflanzen von Bayer (Liberty link Pflanzen) unempfindlich gegen das Totalherbizid Liberty (mit dem Wirkstoff Glufosinat). Neuerdings sind gentechnisch veränderte Pflanzen manchmal gegen beide Herbizide teils durch Kreuzungen, teils durch gleichzeitigen Einbau von zwei Resistenzgenen resistent. Monsanto und Bayer arbeiten seit 2007 in der Forschung und Entwicklung von gentechnisch veränderten Pflanzen zusammen. Ein Acker mit einer derartigen Nutzpflanze kann mit einem Totalherbizid, das alle anderen Pflanzen vernichtet, problemlos behandelt werden. Durch diese gentechnische Veränderung wird der Einsatz von Totalherbiziden überhaupt erst ermöglicht und die Handhabung für den Landwirt und die Landwirtin erleichtert. Somit kann zu einem späteren Zeitpunkt noch gegen Unkräuter gespritzt werden (was allerdings den gravierenden Nachteil hat, dass dann die Ernte mehr mit Herbizid belastet ist) und es erleichtert den pfluglosen Anbau. Gleichzeitig soll, und das ist die ökologische Begründung, dadurch ein gezielter und damit geringerer Einsatz von Herbiziden ermöglicht werden.

Wegen der inzwischen immer häufiger auftauchenden Resistenzen der Beikräuter gegenüber den Totalherbiziden wurden in neuerer Zeit Pflanzen entwickelt, die zusätzlich gegenüber weiteren Herbiziden resistent sind.

In der *Praxis* zeigen sich allerdings gewaltige Nachteile, die gentechnisch veränderte herbizidresistente Pflanzen mit sich bringen. Diese reichen vom weitreichenden Herbizideinsatz über herbizidresistente Wildkräuter bis hin zu gesundheitlichen und ökologischen Folgen des Totalherbizids.

Was den *Herbizidverbrauch* betrifft, haben Kritiker und Kritikerinnen von Anfang an befürchtet, dass der Verbrauch an Herbiziden nicht sinken, sondern steigen wird. Tatsächlich ist der Verbrauch an Herbiziden deutlich gestiegen, was nicht nur ökologische, sondern zunehmend auch gesundheitliche Probleme bedingt. Herbizide zählen zu den besonders bedenklichen Agrargiften. Allein in den USA ist der Verbrauch von Glyphosat zwischen 2002 und 2012 von 49.000 Tonnen auf 128.000 Tonnen gestiegen.[9] In dieser Zeit stieg die Anbaufläche von Roundup ready Pflanzen in den USA von knapp 40 Mio ha auf etwas über 70 Mio ha. Die Anbaufläche von gentechnisch veränderten Pflanzen ist somit um 75 Prozent gestiegen. Hätte der Einsatz des Herbizids einfach nur mit der Anbaufläche Schritt gehalten, hätte er auch nur um 75 Prozent steigen dürfen. Tatsächlich aber ist der Verbrauch an Roundup um 161 Prozent gestiegen.

Ein wiederkehrendes Problem beim Einsatz von herbizidresistenten Pflanzen ist die – unbeabsichtigte – Produktion von so genannten *Problemunkräutern*, die gegen Totalherbizide resistent sind und damit nur mehr schwer oder gar nicht behandelt werden können.[10] Von Kritikerinnen und Kritikern ist dies von Anfang an vorhergesagt worden, da auf Grund der bisherigen Erfahrung mit Herbiziden und Insektiziden und bestehendem biologischen Wissen einfach damit zu rechnen war. Allerdings hat Monsanto bei der Einführung der herbizidresistenten Pflanzen noch erklärt, dass mit einer Anpassung von Unkräutern an den Wirkstoff Glyphosat nicht zu rechnen sei.

Resistenzen gegen Herbizide (oder andere Agrargifte) können auf mehrere Weisen entstehen:

- Unter den zahllosen Beikräutern finden sich einige, die von Anfang an resistent sind. Bei der Behandlung des Ackers mit dem Herbizid überleben sie und werden durch natürliche Vermehrung langsam immer mehr, bis sie auffallen und zum Problem werden.
- Resistenzen können aber auch durch Mutationen oder epigenetische Effekte neu entstehen; es gibt für Pflanzen zahlreiche Möglichkeiten solche Resistenzen zu erwerben.

- Eine weitere Möglichkeit ist, dass die gentechnisch eingebaute Unempfindlichkeit gegenüber dem Herbizid durch Auskreuzen auf in der Nähe vorkommende Wildpflanzen übertragen wird, wenn Pollen auf wild vorkommende Pflanzen, die mit der Kulturpflanze kreuzbar sind, übertragen werden. Im mitteleuropäischen Raum wäre das z.b. der Ackersenf, der mit Raps kreuzbar ist.
- Und schließlich kann die herbizidresistente Kulturpflanze selbst zum Unkraut werden. Wenn bei der Ernte ausgefallene Samen im nächsten Jahr aufgehen und eine andere Pflanze dort angebaut wird. Dieses Phänomen ist wiederholt in Kanada oder Argentinien beobachtet worden. In so einem Fall wird der Acker noch vor dem Anbau mit einem weiteren Herbizid behandelt. Es kann aber auch die gentechnisch veränderte Pflanze verwildern und unkontrolliert, sie ist ja gegen ein Totalherbizid resistent, auftauchen.

Das Auftreten von „Wildpflanzen-Unkräutern", die auf Roundup nicht mehr reagieren, wird zu einem zunehmenden Problem, nicht nur in den USA, sondern weltweit.

Tab. 4.3   Glyphosatresistente Unkräuter, mit Vorkommen und Jahr der ersten Beobachtung. Glyphosat ist der Wirkstoff in ‚Roundup' (vgl. Hoppichler 2010, S. 41-42)

Kanadisches Berufskraut	Sojafelder	USA, Brasilien China, Spanien	2000
Horseweed	Sojafelder Baumwolle	USA	2005
Common Waterhemp	Soja, Mais	USA	2005
Common Ragweed	Soja	USA	2004
Giant Ragweed	Soja	USA	2004
Rigid Ryegras	Getreide	USA, Australien, Spanien	1996
Johnsongras	Soja	USA, Argentinien	2005
Sourgras	Soja	Paraguay, Brasilien	2006
Junglerice	Äcker	Australien	2007
Wild Poisettia	Soja	Brasilien	2006
Liverseedgras	Getreide	Australien	2008

2008 waren weltweit 13 verschiedene Wildkräuter gegen Glyphosat resistent (siehe Tab. 4.3). 2015 waren es bereits 35 verschiedene Wildkräuter. Tab. 4.4 listet diese 35 verschiedenen Wildkräuter auf mit den Ländern, in denen sie gefunden wurden und dem Jahr des ersten Auftauchens. Wie man sieht, finden sich die meisten glyphosat-resistenten Pflanzen in den USA, dem Land mit dem höchsten und frühesten Anteil an herbizidresistenten gentechnisch veränderten Pflanzen. Dass gelegentlich auch Länder auftauchen, in denen keine transgenen Pflanzen angebaut werden, rührt daher, dass natürlich jeder exzessive Einsatz von Glyphosat zur Resistenzbildung führen kann. In den USA machen 15 verschiedene Unkräuter Probleme in 30 Bundesstaaten. Bei gentechnisch verändertem Soja sind gar 50 Prozent der Äcker betroffen. Teilweise müssen die Unkräuter von Hand entfernt werden. Eine detaillierte Liste der resistenten Wildpflanzen mit den einzelnen US Bundesstaaten findet man auf: http://weedscience.org.[11]

Tab. 4.4   Liste der 2015 bekannten 35 glyphosatresistenten Wildkräuter mit den Ländern, in denen sie beobachtet wurden, und dem Jahr der erstmaligen Beobachtung nach: http://weedscience.org/summary/moa.aspx?MOAID=12, Zugegriffen: März 2016

Name	Länder	Erstes Auftreten
Smooth Pigweed	Argentinien	2013
Palmer Amaranth	USA, Brasilien	2005
Spiny Amaranth	USA	2012
Tall Waterhemp	USA, Kanada	2005
Common Ragweed	USA, Kanada	2004
Giant Ragweed	USA, Kanada	2004
Hairy Beggarticks	Mexiko	2014
Sweet Summer Grass	Australien	2014
Ripgut Brome	Australien	2011
Red Brome	Australien	2014
Tall Windmill Grass	Brasilien	2014
Windmill Grass	Australien	2010
Feather Fingergrass	Australien	2015
Hairy Fleabane	USA, Südafrika, Spanien, Brasilien, Australien, Portugal, Griechenland, Israel, Kolumbien	2003
Horseweed	USA, Brasilien, Spanien, China, Tschechien, Kanada, Griechenland, Italien, Polen, Japan	2000
Sumatran Fleabane	Brasilien, Spanien, Frankreich, Griechenland	2009
Gramilla mansa	Argentinien	2008
Sourgrass	Brasilien, Paraguay	2005
Junglerice	USA, Australien, Argentinien, Venzuela	2007
Goosegrass	USA, Argentinien, Malaysia, Bolivien, Japan, China, Costa Rica, Kolumbien, Indonesien	1997

Name	Länder	Erstes Auftreten
Woody borreria	Malaysia	2005
Kochia	USA, Kanada	2007
Prickly Lettuce	Australien	2015
Tropical Sprangletop	Mexiko	2010
Perennial Ryegrass	Argentinien, Portugal, Neuseeland	2008
Italien Ryegrass	USA, Brasilien, Argentinien, Spanien, Chile, Japan, Schweiz, Italien, Neuseeland	2001
Rigid Ryegrass	USA, Australien, Südafrika, Spanien, Israel, Italien, Frankreich	1996
Ragwood Parthenium	USA, Kolumbien	2004
Buckhorn Plantain	Südafrika	2003
Annual Bluegrass	USA	2010
Wild Radish	Australien	2010
Russian-thistle	USA	2015
Annual Sowthistle	Australien	2014
Johnsongrass	USA, Argentinien	2006
Liverseedgrass	Australien	2008

Meist entwickelt sich die Resistenz schleichend: die Pflanze wird zuerst tolerant und kann noch, aber mit immer größeren Mengen des Herbizids, bekämpft werden, um dann schließlich unbehandelbar zu werden. Die zunehmenden Herbizidmengen sind nicht nur ein gesundheitliches und ökologisches Problem, sondern auch ein wirtschaftliches, da dadurch die Kosten für die Landwirtinnen und Landwirte – teilweise dramatisch – um bis zu 50 oder 100 Prozent oder darüber zunehmen. Als Beispiel sollen der Sojaanbau in zwei Bundesstaaten der USA und der Baumwollanbau in den USA dienen. In Arkansas stiegen die Kosten des Sojaanbaus von ursprünglich 16,29 $ je Acre auf 44,34 $ je Acre und in Illinois von 19,21 $ auf 31,49 $ je Acre. Besonders dramatisch ist die Preisentwicklung bei der Baumwolle im Süden der USA. Dabei kam es zu einem Preisanstieg von 50 bis 75 $ auf 370 $. Der Baumwollanbau nahm infolgedessen deutlich ab.[12]

Wie oben schon kurz erwähnt, kommen, um der Problemunkräuter Herr zu werden, nun weitere, giftige Herbizide zum Einsatz. Zunehmend werden Pflanzen gegen zwei Herbizide resistent gemacht. Einerseits sind das Pflanzen mit Unempfindlichkeit gegen gleich zwei Totalherbizide, Glyphosat und Glufosinat, andererseits solche, die zusätzlich gegen 2,4-D oder Dicamba resistent gemacht worden sind. Mit dem zu befürchtenden Effekt, dass dann auch diese Herbizide in steigenden

Mengen zum Einsatz kommen werden. Beide letzterwähnten Herbizide sind chlorierte aromatische Verbindungen und gelten als sehr giftig. Chlorierte aromatische Verbindungen sind in der Natur generell schwer abbaubar und neigen dazu, sich anzureichern, und oft entstehen im Zuge des Abbaus giftige Zwischenprodukte.

Dicamba kann akut Hautschäden, Beeinträchtigungen von Lunge, Leber und Niere, sowie Augenschäden (die irreversibel sein können) hervorrufen und ist neurotoxisch, also auf das Nervensystem giftig wirkend. Zuzüglich kann es Mutationen auslösen. Es gibt außerdem Hinweise, dass es krebserregend sein kann. Dicamba ist im Boden sehr beweglich und kann durch Auswaschen in die Gewässer gelangen.

2,4-D ist berüchtigt als Bestandteil des im Vietnamkrieg eingesetzten Entlaubungsmittels Agent Orange. Es wurde 2015 von der WHO als möglicherweise (possibly) krebserregend eingestuft.[13] In Zellkulturen von menschlichen Zellen und im Tierversuch wurden genetische Veränderungen beobachtet sowie hormonelle Einflüsse und Beeinträchtigung der Fortpflanzung (geringere Spermienzahl und geringere Wurfgrößen und Frühgeburten). Auch gibt es Hinweise auf Beeinträchtigung des Immunsystems und der Gehirnentwicklung. Die akuten Auswirkungen sind vielfältig. Ebenso wie Dicamba kann es in Gewässern nachgewiesen werden.

Beiden Herbiziden ist gemeinsam, dass sie mit den auch als Supergifte bezeichneten Dioxinen verunreinigt sein können.

Neue Untersuchungen weisen darauf hin, dass die kombinierten Effekte von Roundup mit z.B. Dicamba gefährlicher sind als die der Ausgangsstoffe für sich. Es zeigte sich ein höheres Risiko für Tumore und Erbgutveränderungen sowie für Leberschäden.[14]

Angesichts der steigenden Mengen an Roundup, die eingesetzt werden, werden auch die *gesundheitlichen und ökologischen Folgen* immer deutlicher und gravierender. Die größte Zahl der gentechnisch veränderten Pflanzen auf dem Markt ist entweder nur gegen Roundup resistent oder trägt zusätzlich ein oder mehrere Genkonstrukte gegen Schadinsekten oder gleich gegen mehr als ein Herbizid in sich. Für Roundup bzw. den Wirkstoff Glyphosat wissen wir, dass inzwischen praktisch alle Früchte von herbizidresistenten gentechnisch veränderten Pflanzen kontaminiert sind. Damit gelangt Roundup in die Nahrungskette; über Tierfutter zu den Nutztieren oder, wo zugelassen, direkt in die menschliche Ernährung. Roundup wird inzwischen auch im konventionellen Landbau vermehrt eingesetzt und ist im Urin von mehr als der Hälfte der Bewohner und Bewohnerinnen Europas (mit deutlichen Unterschieden von Land zu Land) nachweisbar. In jedem Baumarkt ist es erhältlich und – abgesehen vom Einsatz in der Landwirtschaft – werden oft aus Unwissenheit Spielplätze und Gärten damit behandelt.

Glyphosat ist in praktisch allen Getreideprodukten (Brot, Gebäck, Nudeln, …), mit Ausnahme der Bioprodukte, nachweisbar. Da inzwischen der Großteil der weltweit angebauten Baumwolle gentechnisch verändert ist, kann Glyphosat auch in den meisten Baumwollprodukten nachgewiesen werden – wieder mit Ausnahme von biologisch gezogener Baumwolle. Roundup wurde und wird seitens des Erzeugers Monsanto als ungiftig beschrieben.

Die WHO hat Glyphosat, den Wirkstoff in Roundup, 2015 als krebserregend im Tierversuch und sehr wahrscheinlich auch im Menschen eingestuft.[15] Dem sind zahlreiche Beobachtungen insbesondere in Südamerika über steigende Krebsraten in Gegenden mit Intensivanbau von gentechnisch verändertem Soja vorausgegangen. 2012 hat der französische Forscher Seralini bei Langzeitstudien mit Ratten, denen gentechnisch verändertes Soja oder Roundup gefüttert worden ist, zunehmende Krebsraten und Leberschäden beobachtet. Seralini wurde heftig angegriffen. Ihm wurde vorgeworfen, für eine Krebsstudie ungeeignete und zu wenig Versuchstiere verwendet zu haben. In einem sehr ungewöhnlichen Akt hat die Zeitschrift, in der Seralini seine Experimente veröffentlichte („Food and Chemical Toxicology" FCT), diese Arbeit zurückgezogen – ein Vorgang, der der gängigen Veröffentlichungs-praxis widerspricht. Seralini konnte seine Arbeit aber in einem anderen Journal (Environmental Sciences Europe) wieder veröffentlichen.[16] 2015 erhielt Seralini in Anerkennung seiner Arbeiten zur schädigenden Wirkung von Glyphosat den Whistelblowerpreis.

Bereits im Jahr 2012 ist die *Zulassung* für Glyphosat in der EU ausgelaufen. Seither wird die Entscheidung, ob es eine Verlängerung für weitere zehn Jahre gibt oder nicht, verschoben. 2015 hat die Kommission erklärt, bis Ende 2015 eine Entscheidung zu treffen, hat diese dann aber wieder auf März 2016 verschoben. Überraschend wurde diese Abstimmung erneut mehrmals vertagt, weil sich keine Mehrheit finden konnte – weder für noch gegen die Zulassungsverlängerung. Auch bei der letztmöglichen Abstimmung im Berufungsausschuss am 24. Juni kam keine Mehrheit zustande. Nachdem zunächst die Zulassung schon als wahrscheinlich galt, bestand dadurch tatsächlich noch die Möglichkeit einer Ablehnung. Mit der Einstufung von Glyphosat durch die WHO 2015 als im Tierversuch krebserregend und für Menschen wahrscheinlich krebserregend würde eine weitere Zulassung nach EU Regeln eigentlich unwahrscheinlich. Trotzdem hat die EU-Kommission am 29. Juni 2016, also einen Tag vor Ablauf der Zulassung, diese für weitere 18 Monate verlängert.

Für die Zulassung von Glyphosat in der EU fungiert Deutschland als Berichtsland, und hier wiederum ist das Bundesinstitut für Risikoforschung (BfR) zuständig. Das BfR aber hat erklärt, dass Glyphosat nicht krebserregend sei. Es stützt sich dabei auf Arbeiten, die von den Antragstellern stammen, geheim und damit nicht nachprüfbar sind. Auf Grund der Stellungnahme des BfR hat die europäische Lebensmittelbehörde, die EFSA, eine Verlängerung der Zulassung empfohlen. Im

November 2015 wandten sich 96 Wissenschaftlerinnen und Wissenschaftler aus
25 Ländern mit einer deutlichen Kritik an der Beurteilung durch die EFSA an den
Gesundheitskommissar, Vytenis Andriutakitis. Sie kritisierten, dass die Berichte
den wissenschaftlichen Erkenntnissen und Fakten nicht entsprächen. Sie verlangten,
dass die Kommission die Bewertung durch die EFSA zurückweisen solle.
Das Krebsrisiko scheint aber nur eine von mehreren Schadfolgen. Roundup führt
auch zu Missbildungen und vermehrten Früh- und Totgeburten. Die Auslösung
von Missbildungen wurde im Tierversuch beobachtet und kann, wieder in den
riesigen gentechnisch veränderten Soja Anbaugebieten Südamerikas, leider auch
beim Menschen beobachtet werden (siehe Bericht 1). Dieser Effekt von Roundup
zeigt sich auch in der Tierzucht in Europa, da gentechnisch verändertes Soja aus
Südamerika Hauptfutter in der Intensivtierhaltung ist.
Glyphosat beeinflusst auch die Darmflora, wobei günstige Mikroorganismen
geschädigt und schädigende bevorzugt werden. Bei Rindern, die mit gentechnisch
verändertem Soja ernährt werden, kann dies zum Überhandnehmen des Bakteriums
Clostridium botulinum und damit zum Botulismus führen; mit dem Effekt, dass
ganze Herden zugrunde gehen. Das Bakterium kommt u.a. in verdorbenen Kon-
serven vor. Das Gift dieses Bakteriums, das Botulinumtoxin, ist eines der stärksten
bekannten Gifte. Die Krankheit ist oft nicht auf die Tiere beschränkt, sondern tritt
u.U. gleichzeitig bei den betreuenden Menschen auf.
Roundup hat außerdem hormonelle Wirkung. Man zählt es zu den so genannten hormonellen Disruptoren, da es in den Hormonhaushalt eingreift. Die Folgen
davon sind Missbildungen der Sexualorgane, wie Kryptorchismus (die Hoden sind
bei neugeborenen Knaben noch im Körper; wenn Kryptorchismus nicht behandelt
wird, führt er zur Unfruchtbarkeit) und Hypospadie (eine Entwicklungsstörung der
Harnröhre mit verschiedenen Folgen); bei Mädchen kann es zum verfrühten Einsetzen der Regelblutung führen (s. Bericht 1). Die hormonelle Wirkung wird verstärkt
durch Beimengungen, die der besseren Aufnahme des eigentlichen Giftes dienen.

▶ Bericht 1

Bericht des Arztes Dario Gianfelici über die gesundheitlichen Folgen von ‚Roundup' im Sojaanbaugebiet in Argentinien

*„Zusammen mit mehreren Kollegen aus der Region habe ich einen signifikanten
Anstieg von Fruchtbarkeitsanomalien wie etwa Fehlgeburten und frühzeitige
fötale Todesfälle festgestellt, außerdem Dysfunktionen der Schilddrüse, der
Atmungsorgane – zum Beispiel Lungenödeme –, der Nieren und des endokrinen
Systems, vermehrt Lebererkrankungen, Hautleiden und schwere Augenschädi-
gungen. Darüber hinaus sind wir beunruhigt wegen der möglichen Wirkungen*

von ‚Roundup'-Rückständen, die beim Verzehr von Soja mit aufgenommen werden, weil bekannt ist, dass bestimmte surfactants als endokrine Schadstoffe wirken. Dazu kommt eine beträchtliche Anzahl von Kryptorchismus- und Hypospadie-Fällen bei kleinen Jungen und Hormonstörungen bei kleinen Mädchen, von denen manche schon mit drei Jahren ihre Periode bekommen." (Robin 2010, S. 386)

Ökologisch gesehen ist Roundup auf mehreren Wegen schädlich. In der Ackererde hat Glyphosat eine ähnliche Wirkung wie auf Darmbakterien. Es schädigt Mikroorganismen, die für die Pflanzen als krankheitsabwehrend wirken und die Nährstoffaufnahme verbessern, und fördert auch hier für die Pflanzen ungünstige, krankheitsfördernde Mikroorganismen. Untersuchungen Wiener Wissenschaftler konnten bei Glashausexperimenten auch die schädigende Auswirkung auf Regenwürmer zeigen.[17] Glyphosat beeinträchtigt außerdem die beiden wichtigen Wurzelsymbiosen im Boden, die Mykorrhiza und die Knöllchenbakterien.

Wenn das Herbizid aus den Äckern ausgewaschen wird und in Gewässer gelangt, wird die Wasserqualität negativ beeinflusst und es wirkt toxisch auf Wasserlebewesen wie Kaulquappen oder Kleinkrebse.[18]

Indirekt führt es zur Abnahme der Artenvielfalt. Herbizide, und da besonders die Totalherbizide, sind an sich schädlich für die Biodiversität, weil sie alle Pflanzen töten und mit den vernichteten Pflanzen viele Insekten die Nahrungsgrundlage verlieren. In einer gemeinsamen Studie stellten das Bundesamt für Naturschutz Deutschland, das Umweltbundesamt Österreich und das Schweizer Bundesamt für Umwelt fest, dass der langjährige Anbau von gentechnisch veränderten Pflanzen den an sich schon vorhandenen Verlust an Biodiversität durch die Intensivlandwirtschaft noch deutlich verstärkt.[19]

Der großflächige, sich immer weiter ausdehnende Anbau von gentechnisch verändertem Soja in Südamerika vernichtet zahlreiche wertvolle Lebensräume, wie z.B. die tropischen Regenwälder. Man muss dabei bemerken, dass dieser Anbau eine Folge der Nachfrage nach Sojabohnen als Futtermittel ist, ausgelöst durch die übermäßige Fleischproduktion in Massentierhaltung in den reichen Ländern des Nordens. Diese Zerstörung ist eine ökologische Katastrophe und gleichzeitig auch eine soziale. Der großflächige Anbau durch internationale Konzerne führt nicht nur zu den eben erwähnten Zerstörungen von Lebensräumen, sondern auch zu Vertreibungen, Enteignungen bis hin zu Mord an den ursprünglich dort lebenden Dorfbewohnern und -bewohnerinnen oder indigenen Gemeinschaften (siehe Bericht 2).

▶ **Bericht 2**

Argentinien: Unterdrückung, Festnahmen und versuchte Zwangsräumung einer
indigenen Gemeinde in Salta (September 2004)

*„Das Unternehmen [...], das sich im Besitz der nordamerikanischen Seabord
Corporation Company befindet, will sich das Land der indigenen Guarani-Gemeinde Iguopeingenda El Algorrobal aneignen. Um dieses Ziel zu erreichen,
lässt es deren Ernte und Wälder zerstören, die Häuser der Familien nieder-
brennen, die Ausgänge des Dorfes blockieren und die Familien bedrohen. Am
5. August berichteten die Gemeinden von einem Übergriff des Unternehmens
[...] gegen das Guarani-Dorf. Dutzende von privaten Wachmännern ebneten
den Weg für Truppen, welche die Anbauflächen der Familien zerstörten. Die
Wachmänner schlugen zudem die Dorfbewohner, die zur Verhinderung der
Zerstörung einen menschlichen Schutzwall bildeten. Am Abend sah die Polizei
tatenlos zu, wie die Wachmänner ältere Menschen, Frauen und Kinder brutal
zusammenschlugen. Die Wachmänner erstatteten ihrerseits Anzeige bei der
Polizei, die daraufhin sieben Angehörige der Gemeinschaft ohne Haftbefehl
festhielt. Sechs der sieben Personen wurden in der 20. Polizeistation von Orán
festgehalten, während die siebte Person, Benjamín Flores, aufgrund der erlittenen
Verletzungen in das Krankenhaus San Vincente de Paul gebracht wurde. Die
60 Familien der indigenen Guarani-Gemeinde in El Algorrobal (Gemeinde San
Ramón de la Nueva Orán, Provinz Salta) leben am südlichen Ufer des Flusses
Blanco und besitzen dort seit über 30 Jahren mehr als 300 Hektar Land. Nach
dem argentinischen Gesetz gehört das Land ihnen. Die Familien ernähren sich
von Maniok, Erdnüssen, Bananen, Mais und verschiedenen Zitrusfrüchten.
Die Familien haben angegeben, dass sie seit einigen Monaten verschiedene
Arten von Drohungen vom Unternehmen [...] erhalten, das sich im Besitz der
nordamerikanischen Seabord Corpoation Company befindet. Das Unternehmen will sich das Land aneignen; hierzu hat es die Ernte und die Wälder mit
Maschinen zerstört, die Familienhäuser niedergebrannt, die Ausgänge des
Dorfes blockiert und die Familien bedroht. Der Stadtrat von Orán hat die
Abgeordnetenkammer und den Senat der Provinz Salta gebeten, das Land zu
enteignen und den Familien zu übergeben. Trotzdem geht das Unternehmen
weiterhin mit Gewalt gegen die Familien vor." (http://www.fian.de/online/
index.php?option=com_remository&Itemid=160&func=startdown&id=124.,
Zugegriffen: April 2011)*

4.2.2 Resistenzen gegen Insekten

Infobox

In *Bt-Pflanzen* ist ein oder sind mehrere Gene des Bakteriums Bazillus thurengiensis (Bt) eingebaut. Dieses insektenpathogene Bakterium produziert verschiedene Insektengifte. Die Auswahl der Gifte erfolgt je nachdem, welche Insekten man bekämpfen will. Die entsprechenden Gene können dann einzeln oder gleich mehrere (stacked) gemeinsam in die Pflanze eingebaut werden. Diese neue gentechnisch veränderte Pflanze produziert das gewünschte Gift schließlich in allen Pflanzenorganen und wird somit tödlich für das betreffende Schadinsekt.

Als zweite, häufig vorkommende gentechnische Veränderung werden Pflanzen gegen Schadinsekten resistent gemacht. Diese Resistenz erreicht man durch den Einbau von Genen für ein Gift, das die Pflanze unempfindlich gegen Insektenfraß macht, da die Insekten nach dem Fressen der Pflanze sterben. Neuere Pflanzen haben oft beide gentechnischen Veränderungen, Herbizid- und Insektentoleranz.

Die dafür verwendeten Gifte stammen von dem insektentötenden Bakterium Bazillus thurengiensis. Die Gene für die unterschiedlichen Gifte (Bt-Gifte) werden einzeln oder gemeinsam in die Pflanze eingebaut (siehe Abb. 4.2) und wenn die Pflanze das Gift erzeugt, ist sie gegen Schädlinge, in der Regel gegen den Hauptschädling resistent. Die Pflanze selbst ist das Insektizid. Inzwischen werden gehäuft oft gleich Gene für zwei oder mehrere verschiedene Bt-Gifte in die Pflanzen eingebaut, da auch Schadinsekten zunehmend resistent werden.

Durch diese Technik soll der Verbrauch an Insektiziden zurückgehen und gentechnisch veränderte Pflanzen somit ökologisch vorteilhaft sein, da es zu einer Reduktion von Agrargiften kommen soll. Ebenso soll durch den Wegfall des Hauptschädlings der Ertrag gesteigert werden.

In der *Praxis* hat sich bisher gezeigt, dass die Bt-Pflanzen eine ganze Reihe von Folgen mit sich bringen und dass die Erwartungen an diese Technik nicht erfüllt werden konnten:

Die *Verwendung von Insektiziden* ist durch den Einsatz von Bt-Pflanzen zurückgegangen, allerdings oft nur vorübergehend und genau genommen auch nur dann, wenn man das Bt-Toxin, das die Pflanze erzeugt, nicht berücksichtigt. Es gibt mehrere Gründe dafür, dass trotz der gentechnischen Manipulation zusätzlich Insektizide verwendet werden. Der Rückgang erfolgte außerdem meist nur dann, wenn besonders hoher Schädlingsbefall vorlag. Hoher Schädlingsbefall aber ist meist hausgemacht, da er vor allem bei Monokulturen und zu engen Fruchtfolgen auftritt.

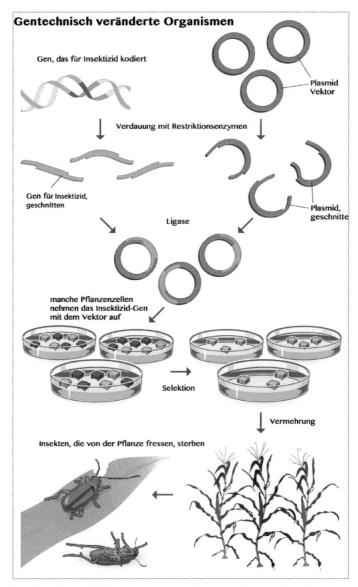

Abb. 4.2   Gentechnische Veränderung von Pflanzen am Beispiel der Insektenresistenz.
Dieses Schema zeigt den Ablauf einer gentechnischen Veränderung von Pflanzen. Dabei wird das gewünschte Gen, das für ein Insektengift codiert, aus dem

Bazillus thurengiensis entnommen bzw. mit Restriktionsenzymen geschnitten. Ein Plasmid wird als Vektor passend dazu vorbereitet. Mit Hilfe von Ligase Enzymen werden das neue Gen und ein weiteres Markergen in das Plasmid eingebaut. Dieses veränderte Plasmid wird von manchen der infizierten Pflanzenzellen, z.B. Maiszellen, aufgenommen. Durch das Markergen können jene Pflanzenzellen ausgewählt werden, die das veränderte Gen aufgenommen haben. Aus den Maiszellen mit dem Bakteriengen werden ganze Pflanzen gezogen, die die Erbinformation für das Insektengift haben, das Gift erzeugen und tödlich für Insekten sind, die von der Maispflanze fressen. In Anlehnung an: © Alamy / Universal Images Group North America LLC / mauritius images

Die Pflanzen produzieren nicht immer gleich viel und nicht immer ausreichend Bt-Toxin. Das eingebaute Gen dafür kann von der Pflanze selbst nicht so gesteuert werden wie andere, eigene Gene, da es einen eigenen Aktivator hat, der Teil des Genkonstruktes ist. Die Menge an Toxin ist nicht vorhersagbar und nicht konstant, sondern kann variieren. Äußere Einflüsse wie z.B. die Temperatur können die Produktion beeinflussen. Produzieren die Pflanzen unter den gegebenen Bedingungen nicht genug des Insektengiftes, muss der Landwirt bzw. die Landwirtin zusätzlich Insektizide einsetzen.

Man hat wiederholt beobachtet, dass sich mit dem Zurückdrängen des Hauptschädlings andere Schadinsekten, die früher kaum eine Rolle gespielt haben, ausbreiten, deren Bekämpfung dann ebenfalls Insektizide verlangt. Dies ist eine Entwicklung, die weiter nicht verwundert oder nicht verwundern sollte. Eine ähnliche Erfahrung hat man seinerzeit bei der Einführung von Dichloridphenyltrichlorethan (DDT) gemacht. 2014 breitete sich im indischen Bundesstaat Punjab in den Feldern mit gentechnisch veränderter Baumwolle ein Sekundärschädling, die weiße Fliege, aus, was trotz zusätzlichem Insektizideinsatz zu einer um rund ein Drittel geringeren Ernte führte. In Verbindung mit den hohen Kosten für gentechnisch verändertes Saatgut (fast vier Mal teurer als gewöhnliches Hybridsaatgut) führte dies zu einem dramatischen Einkommensverlust der Landwirtinnen und Landwirte und im Weiteren zu einem Anstieg der Farmerselbstmorde.

Und schließlich werden inzwischen manchmal wegen der *Resistenzbildung bei Schadinsekten* gegenüber dem Bt-Gift zusätzlich Insektengifte verwendet. Dies ist auch ein Grund, weshalb die Technologie nicht nachhaltig ist. Es ist praktisch unvermeidlich, dass Insekten eine Resistenz gegen Bt-Gift entwickeln, wenn das Gift großflächig und wiederholt angewandt wird – durchaus vergleichbar mit der Resistenz von Wildkräutern gegen Roundup.

Das Auftauchen von Bt-resistenten Schadinsekten wurde wiederholt und in verschiedenen Ländern beobachtet, z. B. Bt-resistente Baumwollkapselbohrer in Australien, resistente Maiswurzelbohrer in den USA, resistente Larven von Eulenfaltern und der Heerwurm ebenfalls in den USA und in Brasilien, mit manchmal starken Ernteeinbußen.[20] Insgesamt sind weltweit aus acht verschiedenen Ländern Resistenzen bei Schadinsekten gegen Bt-Pflanzen bekannt: USA, Puerto Rico, Brasilien, Südafrika, Indien, China, Australien, Philippinen. Diese Resistenzbildung kann u.U. sehr schnell erfolgen. So hat man gelegentlich beobachtet, dass schon vier Jahre nach dem ersten Anbau der Bt-Pflanze resistente Insekten aufgetreten sind. [21] Als Reaktion auf die steigende Unempfindlichkeit von Schadinsekten werden inzwischen Pflanzen mit zwei oder gleich mehreren unterschiedlichen Bt-Genen erzeugt, wobei es auch hier nur eine Frage der Zeit ist, bis auch gegen diese neuen Bt-Toxine Resistenzen auftauchen.

Resistente Schädlinge haben zu zurückgehenden Erträgen bei gentechnisch veränderter Baumwolle in Burkina Faso und Indien geführt. Burkina Faso will bis 2018 aus der Produktion von gentechnisch veränderter Baumwolle aussteigen. Die Folgen resistenter Schädlinge sind allerdings nicht der einzige Grund dafür. Ein weiterer Grund ist die abnehmende Qualität. Die Samenhaare sind brüchiger und kürzer als bei konventioneller Baumwolle und lassen sich dadurch weniger gut verspinnen. Indien möchte als Folge davon mit Monsanto günstigere Preise für Saatgut verhandeln. Außerdem wollen die Regierungen der Regionen Punjab und Haryana den Anbau von gentechnisch veränderter Baumwolle senken, da durch diese Ertragseinbußen Bauernselbstmorde dramatisch zugenommen haben.[22]

Problematisch ist die zunehmende Insektenresistenz gegen Bt-Gifte auch für die biologische Landwirtschaft. Dort war dieses Gift immer eine Art Notnagel, wenn es wider Erwarten doch einmal zu einer Massenvermehrung von Schädlingen kam. Wenn dieses Gift gegen Insektenbefall zunehmend wirkungslos ist, dann verliert die biologische Landwirtschaft diese Rückendeckung.

Nicht absehbar ist die Wirkung der Bt-Gifte auf das Bodenleben, da sie über die Pflanze und deren Wurzeln in den Boden gelangen. Wir befinden uns – auch unter diesem Aspekt – in einem riesigen Freilandexperiment mit unbekanntem Ausgang. Auch hier macht sich das Fehlen einer adäquaten, öffentlich finanzierten und unabhängigen Risikoforschung bemerkbar.

Nicht vorhersehbar sind *ökologische Folgen*, wenn sich insektenresistente, gentechnisch veränderte Pflanzen mit anderen Pflanzen kreuzen und dadurch beispielsweise Wildpflanzen insektengiftig werden. Ebenso unabsehbar sind die Effekte, die Bt-Pflanzen auf andere Insekten haben. Beeinträchtigungen sind vor allem bei Käfern, Hautflüglern und Schmetterlingen bekannt. Oft sind das so genannte Nutzinsekten, die sich von Schadinsekten ernähren. Dabei muss es nicht immer die direkte Giftwirkung sein, die zur Schädigung führt. Schlupfwespen haben die (für uns Menschen) freundliche Eigenschaft, ihre Eier in andere Insekten zu legen. Üblicherweise sind das die, die wir Schadinsekten nennen. Aus den Eiern schlüpfen die Larven, die sich im Inneren des Wirtsinsekts entwickeln und sich von diesem ernähren. Sobald die Schlupfwespenlarve fertig entwickelt ist, stirbt das Wirtstier. Wenn Schlupfwespen nun ihre Eier in Insekten legen, die sich von Bt-Pflanzen ernähren, dann stirbt der Wirt, bevor die Schlupfwespe fertig entwickelt und geschlechtsreif ist. Der Nützling Schlupfwespe kann sich nicht mehr fortpflanzen. Ein Sonderfall sind Bienen, die, wenn sie Bt-Pollen als Nahrung verwenden, anfälliger für einen Parasiten werden, den sie ansonsten gut überleben. In den USA beobachtet man einen Rückgang des Monarchfalters (um bis zu 50 Prozent) in Anbaugebieten von gentechnisch veränderten Pflanzen.

Bt-Pflanzen haben nach neuen Untersuchungen auch Wirkung auf Wassertiere. Forscher und Forscherinnen in den USA und Norwegen fütterten Wasserflöhe mit Blättern des genveränderten Mais MON810 und von gewöhnlichem Hybridmais und stellten signifikante negative Wirkungen des gentechnisch veränderten Mais fest. Mit gentechnisch verändertem Mais gefütterte Tiere hatten deutlich weniger Nachwuchs als die Kontrollgruppen ohne gentechnisch veränderten Mais.[23] Wasserflöhe dienen generell als Modellorganismen zur Abschätzung von Risiken. Es ist daher anzunehmen, dass auch andere Organismen ähnlich auf Bt-Gifte reagieren. Als Ursache vermuten die Forscher und Forscherinnen entweder einen direkten negativen Einfluss des Bt-Giftes oder unerwartete Veränderungen im Mais als Folge der gentechnischen Manipulation oder eine Kombination aus beidem.

4.2.3 Mehrfachresistenzen

Um der zunehmenden Resistenzen, sowohl von Wildkräutern als auch von Schadinsekten, Herr zu werden, wurden und werden Saatgutpflanzen mit mehrfachen Eigenschaften, sogenannte stacked (gestapelte) Pflanzen, erzeugt. Ein Musterbeispiel dafür ist der stacked Mais smartstax, der gemeinsam von Monsanto und Dow Chemicals herausgebracht wurde. Er ist durch Kreuzung von fünf gentechnisch veränderten Pflanzen entstanden. Smartstax Mais enthält zwei Resistenzen gegen Herbizide: Glyphosat und Glufosinat. Zudem produziert er sechs verschiedene Bt-Insektengifte, die sowohl gegen oberirdische als auch unterirdisch im Wurzelbereich aktive Schadinsekten wirken sollen. Damit, so nimmt man an, wird sowohl das Problem der resistenten Unkräuter, als auch das der resistenten Schadinsekten gelöst.

In der *Praxis* ist damit zu rechnen, dass sich sowohl Unkräuter als auch Schadinsekten an die neuen oder vervielfachten Gifte anpassen werden. Langfristig werden smartstax Pflanzen trotz der sechs Gifte nicht gegen Schadinsekten geschützt sein und auch in smartstax Feldern werden sich resistente Unkräuter breitmachen und das Leben der Landwirte und Landwirtinnen schwer machen.

Ökologisch ist solches Saatgut besonders problematisch. Da gleichzeitig zwei Herbizide eingesetzt werden, wird die Artenvielfalt im Umfeld mit allen dazu gehörigen Langzeitfolgen noch weiter abnehmen. Die sechs Insektengifte werden die Insektenpopulationen bedeutend mehr schädigen, als das einzelne Bt-Gift der gentechnisch veränderten Pflanzen der ersten Generation. Die Folgen sind unabsehbar, wenn diese Genkonstrukte durch das Auskreuzen auf Wildpflanzen übergehen und sich in der Natur vermehren. Man muss dabei bedenken, dass Insekten in der Nahrungskette weit unten stehen und damit jede Veränderung der Insektenpopulationen weitreichende Folgen hat.

Gesundheitlich steigt für Menschen und Tiere das Risiko ebenfalls. Zuerst einmal sind die Landwirte und Landwirtinnen und ihre Angehörigen doppelt belastet, da sie gleich zwei Herbizide ausbringen müssen. Diese doppelte Belastung betrifft in weiterer Folge auch die Nutztiere, die mit smartstax Pflanzen gefüttert werden, und Menschen, die diese Pflanzen oder Produkte daraus essen. Die Feldfrüchte sind dann nicht nur mit Glyphosat, sondern gleichzeitig mit Glufosinat kontaminiert. Was die sechs verschiedenen Bt-Gifte betrifft, ist smartstax besonders besorgniserregend. Angesichts der zahlreichen negativen Beobachtungen bei Fütterungsversuchen mit gentechnisch veränderten Pflanzen, die nur ein Insektengift erzeugten, ist zu befürchten, dass sechs verschiedene Gifte in ihrer Summe weitaus folgenreicher sein werden.

Bei Untersuchungen der Proteine von stacked Pflanzen verglichen mit einfach veränderten Pflanzen fand man eine veränderte Eiweißzusammensetzung in den stacked Pflanzen.[24] Veränderte Eiweißzusammensetzungen können auch zu einer veränderten Verträglichkeit bei den tierischen und menschlichen Konsumenten führen. Eine Fütterungsstudie an Schweinen bestätigte dies bereits. Die Schweine wurden mit stacked Pflanzen (gentechnisch verändertem Mais und Soja) gefüttert und zeigten deutliche gesundheitliche Beeinträchtigungen, vor allem den Magen-Darm-Trakt betreffend.[25] Trotzdem hat die EU Kommission smartstax Mais als Nahrungs- und Futtermittel zugelassen.

4.3   Gentechnisch veränderte Pflanzen mit Zusatznutzen am Beispiel Goldener Reis

Die bislang erwähnten gentechnischen Modifikationen ermöglichen zwar den Landwirten und Landwirtinnen eine Zeit lang eine fragwürdige Bequemlichkeit, bringen aber ansonsten vor allem für die Erzeugerfirmen Vorteile bzw. finanzielle Gewinne. Um diese Einseitigkeit auszugleichen, erklären Gentechnikfirmen seit einiger Zeit, Pflanzen erzeugen zu wollen, die auch dem Konsumenten bzw. der

Konsumentin oder sogar der Menschheit allgemein einen Nutzen versprechen. Derzeit wird z.B. an Produkten mit erhöhtem Vitamin- oder Eiweißgehalt und an Pflanzen mit Dürre- oder Salzresistenz, die auch auf sehr trockenen und versalzenen Böden wachsen könnten, gearbeitet. Die Forschung konzentriert sich dabei besonders auf tropische und subtropische Arten. Einige gentechnisch veränderte Früchte werden bereits in Freilandversuchen getestet. Beispiele von gentechnisch veränderten Pflanzen, an denen gearbeitet wird, die aber weite Wege bis zur Markteinführung haben, sind die Goldene Banane mit einem Pro-Vitamin A oder eine Cassava (Maniok) mit höherem Eisen- und Pro-Vitamin A-Gehalt. Es sind bislang in diesem Bereich aber erst wenige Pflanzen zur Marktreife bzw. in deren Nähe gekommen. Das bekannteste Beispiel ist der *Goldene Reis*.

Infobox

Als *Pro-Vitamin* bezeichnet man Vorstufen eines Vitamins, die dann im Körper umgewandelt werden. Im Fall von Pro-Vitamin A (zum Beispiel Betacarotin) wird dieses im Körper zu Vitamin A umgewandelt. Zur Aufnahme von Vitamin A ist eine gewisse Fettmenge notwendig.

Carotine sind (sekundäre) Pflanzeninhaltsstoffe, genauer gesagt Farbstoffe, etwa in farbigen Früchten wie Karotten oder Tomaten.

Eine dieser Pflanzen, die der Bevölkerung von Nutzen sein soll, ist der so genannte Goldene Reis (Golden Rice). Dies ist ein Reis, der durch gentechnische Manipulation einen erhöhten Pro-Vitamin A-Gehalt aufweist.

Vorab soll aber die *Problematik des Vitamin A-Mangels* kurz erörtert werden. Normalerweise enthält weißer, geschälter Reis kaum Pro-Vitamin A (Betacarotin). Er ist aber gleichzeitig in vielen Ländern eines der Hauptnahrungsmittel der ärmeren Bevölkerung. Diese oft einseitige Ernährung mit Reis ohne ausreichende Versorgung mit (Vitamin A-haltigem) Fleisch oder (carotinoidreichem) Obst oder Gemüse führt unter anderem zu einem Mangel an Vitamin A. Meist geht damit auch eine Unterversorgung an Eisen und Zink einher. Das Betacarotin bzw. Pro-Vitamin A der Pflanzen wird im tierischen und menschlichen Körper zu Vitamin A umgewandelt. Ergänzend sollte hier auch erwähnt werden, dass Vitamin A zu den fettlöslichen Vitaminen zählt und somit nur mit ausreichend Fett aufgenommen werden kann. Das Vitamin A wiederum ist im menschlichen Körper wesentlich am Sehvorgang sowie bei diversen Stoffwechselabläufen beteiligt und für die Blutbildung sowie für die Funktion von Nerven- und Immunsystem notwendig.

Vitamin A-Mangelerscheinungen sind ein weit verbreitetes Gesundheitsproblem und haben vor allem bei Kindern weitreichende gesundheitliche Konsequenzen bis hin zu Erblindung und Tod. Von Mangelerscheinungen sind laut WHO etwa 250 Millionen Vorschulkinder betroffen, etwa 500.000 davon erblinden jährlich und etwa die Hälfte davon stirbt im Laufe des folgenden Jahres. Diese Zahlen sind erschreckend und erfordern Maßnahmen.

Die Bekämpfung von Hunger und Armut ist das erste Milleniumziel der WHO und die Verringerung des Vitamin A-Mangels wird darin speziell erwähnt. Der schnellste Weg zur Behebung dieses Mangels ist die Verteilung von entsprechenden Tabletten bzw. die Anreicherung von industriell gefertigten Lebensmitteln. Wesentlich aufwendiger, aber nachhaltiger sind Schulungen und Aufklärungskampagnen für die Bevölkerung, um Möglichkeiten zur Diversifizierung der landwirtschaftlichen Produktion und somit von Vitamin A-reicherer Ernährung aufzuzeigen. Bei der Biofortifikation schließt sich nun der Kreis zum Goldenen Reis. Grundsätzlich versteht man unter Biofortifikation die Anreicherung von Mikronährstoffen in Nutzpflanzen durch Pflanzenzucht. Dies ist möglich, wenn der Nährstoff grundsätzlich (wenn auch nur in geringen Mengen) in der Pflanze vorhanden ist oder durch Kreuzungen mit verwandten Arten eingekreuzt werden kann.

Der *Goldene Reis* ist ein Beispiel dafür, wie eine Mikronährstofferhöhung mit Hilfe gentechnischer Methoden erreicht werden soll. Ende der 90er Jahre begann eine internationale Forschergruppe rund um Peter Beyer und Ingo Potrykus, mithilfe gentechnischer Methoden einen Reis zu entwickeln, der einen erhöhten Betacarotin-Gehalt aufweist. Später holten sich die Forscherinnen und Forscher Unterstützung bei dem Agrar- und Saatgutproduzenten Syngenta und konnten den Reis in zweiter Generation weiterentwickeln. Damit eine deutlich höhere Carotinproduktion im Reis möglich war, wurden ein Gen der Narzisse, später wurde es durch ein Mais-Gen ersetzt, sowie Bakterien-Gene in die Reispflanze übertragen. Die Betacarotin-produzierende Reispflanze bildete nun namensgebende, golden gefärbte Reiskörner. Der Reis enthält dann rund 30µg Betacarotin pro Gramm Reis. Eine Tasse Goldener Reis der Generation zwei soll den halben Tagesbedarf an Vitamin A einer erwachsenen Person decken. Um gleichzeitig auch die anderen Mangelerscheinungen bekämpfen zu können, wird an der Weiterentwicklung, etwa einer Eisen-Anreicherung, des Reises gearbeitet. Zusätzlich sollen dem Reis in Zukunft auch Resistenzen etwa gegen Virusbefall der Reispflanze eingebaut werden.

Das Ziel ist es, den Goldenen Reis in lokale Reissorten einzukreuzen und so ein Vitamin A reiches Lebensmittel für die Bevölkerung zu erhalten. Nach Freilandversuchen auf den Philippinen und noch ausstehenden Ernährungsstudien rechnete das Golden Rice Humanitarian Board – nach mehrmaliger Verschiebung – mit einer Zulassung für den Anbau von Goldenem Reis auf den Philippinen 2016 und weitere asiatische Länder sollten folgen. Ende 2015 wurden diese Pläne jedoch durch den Obersten Gerichtshof der Philippinen durchkreuzt, weil sowohl die Entwicklung als auch die Nutzung gentechnisch veränderter Pflanzen zunächst gestoppt wurde. Zulassungsanträge sind bisher für die Philippinen und Bangladesch eingereicht, scheinen aber in weiter Ferne.

Die Patentinhaber stellen den Kleinbauern und -bäuerinnen (unter 10.000$ Jahreseinkommen) das Saatgut lizenzfrei zur Verfügung. Diese dürfen es für den Eigenbedarf, nicht aber für den Verkauf und Export verwenden, so das Golden Rice Humanitarian Board, welches sowohl die Forschung am Goldenen Reis als auch die Kommunikation koordiniert. Die Finanzierung des Projekts erfolgt durch öffentliche Gelder oder etwa über die wohltätige Bill und Melinda Gates Stiftung. 2015 wurde das Golden Rice – Projekt mit dem Patents for Humanity Award des US-Patentamtes ausgezeichnet.

Wie so oft im Bereich der Gentechnik schaut das alles vordergründig sehr erfreulich aus. Doch gerade beim Goldenen Reis sind die Meinungen gespalten: während die Befürworter und Befürworterinnen von einem Vorzeigeprojekt und dem Wohl der Menschheit sprechen, sehen Kritikerinnen und Kritiker darin ein trojanisches Pferd, das der grünen Gentechnik Tür und Tor öffnet. In vielen Artikeln über den Goldreis wird immer wieder darauf hingewiesen, dass damit das Augenlicht und Überleben von Millionen von Kindern gesichert werden könnte. Kritikern und Kritikerinnen wird immer wieder vorgeworfen, sie verhindern eben dieses. Weder das eine noch das andere Extrem scheint sinnvoll, aber bei genauerem Hinsehen stößt man doch auf eine ganze Reihe von ungelösten Problemen.

Im Folgenden sollen sowohl die dem Goldreis immanenten *Probleme*, als auch soziale und ökologische Aspekte und verschiedene Alternativen zum Goldreis besprochen werden.

Ein Hauptkritikpunkt am Goldenen Reis ist immer wieder der *Vitamingehalt* und die *Vitaminaufnahme*. Der ursprünglich von Potrykus und Beyer entwickelte Goldreis enthielt so wenig Betacarotin, dass ein deutsches Forscherteam Tierversuche dazu einstellte. Beim Kochen nahm der Gehalt an Carotinoiden noch um die Hälfte ab. Syngenta verbesserte den Gehalt an Pro-Vitamin A deutlich und meldete diesen Goldreis zum Patent an. Doch selbst der erhöhte Gehalt von angegeben 37µg Betacarotin pro Gramm Goldenen Reis ist verglichen etwa mit einer Karotte eher bescheiden. So hat eine Karotte gleich einen fast dreifachen Betacarotingehalt aufzuweisen.

Trotz der deutlichen Abnahme des Pro-Vitamingehaltes beim Kochen bei den eben erwähnten Vorversuchen und der Mitteilung der WHO, dass auch bei der Lagerung mit erheblichen Verlusten des Carotins zu rechnen ist, gibt es dazu bis heute keine detaillierten wissenschaftlichen Publikationen seitens der Befürworter und Befürworterinnen von Goldreis.

Auf der Homepage des Humanitarian Boards findet man lediglich zwei angeführte Studien zur Bioverfügbarkeit von Goldenem Reis. Eine Studie aus China, die 2012 an 68 Kindern zwischen sechs und acht Jahren durchgeführt wurde, untersucht die Umsetzung von Betacarotin aus Goldenem Reis verglichen mit Carotin/Öl Kapseln und Spinat. Die Ergebnisse zeigen, dass Goldener Reis ebenso effektiv umgesetzt wird wie die Carotin-Kapseln. Laut Studie decken 50g Goldener Reis (Trockengewicht) den Tagesbedarf der Kinder zu rund 60 Prozent (laut chinesischer Nährwerttabelle).[26] Das Journal hat die Veröffentlichung der Ergebnisse dieser Studie im Sommer 2015 wegen fehlender Genehmigungen und Zustimmung der Versuchspersonen bzw. deren Eltern zurückgezogen. Angeblich wurde den Kindern gentechnisch veränderter Reis ohne Information der Eltern zu essen gegeben. Dieses Vorgehen ist absolut unprofessionell und hat nichts mit seriösem wissenschaftlichen Studiendesign zu tun.

Die zweite Studie an fünf Erwachsenen wurde in den USA durchgeführt und zeigt ebenfalls eine gute Aufnahme und Umsetzung des Pro-Vitamins in Vitamin A im Blut. Zusätzlich zum Reis haben die Probanden jeweils zehn Gramm Butter zu essen bekommen.[27] Die Aufnahme und der Umbau von Pro-Vitamin A zu Vitamin A ist von zahlreichen Faktoren abhängig. Sowohl der Ernährungszustand generell als auch die ausreichende Fettzufuhr scheinen wichtig. Deshalb ist völlig unklar, ob das positive Ergebnis dieser Studie auf die betroffene, mangelernährte Bevölkerung umlegbar ist. Abgesehen von den Ergebnissen ist die Anzahl von nur fünf Testpersonen wenig repräsentativ und völlig unwissenschaftlich.

In Summe ist somit die Datenlage nach so vielen Jahren der Forschung mehr als dürftig. Die von vielen Seiten geforderten Fütterungsstudien an Tieren zur gesundheitlichen *Unbedenklichkeit* werden von Seiten des Humanitarian Boards dezidiert abgelehnt. Begründet wird dies mit den unterschiedlichen Stoffwechselwegen des Betacarotins bei Nagern und Menschen. Trotzdem könnten mit diesen Fütterungsstudien unabhängig vom Betacarotin sehr wohl Langzeitwirkungen, unerwartete Nebeneffekte und dergleichen untersucht werden.

Es ist ja bekannt, dass gentechnisch veränderte Nahrungspflanzen wiederholt unerwartete und die Gesundheit beeinträchtigende Effekte zeigten. Dieses Thema wird in den Schlussfolgerungen ausführlicher behandelt. Nachdem die Fremdgene in der klassischen Gentechnik nicht gezielt eingebaut werden, liegt das Risiko von unerwarteten Effekten in der Natur der Technik. Freilich kann im Nachhinein überprüft werden, wo der Einbau stattgefunden hat. Trotzdem ist das Wissen über die DNA immer noch begrenzt und somit kann es bestenfalls eine Abschätzung der Auswirkungen geben. Da es sich bei dem Goldreis um einen größeren gentechnischen Eingriff handelt, sind unerwartete, auch gesundheitsgefährdende Nebeneffekte durchaus zu erwarten. Die Farbe des Goldreises ist an sich schon der erste unerwartete Effekt. Ursprünglich war damit gerechnet worden, dass der Reis rot würde, wie das Carotin in den Tomaten. Tatsächlich kam es zu weiteren nicht erwarteten Stoffwechselschritten, die dann zum Betacarotin und zur gelben Farbe führten. Allein diese Beobachtung hätte nach weiteren unerwarteten oder unerwünschten Effekten suchen lassen müssen. Das Golden Rice Humanitarian Board verpflichtet sich zwar laut Homepage zu höchsten Sicherheitsstandards, es liegen bislang aber keine dazu gehörigen Daten vor. Was die neuen Genome Editing Verfahren für das Goldreis-Projekt bedeuten, ist noch offen. Die unerwarteten Nebeneffekte könnten damit vielleicht ausgeschaltet werden, aber letztlich ist auch das noch unklar.

Es stimmt natürlich, dass jeder technische Fortschritt ein gewisses Risiko beinhaltet, wie es die Erfinder des Goldenen Reis darstellen, doch seriöse wissenschaftliche Untersuchungen könnten das Risiko abklären. Zudem hier viele konventionelle, vielleicht auch bessere Alternativen zur Verfügung stehen.

Zur geplanten *Weiterentwicklung* des Goldenen Reis beispielsweise mit erhöhtem Eisen- und/oder Zinkgehalt stellt sich die Frage, warum das bisher noch nicht erfolgt ist. In den vielen Jahren der Forschung und der angeblichen Blockade durch Gentechnikgegner und -gegnerinnen, hätte doch diese angekündigte Weiterentwicklung erfolgen können. Schließlich war von Beginn an bekannt, dass die betroffenen Menschen nicht nur unter Vitamin A Mangel leiden. Durch die fettarmen Diäten der armen Menschen kann es sein, dass das Pro-Vitamin A unverwertet wieder ausgeschieden wird. Die Aufnahme und Umwandlung von Betacarotin hängt darüber hinaus etwa mit Zink oder Eiweißen zusammen, deren Mangel durch den Goldenen Reis (noch) nicht behoben wird. Daher sind eine Diversifizierung der Ernährung und Aufklärungskampagnen trotzdem notwendig. Eine Einzelmaßnahme kann die Problematik der Mangelernährung nicht lösen.

Abgesehen von dem Nutzen des Goldenen Reises an sich, sind auch *soziale und ökologische Aspekte* zu berücksichtigen. Die Einführung einer gentechnisch veränderten Pflanze, die ja möglichst breitflächig eingesetzt werden soll – will man mit Goldreis den allgemeinen Vitamin A-Mangel bekämpfen, dann sollten ja möglichst alle Landwirtinnen und Landwirte diesen für den Eigenbedarf anpflanzen – würde zu einem dramatischen Verlust der zahlreichen, lokal gezüchteten und lokal angepassten Reissorten führen. Die langfristigen Folgen einer solchen genetischen Erosion sind nicht absehbar und wären wahrscheinlich schwerwiegend. Natürlich findet diese Erosion auch abseits der Gentechnik mit konventionellem Hochleistungssaatgut längst statt. Beides ist auf die Sinnhaftigkeit zu hinterfragen. Die Landwirte und Landwirtinnen würden darüber hinaus ihre Unabhängigkeit noch weiter verlieren, da dieses Saatgut ja immer neu gekauft werden muss. Wegen der Patentrechte auf dem Goldreis wäre es den Bauern und Bäuerinnen auch nicht mehr möglich, so wie sie das seit Jahrhunderten oder Jahrtausenden getan haben, mit den vorhandenen Pflanzen weiterzuarbeiten, weiterzuzüchten und mit diesen zu handeln. Gentechnisch verändertes Saatgut ist im Allgemeinen, wegen der Patentrechte, teuer und wäre für die Kleinbauern und -bäuerinnen des Südens unerschwinglich. Nun soll der Goldene Reis für Bauern und Bäuerinnen mit einem Jahreseinkommen unter 10.000 US $ gebührenfrei abgegeben werden (siehe oben). Wer aber soll für den administrativen Aufwand aufkommen, diese Einkommensobergrenze zu erfassen? In manchen Ländern ist es vielleicht einfach, weil die Jahreseinkommen meist deutlich unter 1.000$ liegen. Wie soll dies überhaupt praktisch durchführbar sein in sehr armen Ländern, die noch dazu vielleicht mit einer gewissen Analphabetenrate, vielleicht gerade im ländlichen Bereich, zurechtkommen müssen? Welche Garantien gibt es, dass eines Tages, wenn die alten lokalen Reissorten weitgehend verschwunden sind und sich der Goldene Reis etabliert hat, die Gebührenregeln nicht geändert werden und auf einmal doch Patentgebühren bezahlt werden müssen?

Schließlich wäre die Verbesserung der sozialen Situation der Menschen in den armen Ländern des Südens die einfachste Art dieses Problem zu lösen. Würde man den Menschen für ihre Arbeit einen fairen Preis bezahlen, dann wären sie nicht gezwungen sich einseitig von Reis zu ernähren.

Dass auch die lokalen Landwirtinnen und Landwirte zum Teil überhaupt nicht begeistert von dem Goldenen-Reis-Projekt sind, zeigen die zahlreichen Meldungen über zerstörte Versuchsfelder. Dahinter standen nicht immer Umweltschutzorganisationen, sondern auch lokale Bauernverbände. Neuere Versuche mit Goldenem Reis zeigten auch, dass die Erträge geringer ausfielen als bei konventionellem Reis sowie bei lokalen, mit Goldreis gekreuzten Sorten nicht gleichbleibend waren.[28] Sollten sich diese Beobachtungen bei weiteren Tests bestätigen, so wird dies die geringe Akzeptanz in der südostasiatischen Bevölkerung weiter verstärken. Schließlich ist anzunehmen, dass der gelbe Goldreis bei seiner Einführung ohnehin einiges an Informations- und Überzeugungsarbeit verlangen wird, bis er akzeptiert ist. Denn auch unpolierter Reis erfreut sich keiner großen Beliebtheit. Kritiker und Kritikerinnen des Goldreisprojektes meinen, man könnte diese Arbeit ebenso in die Propagierung von unpoliertem Reis stecken, der neben Carotinoiden noch zahlreiche andere wichtige Mikronährstoffe und Proteine enthält.

Die Ursache für den folgenschweren Vitamin A-Mangel ist, wie erwähnt, die hauptsächliche Ernährung mit weißem Reis der armen Bevölkerung, wie sie vor allem in vielen asiatischen Ländern vorkommt. Doch es gibt eine ganze Reihe von *alternativen gentechnikfreien Möglichkeiten*, um dieses Problem ganz ohne gentechnische Methoden anzugehen.

Diese sehr einseitige Ernährung ist auch eine Folge der so genannten Grünen Revolution, bei der vor allem auf Kalorienerhöhung Wert gelegt wurde. Vor der Grünen Revolution war in vielen Gebieten Asiens die Ernährung vielfältiger und es wurden zahlreiche andere Nahrungspflanzen, vor allem Gemüse und Früchte angebaut und gegessen. Vor allem grünes Blattgemüse, wie es in diversen Varianten in Asien vorkommt, ist reich an Betacarotin, reicher als der Goldreis. Schon seit den frühen 90er Jahren gibt es in Zusammenarbeit mit der UNO / FAO erfolgreiche Projekte, um zu diesen alten Traditionen zurückzukehren. Die Menschen sollen durch Schulungen angeregt werden, in ihren Hausgärten wieder unterschiedliche vitaminreiche Gemüse und Obstsorten anzubauen. Diese Aktivitäten basieren auf lokalen Technologien, lokalem Wissen und sind nachhaltig. Vor allem führen sie zu einer generellen Verbesserung der Ernährungssituation, da mit einer vielfältigeren und reichhaltigeren Nahrung nicht nur der Vitamin A-Mangel behoben wird – im Gegensatz zum Goldreis, der alle anderen bestehenden Ernährungsmängel außer Acht lässt.

Ebenso werden schon lange erfolgreiche Projekte verfolgt, bei denen Vitaminzusätze zum Einsatz kommen. Dies ist eine nur ad hoc wirkende aber sehr einfache Methode, den Vitamin A Mangel zu verhindern.

Ein Beispiel für eine neue Reissorte mit einem Zusatznutzen für die Bevölkerung ohne gentechnische Eingriffe ist der Green Super Rice. Mit komplizierten, konventionellen Kreuzungen von mehr als 250 verschiedenen, traditionellen und lokalen Reissorten ist es gelungen, neue Reislinien zu züchten, die eine Salz- und Trockenresistenz aufweisen und dadurch ertragreicher sind. Außerdem kommen diese neuen Reissorten ohne Dünger und Herbizide aus. Die entsprechenden Gene für diese „neuen" Eigenschaften sind in manchen Varianten natürlich vorhanden und konnten durch die Kreuzungen eingeschaltet/aktiviert werden. Das zeigt auch, dass möglichst viele Sorten erhalten bleiben sollten, damit mit einem großen Genpool (inkl. versteckte Biodiversität durch abgeschaltete Gene), eine Anpassung an wechselnde Umweltbedingungen (Stichwort: Klimawandel) möglich ist. Sowohl in Vietnam als auch auf den Philippinen werden bereits tausende Hektar mit verschiedenen lokalen Linien von Green Super Reis bepflanzt. 2015 feiert die FAO in einem Länderbericht gemeinsam mit den philippinischen Bäuerinnen und Bauern bereits gute Reiserträge in der Region Bicol.[29] Gerade diese Region wurde in den Medien auch dadurch bekannt, dass Bauern(verbände) aus Bicol gegen den Goldenen Reis protestierten, indem sie 2013 Versuchsfelder zerstört haben.

Die Befürworter und Befürworterinnen von Goldreis, allen voran Ingo Potrykus, vermitteln den Eindruck, aus rein *humanitären Motiven* zu handeln, und dies wird auch durch die Namenswahl des „Golden Rice Humanitarien Board" verstärkt. Zweifel daran kommen auf, wenn man sieht, dass in 15 Jahren nicht einmal grundlegende Basisdaten zum Goldreis, wie Haltbarkeit des Pro-Vitamins, Aufnahme und Verwertung im Menschen oder die gesundheitliche Unbedenklichkeit bekannt gegeben worden sind – und trotzdem seine Einführung vehement betrieben wird.

Dieser Eindruck wird noch verstärkt, durch die Tatsache, dass Ingo Potrykus im Juni 2015 an der päpstlichen Akademie in Rom eine Konferenz zum Thema gentechnisch veränderter Pflanzen und Ernährungssicherheit organisiert hat, zu der nahezu ausschließlich Gentechnikbefürworter und -befürworterinnen und als lokaler Meinungsbildner ein afrikanischer Bischof geladen waren. In dem Zusammenhang ist es bemerkenswert, dass die Bill und Melinda Gates Stiftung sowohl das Goldreisprojekt als auch Projekte zur Einführung von gentechnisch veränderten Pflanzen in Afrika unterstützen. Diese Förderung von gentechnisch veränderten Pflanzen, hier vor allem beim Goldreis, aus humanitären Gründen ist allerdings angesichts der vielen alternativen Möglichkeiten schwer nachvollziehbar.

Gentechnisch veränderte Pflanzen scheinen als Einzelmaßnahme zur Lösung von Mangelernährungen wohl eher ungeeignet und haben zudem gegenüber anderen Möglichkeiten einen entscheidenden Nachteil. Die lange Forschungsarbeit, die noch längere, aber berechtigte Sicherheitsprüfung und das Erreichen einer großen Akzeptanz lassen wertvolle Zeit verstreichen und verursachen hohe Kosten. Mit konventionellen Züchtungen, Schulungen etc. könnte der betroffenen Bevölkerung deutlich schneller und effektiver geholfen werden.

Auffällig ist zudem, dass es gentechnisch veränderten, herbizidresistenten (USA) bzw. insektenresistenten (China) Reis schon seit 1999 bzw. 2009 auf dem Markt gibt. Es stellt sich die Frage, warum die Zulassung beim Goldenen Reis offenbar gar so schwierig ist.

Abschließend bringt es ein Zitat von Vandana Shiva aus dem Jahr 2001 auf den Punkt: „The "selling" of vitamin A rice as a miracle cure for blindness is based on blindness to alternatives for eliminating vitamin A deficiency, and blindness to the unknown risks of producing vitamin A through genetic engineering. [...] The lower-cost, accessible and safer alternative to genetically engineered rice is to increase biodiversity in agriculture. Further, since those who suffer from vitamin A deficiency suffer from malnutrition generally, increasing the food security and nutritional security of the poor [...] is the reliable means for overcoming nutritional deficiencies." (Shiva 2001)

4.4 Gentechnisch veränderte Pflanzen für die Industrie

Die Verwendung von Pflanzen zur Energiegewinnung boomt; sei es zum Befeuern von Kraftwerken, als Treibstoffe, oder einfach nur zur Wärmegewinnung. Zur Produktion von Pflanzentreibstoffen dienen hauptsächlich Ölpflanzen wie Palmöl, Soja oder Raps sowie Mais und Zuckerrohr speziell zur Gewinnung von Bioethanol. Dieser Boom an Pflanzen zur Energiegewinnung wird einen Zuwachs an gentechnisch veränderten Pflanzen mit sich bringen bzw. bringt diesen schon mit sich.

Viele Energiepflanzen wie Soja und Mais sind ohnehin weitestgehend gentechnisch verändert. Gentechnisch veränderte Pflanzen zur Treibstoffgewinnung werden in Europa nicht im selben Ausmaß abgelehnt wie gentechnisch veränderte Nahrungspflanzen. Sie wären nach Umfragen in Deutschland sogar weitgehend akzeptiert. 70 Prozent der Befragten sprachen sich bei einer Umfrage zu gentechnisch veränderten Pflanzen zur Energiegewinnung für deren Einsatz aus.

An verschiedenen Pflanzen wird weltweit gearbeitet, um sie für die Energiegewinnung oder die industrielle Nutzung zu optimieren. Beispiele hierfür sind Gräser, besonders rasch wachsende Getreidesorten, herbizidresistentes Zuckerrohr für die Ethanolgewinnung, Mais mit einem eingebauten zusätzlichen Enzym, das die Umwandlung von Stärke in Zucker zur Ethanolgewinnung oder Produktion von Glukosesirup erleichtert. Besonders erwähnenswert ist die gentechnisch veränderte Kartoffel Amflora von BASF PlantScience, da sie einige Zeit lang in Europa angebaut wurde. Weit gediehen sind Arbeiten an gentechnisch veränderten Bäumen, die bereits angebaut werden.

Ein Beispiel für den Einsatz in der Industrie ist die *gentechnisch veränderte Kartoffel Amflora* der Firma BASF Plant Science, die eine besondere Stärkezusammensetzung hat. In normalen Kartoffeln besteht die Stärke aus zwei Komponenten, aus Amylose und Amylopektin, die zusammen die typische Kartoffelstärke ausmachen. Die Stärke in Amflora besteht ausschließlich aus der Komponente Amylopektin. Dadurch wird sie besonders geeignet für Kleister, für die Papierindustrie, zur Garnbehandlung, sogar zum besseren Haften von Sprühbeton.

Der Anbau in Europa wurde erst zugelassen, dann aber durch einen Entscheid des Europäischen Gerichtshofes gestoppt, weil bei der Zulassung formale Fehler passiert sind.

Infobox

Lignin wird von verholzten Pflanzenteilen erzeugt und in die Zellwände, die ansonsten vorwiegend aus Zellulose bestehen, eingelagert. Es ist notwendig für die Festigkeit der verholzten Pflanzen. Zellulose hat zwar eine hohe Zugfestigkeit, der Holzanteil, das Lignin, ist aber Voraussetzung für die Standfestigkeit und damit für das aufrechte Wachstum am Land. Lignin ist schwer abbaubar und damit ein Schutz der Bäume vor Bakterien- und Pilzbefall. Es stört bei der Zellstoffgewinnung aus Holz. Lignin ist außerdem wasserabweisend, was u.a. für die Borke (umgangssprachlich die Rinde) der Bäume wichtig ist.

Weit gediehen sind *gentechnische Veränderungen an Bäumen*. Bäume liefern große Mengen an Biomasse und können je nach Baum oder gentechnischer Veränderung vielseitig genutzt werden – sowohl für industrielle Zwecke, als auch als Energielieferant. Besonders interessant ist der Zellstoffgehalt, der seinerseits unterschiedlichste Verwendung findet, als Faser für Papier und Verpackungsmaterial, aber auch zur Produktion von Ethanol als Treibstoff. Ein ebenso wichtiger Energielieferant ist das Holz der Bäume als biogener Festbrennstoff.

Ein hierfür interessanter Baum ist Eukalyptus. Eukalyptus ist schnellwüchsig und kann leicht in riesigen Monokulturen angebaut werden.

Schon vor einiger Zeit hat das US-Unternehmen ArborGen die Zulassung für einen sehr großflächigen Freilandversuch mit kältetoleranten Eukalyptusbäumen erhalten, wobei die genaue Art der Veränderung und die Auspflanzungsstandorte geheim blieben. Da Kälte ein limitierender Faktor für den Eukalyptusanbau ist, würde so ein Baum das Anbaugebiet stark vergrößern.

In Brasilien ist seit April 2015 ein gentechnisch veränderter Eukalyptus zugelassen, der sehr schnell wächst und bis zu 20 Prozent mehr Holz abwirft. Normalerweise dauert es bei Eukalyptus sieben Jahre bis zur Ernte, der gentechnisch veränderte Baum wäre schon nach drei bis vier Jahren hiebreif.

In Brasilien wird auch an Eukalyptusbäumen gearbeitet, die einen geringeren Holz-, oder Ligningehalt haben. Der Holzanteil dient der Festigkeit der Bäume, ist aber störend, wenn es darum geht, vor allem Zellulose aus dem Baum zu gewinnen. Damit wird Eukalyptus nicht nur für die Papier- oder Verpackungsindustrie interessant, sondern auch zur Produktion von Alkohol als Treibstoff. Gentechnisch veränderte Bäume, mit einem besonderen Zelluloseanteil zur Alkoholproduktion könnten sogar als green energy vermarktet werden.

In den USA wird auch an Kiefern gearbeitet. 2015 erhielt eine gentechnisch veränderte Weihrauchkiefer die Genehmigung – allerdings unter Umgehung eines Zulassungsverfahrens. Auch diese gentechnische Veränderung betrifft den Faseranteil, womit das Holz für die Zellstoff- und Papierindustrie noch besser geeignet wird. Dabei wurden Gene von zwei anderen Bäumen und solche der Ackerschmalwand und eines Bakteriums eingesetzt.

Großflächig wurden gentechnisch veränderte Bäume in China ausgepflanzt. Bereits 2010 wurden über eine Million gentechnisch veränderte Pappeln, die ein Insektengift produzieren, gesetzt. Ähnlich wie Eukalyptusbäume wachsen Pappeln sehr schnell und sind damit interessant für die gentechnische Manipulation um eine noch raschere Gewinnung von Biomasse zu erreichen. In Schweden ist eine großflächige Auspflanzung von gentechnisch veränderten Pappeln geplant.

Die gentechnisch veränderten Pflanzen zur industriellen und energetischen Nutzung werden in der Bevölkerung wahrscheinlich breiter akzeptiert werden, da sie weder gegessen noch an Tiere verfüttert werden. Solche Pflanzen können mit dem Hinweis, dass sie ja nicht als Nahrungsmittel verwendet werden, als Türöffner für die Gentechnik dienen. Allerdings blieben die *ökologischen und sozialen Probleme* bestehen. Durch Auskreuzen können diese neuen Eigenschaften auf verwandte wildlebende Pflanzenarten bzw. auf ihre Verwandten übergehen, die auf dem Nachbarfeld wachsen. Wobei es nicht unbedingt das Nachbarfeld sein muss. Sowohl durch den Wind, als auch durch Insekten kann Pollen über Kilometer weit transportiert werden. Was sehr zum Nachteil der Konsumenten und Konsumentinnen, aber auch von Landwirtinnen und Landwirten wäre, da letztlich ganze Ernten vernichtet werden müssten, wenn unerwünschte, nicht zugelassene Eigenschaften in der menschlichen Nahrung auftauchten.

Dies würde auch für die Kartoffel Amflora gelten. Aus inzwischen langjähriger Erfahrung weiß man, dass sich gentechnisch veränderte Pflanzen ungewollt ausbreiten und immer wieder konventionelle, nicht gentechnisch veränderte Ernten mit gentechnisch veränderten Pflanzen kontaminiert sind. Man muss damit rechnen, dass diese Industriekartoffel irgendwann auch in Nahrungskartoffelernten auftauchen würde. Amflora enthält außerdem ein Markergen für Antibiotikaresistenz. Es ist nicht auszuschließen, dass diese Resistenz auf Bakterien übergeht, die damit eine gravierende gesundheitliche Bedrohung darstellen würden. Antibiotikaresistenz in Bakterien ist an sich schon ein zunehmendes, schwerwiegendes Problem und man sollte folglich alles unterlassen, was da noch verstärkend wirken könnte.

Besonders problematisch sind gentechnisch veränderte Bäume, die u.U. ein langes Leben haben und über mehrere Jahre hinweg Pollen und Samen erzeugen. Die Waldökosysteme sind sehr komplex und weit von der Erforschung entfernt. Einkreuzen von fremden Genkonstrukten kann nicht absehbare und vor allem irreversible Folgen in der Natur haben. Dass eingebaute Genkonstrukte sich nicht immer so verhalten, wie geplant oder gewünscht, ist bei gentechnisch veränderten Bäumen, wegen ihrer Langlebigkeit, ein zusätzlicher Risikofaktor. Bei Pappeln kommt dazu, dass sie sich sehr leicht vegetativ vermehren, das Auswildern von Gekonstrukten ist somit noch wahrscheinlicher. Im Falle der in China ausgesetzten Pappeln mit einem Insektengift, sind ökologische Folgen nahezu vorprogrammiert.

Ein besonderes Kapitel sind Eukalyptusbäume. Schon jetzt werden diese in riesigen Monokulturen vor allem in Südamerika angebaut mit desaströsen ökologischen und sozialen Folgen. Der Wasserbedarf von Eukalyptus ist enorm hoch und es ist anzunehmen, dass ein schnelleres Wachstum noch mehr Wasser benötigt. Die Monokulturen sind ökologisch extrem verarmt, man spricht deswegen auch von „grünen Wüsten". Sie werden außerdem mit Agrargiften behandelt und die Böden schwer geschädigt. Einige Eukalyptusbäume zählen in Fremdlebensräumen als invasive Arten.

Ein schnelleres Wachstum und ein damit verbundener geringerer Holzanteil beeinflusst freilich auch die Eigenschaften der Bäume. So wird beispielsweise die Bruchgefährdung durch Wind bei gentechnisch veränderten Bäumen mit einem geringen Holzanteil deutlich höher sein. Welche Folgen es hat, wenn sich diese Eigenschaft auf andere Bäume ausbreitet, ist nicht absehbar.

Die neuen gentechnisch veränderten Bäume werden vermutlich einen neuen Anbauschub auslösen. Ähnlich wie bei Soja werden für Eukalyptusplantagen bestehende wertvolle Lebensräume zerstört und die Bevölkerung, Kleinbauernsiedlungen und indigenen Gemeinschaften vertrieben.

4.5   Gentechnisch veränderte Pflanzen als Futtermittel

Die Einführung der Massentierhaltung und der Hochleistungssorten in der Tierzucht hat den Futterbedarf radikal verändert. Wurden Tiere, hier besonders Wiederkäuer, früher hauptsächlich mit dem ernährt, was Menschen nicht aßen, nämlich Gras und Heu, werden heutzutage hochwertige, eiweißhaltige Nahrungsmittel verfüttert. Hauptsächlich sind das Getreide und Soja. Bis zum BSE-Skandal (Bovine spongiforme Enzephalopathie) stammte das Eiweiß zu einem Großteil aus Tiermehl, dessen Verwendung infolgedessen verboten wurde. Seit dieser Zeit werden die Regenwälder Süd- und Mittelamerikas noch viel radikaler abgeholzt, um Sojabohnen anzubauen. Und auf immer größeren Flächen Argentiniens und inzwischen auch Paraguays wird ebenfalls Soja produziert. In Argentinien und Paraguay wird nahezu ausschließlich gentechnisch verändertes Soja angebaut. In

Brasilien wird vorwiegend gentechnisch verändertes Soja, in einigen Regionen aber konventionelles nicht genetisch verändertes Soja, hauptsächlich für den Export nach Europa, angebaut. In den USA wird vorwiegend gentechnisch verändertes Saatgut verwendet. Insgesamt werden 70 – 80 Prozent des pflanzlichen Eiweißes in die EU importiert. Neben Soja ist dies zu einem kleineren Teil auch Raps, vorwiegend aus Kanada, ebenfalls großteils gentechnisch verändert. 2013 importierte die EU an Futtermitteln 13,5 Mio t Sojabohnen, 18,5 Mio t Sojaschrot und 4 Mio t Raps und Mais. Die Importstatistiken geben allerdings keine Auskunft darüber, wie viel davon gentechnisch verändert ist. Die Hauptherkunftsländer für gentechnisch veränderte Sojaprodukte waren die USA, mit einem Anteil von 93 Prozent, Brasilien (92 Prozent gentechnisch verändertes Soja), Argentinien (100 Prozent gentechnisch verändertes Soja) und Paraguay mit 95 Prozent gentechnisch verändertes Soja. Abb. 4.3 zeigt, dass die Anbauflächen bei gentechnisch verändertem Soja kontinuierlich steigen.

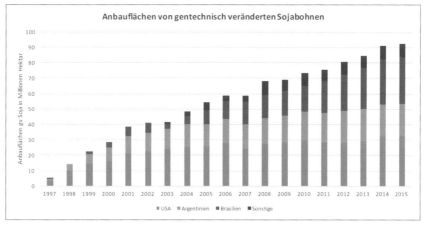

Abb. 4.3   Anbauflächen von gentechnisch verändertem Soja: Das Diagramm zeigt die zunehmenden Mengen an gentechnisch verändertem Soja, die weltweit angebaut werden, und die häufigsten Herkunftsländer. Quelle: transgen.de; eigene Darstellung

Tatsächlich gibt es nicht so viele nicht-gentechnisch veränderte Eiweißpflanzen auf dem Markt, wie in der EU gebraucht werden. Der Gesamtverbrauch der EU an Sojaschrot ist, wie Abb. 4.4 zeigt, in etwa dreimal so hoch, wie das derzeitig verfügbare Angebot an nicht-gentechnisch verändertem Sojaschrot.

Abb. 4.4 Sojaschrot: Von den rund 319 Mio. Tonnen weltweit produzierten Sojabohnen
werden ca. 77 Prozent zu Öl und Schrot verarbeitet. Von den rund 200 Mio.
Tonnen Sojaschrot sind rund 163 Mio. Tonnen gentechnisch veränderter Sojaschrot und rund 28 Mio. Tonnen nicht gentechnisch veränderter Sojaschrot.
Durch fehlende Trennung von gentechnisch verändertem und nicht gentechnisch
verändertem Soja oder dem Eigenverbrauch im jeweiligen Erzeugerland stehen
der EU nur rund neun Mio. Tonnen zur Verfügung. Die Nachfrage liegt mit 32
Mio. Tonnen beim Dreifachen der verfügbaren Menge. Quelle: Berechnungen
und Annahmen OVID 2016 nach USDA, ISAAA, Oil World, ACTI; eigene
Darstellung

Nach der EU-Verordnung müssen Lebens- und Futtermittel gekennzeichnet sein,
wenn sie aus gentechnisch veränderten Organismen (GVO) bestehen, oder diese
enthalten. Die EU erlaubt aber zufällige oder technisch unvermeidbare Verunreinigungen bis 0,9 Prozent. Ausgenommen von der Deklarationspflicht sind
Zusatzmittel, wie Vitamine oder Aminosäuren, die auf gentechnischem Weg (z.B.:
mit Hilfe von Bakterien) hergestellt sein dürfen, ohne dass sie deklariert werden
müssen. Die Toleranzgrenze für technisch nicht vermeidbare Verunreinigungen
gilt auch für biologische Lebensmittel.

Es gibt aber keine Deklarationspflicht für Produkte von Tieren, die mit gentechnisch veränderten Pflanzen gefüttert worden sind. Weder Milch und Milchprodukte,
noch Fleisch, Wurst, Selchware oder Eier müssen gekennzeichnet sein, wenn die
Tiere mit gentechnisch veränderten Pflanzen (hauptsächlich Soja und Mais) gefüttert
worden sind. Zunehmend verkaufen Molkereien nur Milch und Milchprodukte,
die gentechnikfrei sind, deren Kühe also kein gentechnisch verändertes Futter
bekommen haben, und kennzeichnen ihre Produkte als gentechnikfrei. Ebenso

gehen vermehrt Hersteller und Herstellerinnen sowie Anbieter und Anbieterinnen generell auf gentechnikfreie, gekennzeichnete Produkte über. Dieser Trend ist auch in den USA zu beobachten, wo gentechnikfreie Produkte deutliche Wachstumskurven haben. Bei Lebensmitteln aus biologischer Landwirtschaft dürfen auch beim Tierfutter keine gentechnisch veränderten Pflanzen verwendet werden. Greenpeace hat im Dezember 2008 der EU Kommission eine Million Unterschriften übergeben, die eine generelle Kennzeichnung auch bei Einsatz von gentechnisch verändertem Futtermittel verlangt, ist aber dort auf taube Ohren gestoßen.

Die Verwendung von gentechnisch veränderten Futtermitteln ist in der *Praxis* mehrfach problematisch. Glaubte man früher, dass die DNA der Futterpflanzen im Darmtrakt der Tiere zur Gänze zerlegt wird, weiß man inzwischen, dass größere Genteile, ganze Genkonstrukte die Darmwand passieren und im Organismus auftauchen können, mit ungeklärten Folgemöglichkeiten. Die Problematik, dass es zahlreiche Tierversuche gibt, bei denen Schäden durch gentechnisch verändertes Futter beobachtet wurden, gilt natürlich auch für die Tierzucht und das Risiko für die Tiergesundheit und damit in weiterer Folge für die Menschen, die Endkonsumentinnen und Endkonsumenten. Schließlich gibt es die weiter oben behandelte Glyphosatproblematik, da gentechnisch veränderte Futterpflanzen unweigerlich mit Glyphosat kontaminiert sind. All die ökologischen und sozialen Probleme, die an der Produktion von gentechnisch verändertem Soja in Südamerika hängen, sind natürlich auch hier relevant.

Gerade in Futtermitteln werden auch immer wieder nicht zugelassene gentechnisch veränderte Organismen nachgewiesen. Allein 40 Meldungen dieser Art sind 2014 bei der EU-Kommission eingetroffen. Besonders oft ist die gentechnisch veränderte Reissorte Bt63, die aus China stammt und in Futtermittelzusatzstoffen verwendet wird, entdeckt worden. Zudem sind gentechnisch veränderte Mikroorganismen in Futtermittelzusätzen aufgetaucht. Kontaminierte Futtermittel müssen vernichtet werden.

4.6 Soziale und gesundheitliche Aspekte gentechnisch veränderter Pflanzen

Die *Vertragsbedingungen* zwischen den Farmern und den Lieferanten und Lieferantinnen von gentechnisch verändertem Saatgut sind für die Landwirte und Landwirtinnen ziemlich streng. Diese müssen Kontrollen jederzeit akzeptieren. Die Saatgutfirmen führen zudem auch heimliche, verdeckte Kontrollen durch. Zuwiderhandeln gegen die Verträge, wie das Verwenden des Saatgutes zum Wiederanbau,

oder ein Handel damit (da durch das Patentrecht die Ernte eigentlich Eigentum der
Saatgutfirma ist) wird mit sehr hohen Strafgebühren, die bei erfolgreicher Klage in
die zigtausend Dollar gehen, geahndet. Sozial gesehen erhöht sich die Abhängigkeit
der Landwirtinnen und Landwirte von den Saatgutfirmen, da man mit dem Saatgut auch gleich das dazu passende Herbizid kaufen muss. Wegen der Patentrechte
auf gentechnisch veränderte Organismen muss das Saatgut immer wieder gekauft
werden, was zu weiteren Abhängigkeiten und außerdem zu finanziellen Belastungen führt. Da gentechnisch verändertes Saatgut generell patentiert wird, gilt dies
ganz allgemein für gentechnisch veränderte Pflanzen. Diese Abhängigkeit kann
sich in den armen Ländern des Südens besonders kritisch auswirken. Bäuerinnen
und Bauern sind auf Wiederverwendung ihres eigenen Saatgutes, auf Austausch
mit Nachbarn und Verwendung des eigenen Saatgutes für weitere Züchtungen und
Anpassungen angewiesen. Ein wiederkehrender Zwang zum Ankauf von Saatgut
wäre für viele finanziell nicht machbar und ruinös.

Betrachtet man mögliche *gesundheitliche Risiken*, so findet man über die Wirkung auf uns Menschen widersprüchliche Aussagen. Offiziell hat der Einbau von
Resistenzgenen keine nachteiligen gesundheitlichen Folgen. Diesen Standpunkt
vertreten nicht nur die Zulassungsbehörden in den USA und in Kanada, sondern
auch die EU Lebensmittelbehörde. Dem steht allerdings eine zunehmende Zahl
von Beobachtungen entgegen, wonach die Anwendung und der Verzehr von gentechnisch veränderten Pflanzen so harmlos doch nicht sein können.

Am bekanntesten sind die Versuche von Arpad Pusztai in Schottland. Pusztai
hat die Toxizität von gentechnisch veränderten Kartoffeln untersucht und diese
Kartoffeln an Ratten verfüttert. Es hat sich dabei nicht um Bt-Pflanzen gehandelt,
sondern um Kartoffeln, denen das Gen für ein Maiglöckchenlektin eingebaut
worden war, um sie insektenresistent zu machen. Arpad Pusztai musste feststellen, dass seine Ratten daraufhin Wachstumsstörungen, Leberschäden und ein
beeinträchtigtes Immunsystem entwickelten.[30] Besonders erstaunlich war, dass
das Verfüttern des Lektins gemeinsam mit konventionellen Kartoffeln weniger
schädlich war. Die gentechnische Veränderung hat offensichtlich einen weiteren,
unbekannten und unerwarteten Nebeneffekt gehabt.

Das weitere Schicksal dieses Wissenschaftlers ist symptomatisch. Nachdem
er die Ergebnisse bekannt gegeben hatte, sorgten diese für Schlagzeilen in ganz
Europa und Herr Pusztai wurde umgehend zwangspensioniert. Darüber hinaus
wurde erklärt, er hätte seine Studien schlampig durchgeführt und die eigenen
Ergebnisse falsch interpretiert. Es gibt Hinweise, dass sogar „Downing Street"
gegen Arpad Pusztai interveniert haben soll. Arpad Pusztai war Zeit seines Lebens
ein seriöser, gründlicher Forscher, sowie international anerkannter Spezialist auf
dem Gebiet der Lektine gewesen. Er hat die Herausgabe seiner Versuchsunterla-

gen erkämpft und dann nachweisen können, dass seine Experimente nach allen
Regeln der Kunst durchgeführt und von ihm richtig gedeutet worden waren. Es
war aber im Weiteren aus Angst vor Verlusten von Werbeeinnahmen schwierig,
eine Zeitschrift zu finden, die seine Rehabilitation gedruckt hätte. Arpad Pusztai
selbst stand bis dahin der Gentechnik nicht ablehnend gegenüber. Er war auch
weiterhin kein genereller Feind der Gentechnik, erklärte aber öffentlich, dass er
keine gentechnisch veränderten Lebensmittel essen möchte. Das, was derzeit in
der Genforschung stattfinde, mache die Menschheit zu Versuchsmeerschweinchen,
so Pusztai. Der Wissenschaftler betonte, dass keine andere im Handel befindliche
gentechnisch veränderte Pflanze auch nur annähernd so gut untersucht worden
sei, wie seine gentechnisch veränderten Kartoffeln.

Ähnliche Ergebnisse erbrachten Fütterungsversuche mit gentechnisch veränderten Erbsen in Australien, die mit einem Eiweiß aus Bohnen versetzt worden
waren, um Insekten abzuwehren. Mäuse, die davon gegessen hatten, zeigten eine
ausgeprägte Lebensmittelunverträglichkeit und erkrankten an Lungenentzündungen.
[31] Ähnlich wie in Pusztais Versuchen, waren auch hier die Effekte deutlicher, wenn
gentechnisch veränderte Erbsen gefüttert worden waren, als nach der Verfütterung
von konventionellen Erbsen gemeinsam mit dem Bohneneiweiß. Wieder muss der
Einbau des Fremdgens einen zusätzlichen, unerwarteten Effekt gehabt haben. Das
ist von Bedeutung, da für die Zulassungsbehörden gentechnisch veränderte Pflanzen als prinzipiell identisch mit den nicht veränderten Pflanzen mit Ausnahme des
eingebauten Gens gelten. Dies ist aber offensichtlich doch nicht der Fall. Auch dieses
Manipulationsergebnis ist eigentlich weiter nicht verwunderlich. Nicht nur, dass
es zahlreiche andere Beispiele gibt, in denen durch den Einbau von Fremdgenen
unerwartete Effekte aufgetreten sind, es konnte auch nachgewiesen werden, dass
dieser Einbau zahlreiche kleine Mutationen auslöst. Da es der klassischen Gentechnik bislang nicht möglich ist, ein Fremdgen an einen ganz bestimmten Platz
im Genom der Zielpflanze einzusetzen, sondern diese Gene sich unvorhersehbar
in die Chromosomen einbauen, sind allein schon aus theoretischen Überlegungen
unerwünschte Nebeneffekte zu erwarten. Bt-Mais hat im Vergleich zu gleichwertigen
nicht manipulierten Pflanzen eine veränderte Aminosäuren- und Eiweißzusammensetzung, was ebenfalls auf weiterreichende Änderungen, die über den reinen
Einbau eines zusätzlichen Gens hinausgehen, schließen lässt.

Zu den gesundheitlichen Aspekten sei noch eine Fütterungsstudie in Italien
erwähnt, bei der Mäusen 24 Monate lang gentechnisch verändertes Soja gegeben
worden war. Dies führte bei den Versuchstieren zu Veränderungen in den Zell-
kernen der Leber, was ein Hinweis auf Stoffwechselbelastungen der Mäuse durch
das gentechnisch veränderte Futter ist.

2005 verfütterte die russische Forscherin Irina Ermakova gentechnisch verändertes Soja an Nager und konnte anschließend gesundheitliche Veränderungen (Verkrüppelungen, niedrige Überlebensraten beim Nachwuchs) beobachten.[32] Es waren dies vorläufige, noch nicht gut abgesicherte Experimente und, ähnlich wie Arpad Pusztai, wurde die Autorin persönlich attackiert. Sie wurde in der ansonsten angesehenen wissenschaftlichen Zeitschrift ‚Nature Biotechnology' öffentlich wissenschaftlich ‚hingerichtet'.[33] In einem sehr ungewöhnlichen Vorgang hatte der Herausgeber ihre vorläufigen Ergebnisse an vier ausgesprochene Befürworter der Gentechnologie mit guten Beziehungen zur Industrie mit der Bitte um Kritik weitergegeben, ohne der Forscherin die Möglichkeit zu geben, auf diese Kritik direkt zu antworten. Dies ist eine Vorgangsweise, die im Zusammenhang mit wissenschaftlichen Publikationen sehr ungewöhnlich ist.

Zwei Studien mit dem in der EU zugelassenen gentechnisch veränderten Mais MON810 ergaben, dass dessen Konsum im Tierversuch zu Veränderungen bei den Versuchstieren führt. Erstere ist eine Langzeitstudie im Auftrag des österreichischen Bundesministeriums für Gesundheit (2008), bei der festgestellt wurde, dass mit MON810 gefütterte Tiere schon nach dem dritten Wurf signifikant weniger und schwächere Jungtiere aufwiesen.[34] Die zweite Studie mit MON810 stammt aus dem Forschungsinstitut für Ernährung und Lebensmittel aus Italien. Diese kam zu dem Ergebnis, dass der Langzeitkonsum bei jüngeren und älteren Versuchstieren zu Veränderungen im Immunsystem führt.[35]

In Brasilien wurde vor kurzem eine gentechnisch veränderte Bohne zugelassen, obwohl Risikountersuchungen nur an sehr wenigen Tieren durchgeführt worden waren, die aber gesundheitliche Probleme hatten. Die Nieren der Versuchstiere waren kleiner, während die Lebern vergrößert waren.

Eine neuere Fütterungsstudie mit gentechnisch verändertem Soja an Ziegen in Neapel zeigte Veränderungen der Milch und ein deutlich verringertes Gewicht der Zicklein. Teile des Erbguts des gentechnisch veränderten Sojas fand man in der Milch der Ziegen; es hat also die Verdauung überstanden. Beeinträchtigungen des Immunsystems nach Fütterung von gentechnisch verändertem Futter konnten bei mehreren Tierarten gefunden werden. Bei Schweinen, die 32 Wochen lang gentechnisch veränderten Mais und gentechnisch verändertes Soja zu Fressen bekommen hatten, wurden signifikant höhere Magenentzündungen beobachtet.[25]

Schließlich lässt sogar eine Studie der Firma Monsanto ein gesundheitliches Gefahrenpotential von gentechnisch veränderten Pflanzen vermuten. In einer Fütterungsstudie mit zwei verschiedenen Sorten von gentechnisch verändertem Mais waren bei Versuchstieren Schäden an Leber und Niere sowie Gewichtsveränderungen aufgetaucht. Monsanto erklärte dazu, es handle sich dabei nur um Ausnahmen, die für die Sicherheit nicht relevant seien, und weigerte sich gleichzeitig die Originalprotokolle zu veröffentlichen. Eine französische Forschergruppe, die die Studie einer eingehenden Untersuchung unterzog, kam zu dem Ergebnis, dass Monsanto die beobachteten Veränderungen nicht ausreichend weiter untersucht hat und auf Grund der vorhandenen Daten tatsächliche Schäden nicht ausgeschlossen werden könnten.

Eine weitere Beobachtung bei Tieren, die mit Bt-Mais gefüttert wurden, ist ebenfalls beunruhigend. Ein Landwirt in Norddeutschland verlor seine gesamte Rinderherde, nachdem er das Futter konsequent und praktisch ausschließlich auf gentechnisch veränderte Bt-Pflanzen umgestellt hatte. Trotz eingehender Untersuchungen konnte kein anderer Grund für das reihenweise Verenden der Tiere gefunden werden. Tatsächlich konnte Bt-Gift in praktisch allen Organen der erkrankten bzw. verstorbenen Tiere nachgewiesen werden.

Die Problematik besteht darin, dass seitens der Zulassungsbehörden keine langfristigen Untersuchungen über gesundheitliche Risiken verlangt werden, obwohl man gentechnisch veränderte Nahrung natürlich über Jahre zu sich nimmt, so sie einmal in Regalen zu finden ist. Außerdem genügen Unbedenklichkeitsstudien der Antragsstellerinnen bzw. Antragssteller. Üblicherweise werden keine unabhängigen Studien verlangt.

Als Begründung für die Ungefährlichkeit von gentechnisch veränderten Pflanzen in der Nahrung wird gerne die USA erwähnt, wo schon länger gentechnisch veränderte Pflanzen angebaut und als Nahrungspflanzen verwendet werden, ohne dass gesundheitliche Schäden beobachtet wurden. Dazu muss gesagt werden, dass sich natürlich niemand ausschließlich von gentechnisch veränderten Pflanzen ernährt, sondern dass diese einen Teil der Nahrung ausmachen. Es ist zu erwarten, dass Probleme dann schleichend auftauchen und wahrscheinlich lange nicht zugeordnet werden können, da es sich auf jeden Fall um etwas medizinisch völlig Neues handelt, für das es keine praktische Erfahrung in der Medizin gibt. Außerdem ist der Beobachtungszeitraum dazu wahrscheinlich viel zu kurz. Chronische Krankheiten, aber auch Krebs, haben sehr lange Inkubationszeiten, sodass der Beobachtungszeitraum noch zu kurz sein dürfte. In Tierversuchen tauchen Probleme häufig erst in Folgegenerationen auf und somit ist die Zeit viel zu kurz. Allerdings ist es zu spät, wenn man dann in einer der kommenden Generationen Folgen findet.

Wenn man über gesundheitliche Gefahren für Menschen spricht, dann vergisst man, dass nicht nur die erwähnten Insekten, sondern natürlich auch andere Tiere den gleichen gesundheitlichen Risiken ausgesetzt sind. Andere Säuger reagieren vermutlich ähnlich wie Menschen und es fragt sich, wie weit wir das Recht haben, Wildtiere Gesundheitsrisiken auszusetzen. In diesem Zusammenhang soll auf eine prinzipielle Geisteshaltung im Bereich der Gentechnologie hingewiesen werden, die man allerdings nicht nur hier findet. Einerseits scheint es, dass die außermenschliche Natur für viele Menschen keinen Wert hat. Ob ein weit reichender Eingriff in die Natur einem Tier schaden könnte, steht nicht einmal zur Diskussion. Der Mensch ist de facto ‚Dank' seiner technischen, gerade auch gentechnischen Möglichkeiten Herr über Leben und Tod vieler Tiere. Außerdem wird gerade seitens der Gentechnikindustrie nicht einmal das Gesundheitsrisiko von Menschen sonderlich berücksichtigt, sondern vor allem der finanzielle Ertrag, aber das findet man nicht nur im Bereich der Gentechnik.

Einige aktuelle Meldungen sollen abschließend noch unkommentiert angefügt werden: In China dürfen in den Heeresküchen keine gentechnisch veränderten Lebensmittel mehr verwendet werden. In den USA darf ab 2016 Wildtieren kein gentechnisch verändertes Futter mehr verfüttert werden. Dazu passen die Beobachtungen von Landwirten und Landwirtinnen in Nordamerika, dass Wildtiere gentechnisch veränderte Pflanzen meiden und, wenn sie die Wahl haben, konventionelle Pflanzen essen.

4.7 Hungerproblematik

Eines der häufigsten Argumente der Gentechnikbefürworter und -befürworterinnen ist, dass man die Gentechnik braucht, um den Hunger in der Welt zu stillen. Nur mit den neuartigen gentechnisch veränderten Pflanzen seien die nicht nur jetzt schon, sondern die insbesondere in der Zukunft nötigen höheren Erträge zu erzielen. Man muss dies von zwei Seiten her betrachten. Von der Frage der Erträge der gentechnisch veränderten Pflanzen her und von der sozialen und wirtschaftlichen Situation der am meisten Betroffenen, der vielen kleinen Bäuerinnen und Bauern in den armen Ländern des Südens.

Die derzeit eingesetzten gentechnisch veränderten Pflanzen bringen im Vergleich zu anderen keine höheren Erträge. Im Gegensatz dazu gelingt es durch traditionelle Züchtung bedeutend besser, zu ertragreicheren Pflanzen zu kommen. Ertragreichere Sorten wurden bislang nie über Gentechnik, sondern ausschließlich durch die üblichen Züchtungsverfahren erreicht.

Was den *Ertrag* betrifft, müssen zwei Aspekte unterschieden werden. Einerseits muss beachtet werden, ob die gentechnisch veränderte Pflanze an sich ertragreicher ist, als vergleichbare nicht gentechnisch manipulierte Pflanzen. Auf der anderen Seite muss man schauen, ob durch den gezielten Einsatz von Totalherbiziden oder Pflanzen, die selber Insektengifte machen, die Erträge steigen.

Abb. 4.5 Hunger – Cartoon. © Martin Guhl / dieKleinert / mauritius images

Betrachtet man den Ertrag von gentechnisch veränderten Pflanzen insgesamt, so findet man sehr unterschiedliche Beobachtungen. Manchmal wird von einer Verbesserung berichtet, manchmal wird eine solche nicht beobachtet. Seitens der Erzeuger der gentechnisch veränderten Pflanzen, wie Monsanto, Bayer oder Dow Chemicals wird betont, dass der Ertrag steigt. Studien, die eine Erhöhung der Erträge feststellen, sind allerdings oft industriell finanziert. Eine Übersichtsstudie, die vor ein paar Jahren Daten aus Kanada und den USA aufgearbeitet hat, kommt zum Ergebnis, dass insgesamt der Ertrag nicht zugenommen hat. Studien der US Regierung aus 2006 und 2014 kommen zu dem Ergebnis, dass bei Bt-Pflanzen (insbesondere, wenn mehrere Bt-Gene eingebaut worden sind) und bei hohem Schädlingsdruck eine Ertragsverbesserung zu beobachten ist.[36] Allerdings sieht man auch in diesen gentechnik-freundlichen Arbeiten keine einheitliche Erhöhung der Erträge. Dieser Effekt wird sich allerdings mit zunehmender Resistenz der Schädlinge verlieren und irgendwann ist wahrscheinlich auch eine Grenze des weiteren Einbaus von zusätzlichen Bt-Giften erreicht. Eine von der NGO Environmental Working Group 2015 vorgestellte Untersuchung kommt ebenfalls zu dem inzwischen nicht mehr überraschenden ähnlichen Resultat, dass gentechnisch veränderte Pflanzen

insgesamt keine besseren Erträge ergeben als konventionell gezüchtete Pflanzen.
[37] Auch aus Kanada berichten Bauernvertreter und -vertreterinnen, dass sie keine
Ertragssteigerung durch gentechnisch veränderte Pflanzen feststellen konnten.

Was die *soziale und wirtschaftliche Situation* der Landwirtinnen und Landwirte
des Südens betrifft, möchten wir als Beispiel auf die Baumwollbäuerinnen und
-bauern in Indien hinweisen. Nach Einführung von Bt-Baumwolle in Indien hat
die Regierung in einer Aussendung betont, dass Indien nur dank dieser neuen
Technologie den zu beobachtenden Höhepunkt an Baumwollproduktion erreichen
konnte. Andrerseits ist gerade Bt-Baumwolle in Indien berüchtigt. Sie hat in einigen
Regionen zu Missernten geführt, was wieder den Selbstmord zahlreicher indischer
Kleinbauern und Kleinbäuerinnen zur Folge hatte. Einerseits wird immer wieder
betont, dass diese Selbstmorde nichts mit gentechnisch veränderter Baumwolle zu
tun habe, anderseits findet man eindeutige Überlappungen von Selbstmordraten
und Anbaugebieten von gentechnisch veränderter Baumwolle. Indische NGOs
sowie Bauernvertreter und Bauernvertreterinnen betonen diese Korrelation. Kritikerinnen und Kritiker haben zur Jubelmeldung der indischen Regierung übrigens
bemerkt, dass dies ein Jahr mit ausgiebigem Monsunregen und damit ein Jahr mit
generell deutlich höheren Ernten war. Inzwischen ist 90 Prozent der angebauten
Baumwolle gentechnisch verändert. In den Baumwollhauptanbaugebieten in
Zentralindien nehmen sich jährlich bis zu 20.000 Bauern oder Bäuerinnen das
Leben; mitverursacht durch die gentechnisch veränderte Baumwolle, mit ihren
hohen Anschaffungskosten, dem hohen Pestizidbedarf, zunehmender Resistenz
der Schädlinge und damit schwindenden Ernten.

Bauern und Bäuerinnen dürfen beim Einsatz von gentechnisch veränderten
Pflanzen bekanntlich ihre Ernten nicht zur Aussaat verwenden, auch nicht mit Nachbarn oder Nachbarinnen tauschen, sondern müssen besonders teures Saatgut jedes
Jahr neu kaufen. Dazu kommt erschwerend, dass gentechnisch veränderte Pflanzen
synthetische Dünger und Spritzmittel – zwangsweise auf jeden Fall Roundup und
das in steigenden Mengen – brauchen, die ebenfalls zugekauft werden müssen. Die
kapitalarmen oder eher kapitallosen Bauern und Bäuerinnen des Südens müssten
sich dafür verschulden und enden oft in einer ruinösen Schuldenfalle, siehe gentechnisch veränderte Baumwolle oben. Ihre eigenen angepassten Sorten würden
sie langfristig verlieren. Sie sind vom Lieferanten des gentechnisch veränderten
Saatgutes abhängig und zudem dem Preisdiktat des Konzerns ausgeliefert. Und
es hat in den vergangenen Jahren deutliche Preissteigerungen bei gentechnisch
verändertem Saatgut gegeben.

Was ein Landwirt oder eine Landwirtin in den USA oder Europa mit den großen
Agrarsubventionen noch verkraften kann, wird für einen Klein- oder Kleinstbauern
bzw. -bäuerin im Süden, für den oder die es keine Subventionen gibt, der Unter-

gang sein. Es ist zu befürchten, dass die Einführung der Gentechnik in den armen Ländern des Südens den Hunger deutlich erhöhen würde.

Die sehr geringe Bedeutung der Gentechnik für die Ernährung der Menschheit betont auch der von der UNO in Auftrag gegebene Welternährungsbericht. Darin wird die Bedeutung der Biodiversität und einer nachhaltigen Landwirtschaft betont. Eigens werden faire trade und organische Produkte erwähnt. Der Bericht betont aber auch wie wichtig die Ernährungssouveränität, also die Selbstbestimmung über die Lebensmittel ist. Als wichtige Voraussetzungen für Ernährungssicherheit gelten laut dem Ernährungsbericht u.a. kleinbäuerlich Strukturen und eine darauf aufbauende nachhaltige Nutzung der Ressourcen und lokale Wirtschaftskreisläufe.[38]

Hunger ist keine Folge von Nahrungsmittelmangel, sondern von Armut und Nahrungsmittelverteilung. Die gentechnische Revolution hätte insofern vermutlich den gleichen Effekt, wie die grüne Revolution, nämlich eine Steigerung des Hungers.

4.8 Koexistenz gentechnisch veränderter, konventioneller und biologischer Landwirtschaft

4.8.1 Ist eine Wahlfreiheit für die Konsumenten und Konsumentinnen zu gewährleisten?

Die EU hat sich zum Ziel gesetzt, den Konsumenten und Konsumentinnen die Wahlfreiheit zwischen gentechnisch veränderten, konventionell und biologisch hergestellten Lebensmitteln zu erhalten. Dies ist gesetzlich verankert, weshalb es klare Richtlinien für die Produktion und Kennzeichnung von gentechnisch veränderten Produkten gibt. Diese Wahlfreiheit muss somit auch den Landwirten und Landwirtinnen ermöglicht werden. Das heißt, der Landwirtschaft müssen die entsprechenden Mittel zur Produktion zur Verfügung stehen und es muss ein entsprechender Schutz vor Verunreinigungen durch beispielsweise Pollenflug gegeben sein. Die entsprechenden Maßnahmen dafür können von den Mitgliedsstaaten selbst festgelegt werden und von Einschränkungen von gentechnisch veränderten Pflanzen bis hin zu deren Verbot reichen.

Damit auch der Konsument und die Konsumentin letzten Endes eine Wahlfreiheit haben, ist im gesamten Produktionsprozess zu gewährleisten, dass es zu keinen Verunreinigungen kommt, und dass entsprechend auch Produktionsmittel verfügbar sind. Wenn es also um die Frage des Nebeneinanders von gentechnisch veränderter, konventioneller und biologischer Landwirtschaft geht, so geht es zuallererst darum, ob es möglich ist, den Landwirtinnen und Landwirten das

Saatgut mit entsprechender Genqualität zur Verfügung zu stellen und ob sie vor Verunreinigungen auf dem Acker geschützt sind.

Die EU-Rechtsvorschriften setzen bei der Umsetzung der Koexistenz auf zwei wichtige Grundregeln: eine strenge Kennzeichnungspflicht von gentechnisch veränderten Produkten sowohl bei Lebens- als auch Futtermitteln und die Rückverfolgbarkeit. Die Tatsache, dass die EU gleichzeitig Schwellenwerte von 0,9 Prozent „zufälliger, technisch unvermeidbarer" Beimischung von gentechnisch veränderten Lebewesen erlaubt, zeigt, dass es in der Praxis keineswegs einfach ist, die Koexistenz umzusetzen.

Die Genqualität von Saatgut ist eigentlich seit Beginn der Anbaugenehmigungen von gentechnisch veränderten Pflanzen ein problematischer Bereich. Obwohl die Saatgut produzierenden Konzerne, in ihrem eigenen Interesse, mittlerweile (teils großen) Aufwand betreiben, um konventionelles oder biologisches Saatgut von gentechnisch veränderten Verunreinigungen fern zu halten, so gelingt das nur bedingt. Saatgut wird auf dem Feld in der freien Natur vermehrt und somit ist eine 100-prozentige Freiheit von gentechnisch veränderten Anteilen nicht mehr möglich. Dies liegt unter anderem auch daran, dass große Mengen an Saatgut aus Drittländern in die EU importiert werden müssen, wo die Raten an gentechnisch veränderten Pflanzen auf den Feldern bedeutend größer sind als in der EU. Dass es mit zunehmendem Anteil an gentechnisch veränderten Pflanzen immer schwieriger wird Saatgut ohne Gentechnik herzustellen, liegt auf der Hand. Dies bedeutet natürlich, dass mit der Erlaubnis von geringen Beimischungswerten, wie von der EU Kommission vorgeschlagen, bereits beim Saatgut eine völlige Gentechnikfreiheit nicht mehr möglich ist. So lange es diesbezüglich aber keine Einigung auf EU Ebene gibt, gelten die nationalen Gesetze. In Österreich und Deutschland gilt deshalb eine Nulltoleranz-Regelung. Saatgut darf keine Verunreinigungen aufweisen bzw. muss diese unter der Nachweisgrenze von 0,1 Prozent liegen.

Der Grund, warum eine Koexistenz praktisch so schwierig umzusetzen ist, liegt in der Verbreitung der Pollen. Dies betrifft nicht nur die Koexistenz von gentechnisch veränderter und gentechnikfreier Landwirtschaft, sondern auch die Wildpflanzen und somit das gesamte Ökosystem rund um Felder mit gentechnisch veränderten Lebewesen.

Ein generelles Problem in der Anwendung der Gentechnik im Pflanzenbau ist das Auskreuzen, die Übertragung der eingebauten Fremdgene auf Wildpflanzen oder gentechnikfreie Kulturpflanzen durch Pollentransport, sei es durch Bienen, Hummeln, Schmetterlinge, andere Bestäuber oder den Wind. Mit dem Pollen, der die anderen Pflanzen bestäubt, gelangt auch das eingebaute Genkonstrukt auf die Wildpflanze, die konventionelle oder biologische Nutzpflanze und wird an weitere Generationen weitergegeben.

Dies wird vor allem bei folgenden drei Aspekten problematisch:

Wenn es in der Umgebung kreuzbare verwandte Pflanzen gibt. Raps hat bei uns kreuzbare Verwandte, wie die Senfpflanze. Gelangt Pollen von gentechnisch veränderten Rapspflanzen zu Senfblüten, haben die Nachkommen ebenfalls die gentechnisch veränderte Eigenschaft. Handelt es sich dabei um eine herbizidtolerante Pflanze wird dieser Senf zu einem typischen Problemunkraut, das zum Beispiel auf Roundup nicht mehr anspricht. Würde ein Bt-Gen übertragen, könnte dies dramatische ökologische Folgen haben, da nun dieser Senf und alle Nachkommen insektengiftig sind.

Gibt es in der Umgebung Pflanzen der gleichen Art in konventionellen oder biologischen Kulturen, dann werden diese mit dem Genkonstrukt kontaminiert. Diese genetische Verunreinigung bedeutet dann meist die Vernichtung ganzer Ernten. Sind Wildsorten oder alte Kultursorten betroffen, so sind die Konsequenzen ebenso schlimm. Wildsorten und alte Kultursorten sind ein wertvolles Genreservoir und werden immer wieder für Kreuzungen und Neuzüchtungen herangezogen. Durch die Kontamination mit dem fremden Genkonstrukt, werden sie dafür im Allgemeinen unbrauchbar, gehören rein rechtlich dem Patentinhaber bzw. der Patentinhaberin und wertvolle Genreserven gehen somit verloren.

Vielfach ist eine Mindestentfernung zu unerwünschten Pollenquellen zum Schutz der Kulturen einzuhalten, um Kontaminationen zu verhindern. Dass dieser Abstand aber oft nicht ausreichend ist, zeigen zahlreiche dokumentierte Fälle kontaminierter konventioneller und biologischer Kulturen, die dann vernichtet werden mussten oder zumindest nicht mehr entsprechend verkauft werden konnten.

Jüngst machten auch Meldungen die Runde, dass der Monsanto Konzern selbst, während einer juristischen Auseinandersetzung in Mexiko, nicht ausschließen konnte, dass es zu Kontaminationen von alten Maissorten kommt, wenn gentechnisch veränderter Mais angebaut werden würde. Ein Eingeständnis, das selten vorkommt, aber auf der Hand liegt und durch unglaublich viele Fälle eigentlich als bestätigt angesehen werden kann.

So berichten Schweizer Behörden, dass immer wieder gentechnisch veränderter Raps durch Kontaminationen von Weizensaatgut in die Schweiz importiert werde. Selbst geringste Verunreinigungen bedeuten aber laut einer Hochrechnung, dass zig Millionen keimungsfähige Rapssamen auf diese Weise ins Land gelangen. Für den Weizen mit den gentechnisch veränderten Rapssamen gelten natürlich keinerlei Anbaueinschränkung, wie Mindestabstände zu Rapsfeldern oder dergleichen, was bedeutet, dass sich der gentechnisch veränderte Raps mit konventionellem oder biologischem Raps kreuzen kann und auch diesen verunreinigt.[39] Beispiele wie dieses zeigen, wie schnell die Kontaminationen auch Länder betreffen können, die eigentlich keine gentechnisch veränderten Pflanzen anbauen.

Neben dem gentechnisch veränderten Raps, der sich in der Schweiz in der Umwelt ausbreitet, sind auch andere Länder von derartigen Phänomenen betroffen. So ist gentechnisch veränderter Reis in China, sind Mais und Baumwolle in Mexiko oder Gräser in den USA in die Umwelt geraten und vermehren sich auch dort unkontrolliert. Ein ganz anderes Beispiel sind die gentechnisch veränderten Papayas auf Hawaii. Die Samen werden von Vögeln verbreitet und finden sich dadurch mittlerweile in konventionellen Plantagen und in der freien Natur wieder. Es ist zu erwarten, dass sich diese Entwicklung auch in weiteren Ländern und bei weiteren Pflanzen bald wird nachweisen lassen. Die Folgen für die konventionelle, biologische Landwirtschaft oder die Ökosysteme sind nicht absehbar. Es wird auf lange Sicht schwieriger gestaltbar, dass die Wahlfreiheit der Genqualität für die Landwirte und Landwirtinnen und infolgedessen für die Konsumentinnen und Konsumenten bestehen bleibt.

Neben verunreinigtem Saatgut und der Kreuzung mit gentechnisch veränderten Pflanzen auf dem Feld gibt es noch viele andere Möglichkeiten, wie es zu wesentlichen Verunreinigungen kommen kann (siehe Abb. 4.6). Dabei muss auch der ökonomische Druck auf Produktionsunternehmen beachtet werden. Maschinen müssen, um wirtschaftlich zu sein, möglichst rund um die Uhr laufen. Das bedeutet oft, dass für viele Marken und mit unterschiedlichen Qualitätskriterien produziert wird. Ein Umrüsten der Maschinen und aufwendige Reinigungen bedeuten oft hohe Kosten.

Um nur einige Verunreinigungsmöglichkeiten zu nennen:

- Erntevorgänge: Je kleiner die geernteten Samen sind, desto eher gehen diese beim Erntevorgang und Abtransport verloren oder bleiben in kleinsten Lücken zurück. Werden Erntemaschinen für gentechnisch verändertes und gentechnikfreies Erntegut gemeinsam verwendet, so ist eine Verunreinigung nahezu unvermeidbar. In der Literatur findet man verschiedene Angaben, aber in den Erntemaschinen bleiben mitunter einige Kilogramm Erntegut zurück, das sich dann unter die Folgeernten mischt. Ähnliches gilt für den weiteren Transport bzw. für die weitere Verarbeitung. Stellt man sich das winzige Rapssamenkorn vor, so ist völlig klar, dass diese durch Wind oder kleinste Lücken „verloren" gehen.
- Transporte: Unabhängig von den logischen Verlusten bei Transportvorgängen. Gibt es aus Mexiko einige dokumentierte Zug- und LKW-Unfälle mit gentechnisch veränderten Samen. Dabei sollen vorwiegend gentechnisch veränderte Maissamen in die Umwelt geraten sein.
- Produktionsprozess: Jeder einzelne Produktionsschritt, wo sowohl Produkte mit und ohne Gentechnik verarbeitet werden, birgt die potentielle Gefahr einer Verunreinigung. Dabei können sowohl die gemeinsame Verwendung von

Maschinen oder auch menschliches, unbeabsichtigtes Fehlverhalten zu mehr oder weniger großen Einträgen von gentechnisch veränderten in gentechnikfreie Produkte erfolgen. Denkt man beispielsweise an eine Bäckerei, die unter anderem auch Bioprodukte anbietet.

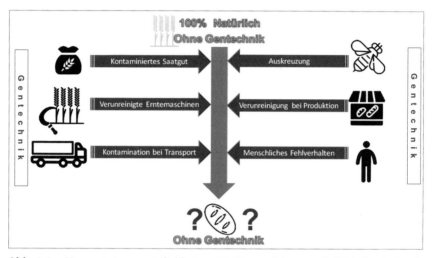

Abb. 4.6   Verunreinigungsmöglichkeiten: Die Verunreinigungsmöglichkeiten im Laufe eines Produktionsprozesses sind vielfältig und betreffen nahezu alle Bereiche, sofern keine 100 Prozent Trennung von gentechnisch veränderten und konventionellen bzw. biologischen Produkten erfolgt. © Astrid Tröstl

Zusammenfassend ist die in der EU angestrebte Koexistenz von gentechnischer und gentechnikfreier Landwirtschaft zunehmend schwerer und bald nicht mehr zu gewährleisten. Je höher der Anteil an gentechnisch veränderten Pflanzen ist, umso höher wird der Aufwand, mit den entsprechenden Kosten, um die gentechnikfreien Produkte auch weitgehend gentechnikfrei zu halten. Verunreinigungen – welcher Art auch immer – werden mit zunehmendem Anteil an gentechnisch veränderten Produkten trotz hohem Aufwand wahrscheinlicher und somit werden die 100 Prozent gentechnikfreien Produkte zunehmend verschwinden (siehe Abb. 4.7). Zu groß sind hier die wirtschaftlichen Verflechtungen zwischen den Ländern dieser Welt und auch die Ausnahmen für Tierfutter und ähnliches, als dass Verbote in einzelnen Ländern eine tatsächliche gentechnikfreie Landwirtschaft gewährleisten könnten.

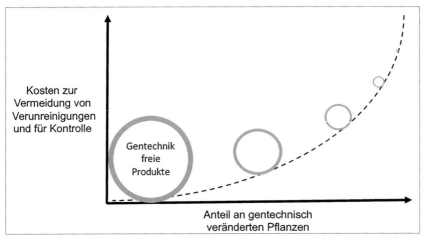

Abb. 4.7   Koexistenz: Langfristig ist vermutlich mit steigendem Anteil an gentechnisch veränderten Pflanzen eine Koexistenz nicht zu gewährleisten, auch wenn man hohen finanziellen Aufwand betreibt. © Astrid Tröstl

4.8.2   Kennzeichnungspflicht

Die Kennzeichnungspflicht wurde bereits kurz bei den Futtermitteln behandelt, soll aber auch an dieser Stelle nochmals etwas ausführlicher behandelt werden. EU-weit gibt es eine Kennzeichnungspflicht für Produkte, die gentechnisch veränderte Organismen enthalten. Trotzdem fällt auf, dass es de facto kaum oder keine Lebensmittel mit einer entsprechenden Kennzeichnung gibt. Sehr wohl gibt es aber eine Reihe von Kennzeichnungen, die darauf hinweisen, dass keine Gentechnik im Produkt enthalten ist. Das zeigt schon, dass die Konsumentinnen und Konsumenten in Europa offenbar Wert darauf legen, gentechnikfreie Lebensmittel zu essen. Das wissen freilich auch die Produzenten und Produzentinnen und vermeiden eine Kennzeichnung tunlichst. Das bedeutet aber leider nicht, dass die Produkte überhaupt keine gentechnisch veränderten Anteile enthalten. Ganz im Gegenteil: Es gibt Schätzungen, dass über 50 Prozent der Lebensmittel im Zuge des Produktionsprozesses mit gentechnisch veränderten Organismen zu tun haben. Dies ist für die Kunden und Kundinnen nicht erkennbar, weil der Anteil an gentechnisch veränderten Stoffen unter der gesetzlichen Schwelle für die Kennzeichnungspflicht liegt. Unter 0,9 Prozent gentechnisch veränderte Inhaltsstoffe besteht keine Kennzeichnungspflicht.

Ein Grund für diesen politisch festgelegten Schwellenwert ist die unvermeidliche Kontamination von gentechnikfreien mit gentechnisch veränderten Rohstoffen.

Wenn bis zu diesem Prozentsatz Kontaminationen erlaubt sind, müssen logischer-
weise auch entsprechende Produkte erlaubt sein.

Enzyme für die Käse oder Weinherstellung, Zusatzstoffe, Vitamine oder Aroma-
stoffe werden, wie im entsprechenden Kapitel ausführlicher behandelt, zu einem hohen
Prozentsatz mittlerweile mit gentechnisch veränderten Mikroorganismen hergestellt.

Vor allem bei tierischen Produkten wie Fleisch oder auch Eiern verwundert die
fehlende Kennzeichnung, obwohl das importierte Futtermittelsoja zu einem hohen
Prozentsatz gentechnisch verändert ist. Eine entsprechende Kennzeichnung ist hierfür gesetzlich auch nicht vorgesehen. Die Begründung lautet, dass die Genkonstrukte
von gentechnisch veränderten Pflanzen von den Tieren verdaut werden und diese
nicht weiter beeinflussen. Es wurden zwar bei Fütterungsstudien DNA Fragmente
in Fleisch und Milch gefunden, aber es ist dadurch laut Behörden nicht von einer
schädlichen Wirkung oder einem erhöhten Risiko auszugehen. Natürlich enthält
jede Zelle und somit jede Nahrung auch DNA. Trotzdem teilen diese Ansicht nicht
alle und Kritikerinnen und Kritiker plädieren für eine entsprechende Kennzeichnung der tierischen Produkte. Wer lieber Fleisch, Milch oder Eier von Tieren essen
möchte, die kein gentechnisch verändertes Pflanzenfutter gegessen haben, muss zu
biologischen oder entsprechend als gentechnikfrei gekennzeichneten Produkten
greifen. Wobei zu beachten ist, dass gentechnikfrei einer Werbung gleichkommt
und somit ist diese mitunter zu hinterfragen. Bio-Zertifikate haben hierbei nach
wie vor die strengsten Vorgaben. Allerdings gilt auch hier der 0,9 Prozent Toleranz
Schwellenwert für das Futtermittel.

Tab. 4.5 Übersichtstabelle mit Beispielen zur Kennzeichnungspflicht (Anm.: GVO –
gentechnisch veränderter Organismus, GV – gentechnisch verändert) Quelle:
http://www.lebensmittelklarheit.de/informationen/gentechnik-lebensmitteln
Zugegriffen: März 2016

Kennzeichnungspflicht	Beispiele
Lebensmittel selbst ist GVO	gentechnisch veränderte Sojabohnen, gentechnisch veränderter Mais
Zutat des Lebensmittels stammt aus GVO	Sojamehl, Sojaflocken, Tofu und Sojaöl aus GV-Soja, Maismehl, Maisgrieß, Maisöl und Maltodextrin aus GV-Mais, Rapsöl aus GV- Raps, Baumwollsaatöl GV-Baumwollsamen Zucker aus gentechnisch veränderten Zuckerrüben
Zusatzstoff aus GVO	Emulgator Lecithin (E 322), Mono- und Diglyceride aus GV-Soja,Xanthan, Maltit und Sorbit aus GV-Mais
Vitamin aus GVO	z. B. Vitamin E / Tocopherol aus GV-Soja
Aroma aus GVO	Aromen z. B. aus Sojaeiweiß aus GV-Soja

Tab. 4.6   Übersichtstabelle mit Beispielen, wo keine Kennzeichnungspflicht besteht, Quelle:
http://www.lebensmittelklarheit.de/informationen/gentechnik-lebensmitteln
Zugegriffen: März 2016

Keine Kennzeichnungspflicht	Beispiele
Erzeugnisse von Tieren, die mit Futtermitteln oder Futtermittelzusätzen aus GVO gefüttert wurden	Fleisch, Wurst, Fischerzeugnisse, Milch und Milchprodukte, Eier
Vitamine, Zusatzstoffe, Aromen	mit Hilfe gentechnisch veränderter Mikroorganismen hergestelltes Vitamin B2, B12 und Ascorbinsäure
Enzyme	mit Hilfe gentechnisch veränderter Mikroorganismen hergestellte Enzyme wie Chymosin – auch Labenzym genannt – zur Herstellung von Käse, Amylasen zur Umwandlung von Stärke, beispielsweise in Brot und Backwaren, Pektinasen bei der Gewinnung von Fruchtsäften

4.9   Kosten der Gentechnik

Die gentechnisch orientierte Landwirtschaft verursacht hohe Kosten, die in der konventionellen oder biologischen Landwirtschaft nicht entstehen. Das sind einerseits administrative Kosten, notwendige Kosten aus Gründen der Sicherheit und andrerseits immer wieder auftauchende hohe Kosten, weil es offensichtlich nicht möglich ist, eine unkontrollierte Verbreitung von gentechnisch verändertem Saatgut zu verhindern.

Für den ersten Bereich haben wir Zahlen für Deutschland und für den zweiten die Kosten von einigen spektakulären Kontaminationsfällen.

In Deutschland gab der Bund in der Zeit von 2008 bis 2014 ca. 16 Millionen € nur für Biosicherheitsforschung aus. Rein für administrative Zwecke (Genehmigungsprozesse für Freisetzungsversuche und Standortregister) beliefen sich die Kosten von 2008 bis 2011 auf 271.000 €.[40]

Die hier erwähnten Kosten sind reine Bundesausgaben. Sie beinhalten noch nicht die Ausgaben der Länder für die Überwachung von Lebens- und Futtermitteln auf gentechnisch veränderte Anteile und nicht die Ausgaben, die gentechnikfrei arbeitende Betriebe laufend haben, um die Gentechnikfreiheit garantieren zu können. Letztere Kosten würden sehr stark steigen, wenn gentechnisch veränderte Pflanzen in Deutschland angebaut würden, da dann alle konventionell oder biologisch arbeitenden Betriebe durch Pollenflug oder Kontamination durch Verschleppung von Ernten bedroht wären.

Die Steuerzahler und die konventionell bzw. biologisch arbeitenden Betrieben bleiben auf den Kosten sitzen, die eigentlichen Verursacher und Nutznießer der Gentechnik, die Konzerne, fahren die Gewinne.

Weitaus höher belaufen sich die Kosten, die durch Verunreinigungen verursacht werden. Von 2000 bis 2014 gab es weltweit 409 nachgewiesene Verunreinigungs-Schadensfälle. Das sind jedoch nur die Fälle, für die es Nachweismethoden gibt. Vermutlich gibt es eine mehr oder weniger hohe Dunkelziffer. In Deutschland wurden zwischen 2008 und 2012 105 Funde von Kontamination mit nichtzugelassenen Sorten registriert.

Laut Schätzungen summierten sich allein bis 2009 die dadurch verursachten Kosten auf 3,6 bis 7,5 Milliarden US $. Da es kaum Zugang zu effektiven Daten gibt, diese möglicherweise auch nicht immer genau erhoben werden, sind in diesem gesamten Problemfeld nur Schätzungen möglich. Einige besonders bekannte und spektakuläre Kontaminationsfälle sollen extra mit ihren Unkosten erwähnt werden.

Starlink-Mais von Aventis

Starlink-Mais ist in den USA nur zu Futterzwecken zugelassen. Seit 1999 traten immer wieder Kontaminationen in Lebensmitteln auf, durch Pollenflug und Kontamination von Ernten. Die geschätzten, dadurch verursachten Kosten liegen zwischen 2 und 2,7 Mrd. US $. Darin sind die Kosten einer erst 2013 aufgetauchten Kontamination von Mais, der nach Saudi-Arabien exportiert worden ist, nicht enthalten.

BT10 Mais von Syngenta

Dieser Mais war in den USA weder für Nahrungszwecke noch für die Fütterung zugelassen, kontaminierte trotzdem über Jahre hinweg Maisernten. Die Kosten dieses Schadensfalles werden auf mindestens 1,87 Mio US $ geschätzt.

Liberty Link Reis, LL601 von Bayer Crop Science

Liberty Link Reis war und ist nicht zugelassen. Ähnlich wie bei BT10 Mais verunreinigte er trotzdem zahlreiche Ernten. In fast 30 verschiedenen Ländern. Die dadurch verursachten Kosten wurden auf 1,18 bis 1,72 Mrd. US $ geschätzt.

Triffid Leinsamen FP967

Diese herbizidresistenten Leinsamen wurden von einem öffentlichen Institut in Kanada entwickelt, waren ab 1996 in Kanada und ab 1998 in den USA zugelassen. Sie wurden wegen des Exportrisikos von gentechnisch verändertem Leinsamen aber nie angebaut. 2001 wurde die Zulassung entzogen und Restbestände vernichtet. Dies verhinderte aber nicht, dass diese Sorten 2009 zuerst in Deutschland und dann in 30 weiteren Ländern als Kontamination in Samen und verarbeiteten Produkten auftauchten. Die Kosten des Schadensfalles werden auf mindestens 949 Mio US $ geschätzt.

BT 63 Reis aus China

Der insektenresistente Reis wurde in China nicht zugelassen. Seit 2005 wurde er in zahlreichen Provinzen und Lebensmitteln, inklusive Babynahrung gefunden. Bis 2014 wurden Kontaminationen in chinesischen Exportprodukten nachgewiesen. Kosten konnten in dem Fall nicht einmal schätzungsweise ermittelt werden.

Nur für diese vier Schadensfälle ergeben geschätzte Kosten von über fünf Mrd. US $. Da nicht alle Aspekte und Verunreinigungen dabei erfasst sind, wird der Schaden in Summe deutlich höher liegen. Abgesehen vom rein monetären Schaden bedeutet jede Kontamination eine Vernichtung von großen Mengen an Lebensmitteln. Dieser Aspekt ist insofern brisant, als Gentechnikbefürworter und -befürworterinnen betonen, dass die Gentechnik gerade für die Ernährung der Menschheit so wichtig sein soll.[41]

Auch auf einem anderen Gebiet entstehen durch die Gentechnik ebenfalls höhere Kosten. Gentechnische Erzeugung von neuen Pflanzensorten ist bedeutend teurer als konventionelle Züchtung. Um eine neue gentechnisch veränderte Pflanzensorte zu erzeugen fallen Kosten von ca.136 Millionen US $ an (Forschung, Entwicklung, Zulassung). Die konventionelle Züchtung einer neuen Sorte kostet aber nur rund eine Million US $. In Deutschland schlägt die Entwicklung von ökologischem Saatgut mit rund 600.000 € pro Sorte zu Buche.

Zieht man nun noch die weitaus größeren Erfolge der konventionellen Zucht im Vergleich zur gentechnologischen Produktion von neuen Sorten in Betracht (siehe Kapitel 4.11), dann erhebt sich die Frage: Wozu ist das gut?

4.10   Genetische Erosion

Infobox

Unter *genetischer Erosion* versteht man den Verlust von Genvariationen und somit Eigenschaften innerhalb einer Art beziehungsweise Population. Die Summe aller Gene einer Art wird als genetisches Reservoir oder Genpool bezeichnet. Je größer dieser Genpool ist, desto anpassungsfähiger sind Arten.

Die Sorge um den Verlust von genetischer Vielfalt und von alten oder traditionellen Kultursorten geht Hand in Hand mit der Problematik um die Koexistenz von gentechnischer und gentechnikfreier Landwirtschaft. Beide Phänomene rufen mittlerweile nicht nur bei den Gentechnikkritikerinnen und -kritikern große Besorgnis hervor und die Gentechnikfreunde und -freundinnen versuchen dies indes nicht mehr zu leugnen, sondern eher zu beschwichtigen und die Tragweite herunterzuspielen. Trotzdem ist die genetische Erosion bei weitem kein neues Thema und auch nicht alleine auf die Einführung gentechnisch veränderter Sorten zurückzuführen. Aber der großflächige Anbau gentechnisch veränderter Pflanzen verstärkt und beschleunigt den Trend weiter.

Die so genannte grüne Revolution mit ihren Hochleistungssorten und der Agrarchemie hat in der Vergangenheit bereits vor allem in Europa und den USA zum Verschwinden zahlreicher Nutzpflanzensorten geführt. Durch die Verwendung gentechnisch veränderter Pflanzen wird dieser Verlust an Genen noch beschleunigt werden. Wenn statt der vielen lokal angepassten und lokal gezüchteten Sorten nur einige wenige gentechnisch veränderte Arten angebaut werden, bedeutet das einen nicht wieder gut zu machenden Verlust an Genen und Eigenschaften für die Menschheit. Diese haben zwar einen (vermeintlich) künstlich eingebauten Vorteil, sind aber oft bei Weitem nicht so gut an lokale Umweltbedingungen angepasst. Der Verlust des genetischen Reservoirs ist besonders bitter, wenn sich die Umweltbedingungen ändern und Eigenschaften von alten bzw. anderen Sorten durch Kreuzungen zu einer schnelleren Anpassungsfähigkeit führen können. Im Hinblick auf die klimatischen Veränderungen, die sich bereits abzeichnen, ist die genetische Vielfalt vielleicht wichtiger denn je.

Das Bewusstsein um die Bedeutung der genetischen Vielfalt erreicht immer weitere Kreise der Gesellschaft und der Politik. Es wurden schon vor langer Zeit Samenbanken angelegt und Initiativen gegründet, die sich um den Erhalt alter Sorten kümmern bzw. bemühen. Mittlerweile gibt es auch Studien zum Ausmaß der genetischen Erosion, die mehr als besorgniserregend sind. Besonders dramatisch ist der Verlust von genetischem Material in Regionen, die als Ursprungsland der Sorten gelten, so etwa für Mais in Mexiko. Zum Schutz der genetischen Vielfalt versuchen zahlreiche Staaten Mittel- und Südamerikas in den letzten Jahren zurück zu rudern und verbieten gentechnisch verändertes Saatgut. Dies ist allerdings durch immer engere wirtschaftliche Verknüpfungen, die Regelungen der Welthandelsorganisationen und Freihandelsabkommen – zum Beispiel mit den USA – überaus schwierig durchzusetzen und aufrechtzuerhalten. Außerdem hat das Beispiel El Salvadors im Jahr 2015 gezeigt, dass die USA auch Gelder der Entwicklungshilfe an die Abnahme von gentechnisch verändertem Saatgut knüpfen. Ähnlicher Druck wird auch auf andere beispielsweise afrikanische Länder ausgeübt. In der EU sind derartige nationale Verbotsmöglichkeiten derzeit gegeben und gesetzlich verankert. Welchen Einfluss zukünftige Vereinbarungen oder Freihandelsabkommen wie TTIP haben werden, bleibt abzuwarten.

Ein Aspekt, den der „Umstieg" auf Hochleistungssorten mit sich bringt, ist ein erhöhter Kunstdüngerbedarf und teilweise auch Bedarf an Spritzmittel. Beides basiert auf Erdöl und bringt somit die Landwirtschaft in eine massive Erdölabhängigkeit. Bei steigenden Erdölpreisen bedeutet dies auch einen erhöhten Finanzierungsaufwand. Auch wenn die industrialisierte Landwirtschaft mit den Hochleistungssorten oder gentechnisch veränderten Sorten gut zurechtkommt, so sieht eine ökologisch verträgliche Bewirtschaftung doch bedeutend anders aus.

4.11   Alternativen zur gentechnischen Veränderung von Pflanzen

Gentechnik wird korrekterweise von Befürwortern und Befürworterinnen als eine Methode bezeichnet, die über die Möglichkeiten der Züchtung hinausgeht. Das ist auch der Grund, weshalb sie als unabdingbar notwendig bezeichnet wird, um die bestehenden und auf uns zukommenden Probleme der Welternährung zu lösen: Höhere Ernten oder mehr wertvolle Inhaltsstoffe um den Hunger in der Welt zu stillen, Anpassung an geänderte Klimaverhältnisse oder versalzene Böden etc.

In der Realität findet man in gentechnisch veränderten Pflanzen aber vor allem Herbizidresistenz und Insektenresistenz mit all ihren Problemen, die in Summe keine höheren Erträge liefern. Auch neuere Pflanzen, wie eine Aubergine, die seit 2014 in Bangladesch im Versuchsanbau ist, haben die bekannte Insektenresistenz, die die Pflanze für den Hauptschädling zum tödlichen Gift werden lässt.

Bislang gibt es – trotz der vielen Versprechungen der letzten zwei Jahrzehnte – nur erstaunlich wenige Pflanzensorten mit anderen Eigenschaften, als die erwähnten Resistenzen. Die Zahl der Sorten, die tatsächlich über das Forschungs- und Versuchsstadium hinausgekommen sind und angebaut werden, ist überschaubar. Auch ertragreichere Sorten sind ausgeblieben. Einen Überblick gibt die folgende Tabelle:

Tab. 4.7 Übersicht über gentechnisch veränderte Pflanzen mit anderen Eigenschaften als die bekannten Resistenzen gegen Herbizide und Insekten (nach: http://www. transgen.de/aktuell/1546.gentechnik-pflanzen-nadeloehr.html; Zugegriffen: März 2016)

Sorte/Art	Eigenschaft durch gentechnische Veränderung	Zulassung	Entwickelt in
Apfel	Nicht bräunend	zugelassen 2015	USA
	Resistenz gegen Apfelschorf	Feldversuche seit 2012	Europa
Aubergine	Resistenz gegen Auberginen-Fruchtbohrer	Seit 2014 Versuchsanbau in Bangladesch	Indien, Bangladesch
Banane	Pilz- u. Bakterien Resistenz	Feldversuche in Uganda	Afrika
Cassava	Anreicherung mit Zink, Eisen, Vit.A	Feldversuche in Kenia, Nigeria	Afrika
Gartenbohne	Virusresistenz	zugelassen 2011	Brasilien
Hirse	Anreicherung mit Zink, Eisen	Feldversuche in Burkina Faso, Kenia, Nigeria	Afrika
Kartoffel	weniger Acrylamid	Zugelassen 2014	USA
	Resistenz gegen Kraut- und Knollenfäule	Feldversuche seit 2009	Europa
Luzerne	weniger Lignin	zugelassen 2014	USA
Mais	Trockentoleranz	zugelassen 2013	USA
Reis	Anreicherung mit Zink, Eisen	Kurz vor Markteinführung in Bangladesch	Harvest Plus Program
	Anreicherung mit Pro-Vitamin A – Golden Rice	Feldversuche auf den Philippinen, kurz vor Markteinführung	Europa, Asien
Sojabohne	Verändertes Fettsäuremuster	Zugelassen 2009, 2011	USA Kanada
Zitrusfrüchte	Resistenz gegen Citrus Greening	Feldversuche seit 2009	USA
Zuckerrohr	Trockentoleranz	Zugelassen 2013	Indonesien
Weizen, Mais, Soja, Zuckerrohr	Trockentoleranz	Feldversuche in Argentinien	USA Argentinien

Selbst unter den zugelassenen Sorten entspricht die Realität nicht immer den Erwartungen. Eine unabhängige Untersuchung des trockenheitsresistenten Mais von Monsanto ergab, dass diese Pflanzen nur bei milden Dürren bestanden und auch dann nur bescheidene Erträge ergaben.

Dem gegenüber konnte mit traditioneller Züchtung in den letzten Jahren eine große Zahl an Nahrungspflanzen mit zusätzlichen positiven Eigenschaften wie Stresstoleranzen, Resistenzen, verbesserten Inhaltsstoffen oder auch höheren Erträgen entwickelt werden. Im Gegensatz zur gentechnischen Entwicklung sind die meisten dieser Pflanzen sehr schnell im Einsatz, da sie keine langen und aufwendigen Zulassungsverfahren durchlaufen oder Sicherheitsrisiken darstellen.

Die folgende Liste gibt einen Überblick über konventionelle, erfolgreiche Züchtungen.

Nahrungspflanzen mit höherem Nährstoffgehalt (Biofortifikation):

- Süßkartoffeln, die besonders reich an Beta-Carotin sind, werden bereits in Mosambik von zahlreichen Kleinbäuerinnen und Kleinbauern angepflanzt. Die Sorte wurde schon 1990, unter Einbeziehung der lokalen Bauern und Bäuerinnen entwickelt und leistet inzwischen nicht nur einen Beitrag zur Behebung von Mangelernährung, sondern auch zum Familieneinkommen.
- Bananen mit orangem Fruchtfleisch und höherem Vitamin A-Gehalt wurden früher auf vielen Inseln im Pazifik, von Indonesien bis Hawaii gepflanzt. Inzwischen werden sie im Rahmen eines Projektes in Mikronesien wieder eingesetzt.
- Eine neue orange Maissorte, die mehr Vitamin A enthält, sehr ertragreich und weniger schädlingsanfällig ist, kam, ebenfalls in Afrika, bereits auf den Markt.
- Der im Kapitel 4.3 näher erwähnte Green Super Rice ist ein Beispiel für eine deutliche Ertragsteigerung, die bislang mit Gentechnik nicht erreicht werden konnte.

Trockenheitsresistenz:

- Während der letzten Jahre wurden in Afrika zehn verschiedene Maissorten gezüchtet, die gegenüber Dürreperioden weniger empfindlich sind.
- In Japan gelang die Züchtung einer Reissorte, die weniger trockenheitsempfindlich ist, da ihre Wurzeln tiefer gehen als die der üblichen Reispflanzen.
- Weniger empfindlich für Dürre und mit höherem Ertrag sind gleich zwei Bohnensorten, die ebenfalls in Zusammenarbeit mit Bauern und Bäuerinnen in Burkina Faso entwickelt worden sind.

Besonders ertragreiche Sorten:

* Neben den oben erwähnten Bohnensorten, gibt es inzwischen eine weitere sehr ertragreiche Bohnensorte im Kamerun, die außerdem gegen mehrere Schädlinge resistent sind.

Abb. 4.8

Bohnenjungpflanze

Quelle: eigenes Foto

Da viele Böden versalzen, ist Salztoleranz eine zunehmend wichtige Eigenschaft:

* Ein chinesisch-australisches Forscher- und Forscherinnenteam hat in alten Soja-Sorten und Soja-Wildpflanzen ein Gen für Salztoleranz gefunden, das im Weiteren in gängige Sorten eingekreuzt werden kann.
* Eine in den Niederlanden entwickelte Kartoffel gedeiht auch auf versalzenen Böden und wird seit 2014 in Pakistan versuchsweise angepflanzt.
* Auch bei Reis konnte durch Kreuzung mit wilden Reispflanzen eine neue, ertragreiche und sehr salzresistente Sorte gezüchtet werden.
* Afrikanische Wissenschaftler und Wissenschaftlerinnen in Tansania haben einen Reis gezüchtet, der sowohl salztolerant ist, als auch auf schlechten Böden höhere Erträge liefert. Der Reis wird 2016 bereits auf 680 Hektar angebaut.

Weitere neue Sorten mit erwünschten Eigenschaften:

* Insektenresistenz konnte in Peru aus einer Wildpflanze in eine Zuchttomate eingekreuzt werden.
* Eine blaue Tomate mit hohem Gehalt an Antioxidantien steht kurz vor der Marktreife.
* Britische Forscher entwickelten eine Futtererbse mit besserer Eiweißverfügbarkeit, die in ca. fünf Jahren verfügbar sein soll.

Vor allem in den Ländern des Südens stellen gentechnisch veränderte Pflanzen eine von außen aufgestülpte, postkolonialistische, nicht angepasste Technologie dar. Sie berücksichtigt wenig die lokalen, oft Jahrhunderte alten züchterischen Erfahrungen. Außerdem geht mit den gentechnisch veränderten Pflanzen die Selbständigkeit der Bäuerinnen und Bauern und die Kontrolle über das eigene Saatgut verloren. Nicht von ungefähr sind es vor allem Bauernverbände, die sich sehr oft gegen die Einführung gentechnisch veränderter Pflanzen wehren.

Im Gegensatz zu vielen gentechnisch veränderten Pflanzen sind neue Züchtungen meist aus dem Land selber oder in Kooperation mit der lokalen Bevölkerung entwickelt worden. Sie sind deswegen auch an die lokalen Gegebenheiten angepasst. Es gibt dabei auch keine Gegenbewegungen, da es weder ein ökologisches noch ein soziales Risiko gibt. Es besteht auch nicht die Gefahr, dass der Saatgutpreis plötzlich ansteigt und zur Belastung wird. Die Sorge ist begründet, da wiederholt die an sich schon höheren Preise für gentechnisch verändertes Saatgut mit der Zeit noch gestiegen sind.

Bauern und Bäuerinnen können konventionell, lokal gezüchtete Sorten problemlos wieder anbauen und tauschen. Im Gegensatz zu patentierten, gentechnisch veränderten Pflanzen kann damit auch weiter gezüchtet werden, wodurch diese kein totes Züchtungsende darstellen, sondern weitere Möglichkeiten eröffnen.

Gentechnisch veränderte Tiere 5

Bereits in den 80er Jahren konnte ein fremder DNA-Abschnitt in das Erbgut einer Maus eingebaut werden. Kurze Zeit später eilten Meldungen über die ersten transgenen Nagetiere um die Welt. Doch in Summe ist die gentechnische Veränderung von Tieren, vor allem bei Säugetieren, im Vergleich zu Mikroorganismen oder Pflanzen bedeutend schwieriger. Bei Tieren genügt es nicht, eine Körperzelle in der Zellkultur zu verändern, denn aus einer isolierten Kuhzelle wird keine Kuh. Es müssen Eizellen oder befruchtete Eizellen manipuliert werden und zumeist künstliche Befruchtungen vorgenommen werden. Viele Projekte mit veränderten Schweinen, Schafen oder Kühen endeten unter anderem aufgrund der größeren Herausforderung als Flop, weil die Tiere krankheitsanfällig waren oder unter Organ- und Gelenkschäden litten. Viele Entwicklungen verliefen sich auch aus Kostengründen im Sand. Gentechnisch veränderte Säugetiere werden daher derzeit ausschließlich für die Medikamentenproduktion eingesetzt. Deutlich einfacher ist die genetische Manipulation etwa bei Fischen oder Insekten. Somit sind es derzeit auch ebendiese Tiergruppen, die als gentechnisch veränderte Tiere bereits eine Zulassung haben bzw. in absehbarer Zeit bekommen werden. Die neuen Verfahren des Genome Editing zur Veränderung der DNA werden den gesamten Bereich der Gentechnik revolutionieren und auch der gentechnischen Veränderung von Tieren ganz neue Möglichkeiten eröffnen. An dieser Stelle sollen anhand von Beispielen Theorie und Praxis transgener Tiere beleuchtet werden.

5.1 Fische

Die gentechnisch veränderten, schneller wachsenden („Turbo"-) Lachse aus den USA, sind bereits seit Jahren in den Schlagzeilen um die Markteinführung. Dass die Forschung bei Fischen weit fortgeschritten ist, liegt an der einfachen Hand-

habung, da eine große Eimenge zur Verfügung steht und sowohl Befruchtung als
auch Entwicklung außerhalb des Körpers stattfinden. Das ist wohl auch der Grund,
warum viele verschiedene Fischarten in mehreren Ländern (z.B.: USA, Kanada
und Japan) gentechnisch verändert werden. Die Veränderungen gehen vor allem
in Richtung schnelleres Wachstum bzw. Steigerung der Muskelmasse. Daneben
wird aber auch an Anpassungen an andere Wassertemperaturen und an Krankheitserreger geforscht. Neben den gentechnisch veränderten Lachsen haben auch
die veränderten Zierfische unter dem Namen Glofish eine Zulassung.

Die *Turbolachse* (Handelsname AquAdvantage) der Firma AquaBounty Technologies sind die ersten transgenen Tiere, die für den Verzehr durch den Menschen
gedacht sind. Dabei wurden dem atlantischen Lachs ein Gen für ein Wachstumshor-
mon des Königslachses und ein Regulationsgen eingesetzt, die gemeinsam zu
einem bedeutend schnelleren Wachstum führen. Die gentechnisch veränderten
Lachse erreichen – verglichen mit nicht veränderten atlantischen Lachsen – bereits in der halben Zeit (1,5 Jahre) ihr Schlachtgewicht (siehe Abb. 5.1). Angesichts
der schwindenden Fischbestände und der großen Nachfrage ist dies natürlich ein
interessantes Geschäftsfeld. Die Fischeier für die Aquakulturen werden in Kanada produziert und die Aufzucht der Fische erfolgt in Panama. Der Widerstand
in den USA, wo die Zulassung zum Verzehr schon vor Jahren beantragt wurde,
ist allerdings groß. 2014 haben viele große Handelsketten bekannt gegeben, den
gentechnisch veränderten Lachs nicht zu verkaufen, sollte er zugelassen werden.
Die zuständige Zulassungsbehörde in den USA hat die Lachse bereits 2010 nach
den Richtlinien zur Bewertung von Lebensmitteln von gentechnisch veränderten
Tieren als unbedenklich eingestuft. Die Zulassung verzögerte sich aber immer
wieder bis Ende 2015. Seither darf der Lachs aber ohne besondere Kennzeichnung
in den USA verkauft werden. Die Zulassungsbehörde hat eine Kennzeichnung
lediglich empfohlen.

Abb. 5.1

Gentechnisch veränderter
Lachs: Die Abbildung zeigt
einen gentechnisch verän-
derten Lachs (Hintergrund)
und einen natürlichen
Lachs (Vordergrund) im
Vergleich. © AquaBounty
Technologies

Infobox

Aquakulturen sind abgegrenzte Zonen in natürlichen Gewässern, abgegrenzte künstliche Teiche oder geschlossene Gefäße zur Aufzucht von Wasserlebewesen (Fische, Muscheln, Garnelen, ...).

Hormone sind Botenstoffe des Körpers, die von Organen bzw. Geweben oder Drüsen gebildet werden und auf bestimmte Zielzellen wirken. Das Hormonsystem ist ein sensibler Steuerungsmechanismus. Ein Beispiel hierfür ist Insulin (siehe Kapitel 7.1).

In der *Praxis* zeigt sich, dass Umweltbehörden und Fischereiverbände die Zulassung vehement ablehnen. Ein wichtiges Argument dabei ist, dass die veränderten Lachse aus den Tanks der Aquakulturen entkommen könnten, sich verbreiten und andere Fischarten verdrängen. Um dem gegenzusteuern, sollen nur unfruchtbare Weibchen vermarktet werden und die Tanks der Aquakulturen nicht an natürlichen Gewässern gelegen sein. Letztlich kann aber ein Entkommen transgener Tiere nie hundertprozentig ausgeschlossen werden. Die Folgen sind völlig unabsehbar und nicht rückgängig zu machen.

Betrachtet man die Probleme der normalen Lachs-Aquakulturen in Norwegen oder anderswo, so ist fraglich, ob man diese Lachse – gleichgültig, ob gentechnisch verändert oder nicht – überhaupt essen mag. Die Belastung der Fische mit Medikamenten und anderen Stoffen ist enorm und von gesundem Fisch kann wohl kaum noch die Rede sein. Auch die Belastung der Gewässer durch diese Art der Fischhaltung ist beträchtlich.

Durch die erhöhte Menge an Wachstumshormonen in den veränderten Tieren ist fraglich, welche Auswirkungen diese Extrahormondosis auf den Konsumenten bzw. die Konsumentin hat. Außerdem kann man die Fleischqualität anzweifeln, wenn die Tiere in derart kurzer Zeit heranwachsen. In den nächsten Jahren wird sich zeigen, wie die Konsumentinnen und Konsumenten auf den neuen Lachs reagieren. Offen ist derzeit noch, wie die Handelsketten die freiwillige Kennzeichnung handhaben und ob die Konsumentinnen und Konsumenten eine Wahl haben werden.

Bereits im Handel erhältlich sind gentechnisch veränderte Zierfische. Unter dem Handelsnamen *Glofish* sind bereits drei Fischarten in verschiedenen Farben erhältlich. Den Tieren wurde ein Gen für ein fluoreszierendes Protein je nach Farbe zum Beispiel von einer Koralle oder einer Qualle eingebaut. Damit entstanden 2004 die ersten gentechnisch veränderten Haustiere. In der Europäischen Union ist der Vertrieb und die Zucht von gentechnisch veränderten Tieren verboten, aber es hat natürlich nicht lange gedauert, bis die ersten illegal eingeführten Tiere in

Deutschland aufgetaucht sind. In den USA ist für den Handel mit Glofish nicht einmal eine Genehmigung erforderlich. Die Folgen von entkommenen gentechnisch veränderten Fischen in die freie Wildbahn werden zwar in den US-Medien diskutiert, aber die Behörden sind bisher untätig, weil es sich um kein Lebensmittel handelt.

5.2   Insekten

Insekten sind die artenreichste Tierklasse, haben nahezu alle Lebensräume besiedelt und spielen verschiedenste ökologische Rollen, die großteils als unentbehrlich bezeichnet werden können. Neben den beliebten Nützlingen, wie der Honigbiene, wäre die Liste an, für den Menschen oder das Ökosystem, vorteilhaften Insekten wohl schier unendlich.

Für den Menschen haben aber manche Insekten die ungünstige Eigenschaft, Krankheitserreger zu übertragen oder Nutzpflanzen zu essen. Vor allem zum zweiten Punkt muss bemerkt werden, dass die technisierte Landwirtschaft mit den Monokulturen ein massenhaftes Vermehren der Schädlinge erst ermöglicht. Die gentechnische Entwicklung der letzten Jahre hat veränderte Insekten hervorgebracht, die die Fortpflanzung der jeweiligen Art beeinträchtigen soll. Somit dezimiert man durch den Eingriff ganze Insektenarten bzw. rottet diese gezielt aus. Diese Technologie wurde bereits in den 1950er Jahren mit Hilfe radioaktiv bestrahlter und somit sterilisierter Insekten in den USA entwickelt und erfolgreich eingesetzt. Die radioaktive Bestrahlung kann mittlerweile durch gentechnische Eingriffe ersetzt werden. Die eingebauten Gene in das Erbgut männlicher Insekten stören die Zellfunktionen beim Nachwuchs und führen so zu deren Absterben (Release of Insects carrying a Dominant Lethal kurz RIDL – Technik).[42] Bei der Tigermücke oder der Olivenfliege aber auch anderen Insektenarten wurde diese Technik bereits angewandt.

Infobox

Bei der „Release of Insects carrying a Dominant Lethal" kurz „RIDL – Technik" handelt es sich um eine bereits 2000 beschriebene Vorgehensweise. Wie der Name schon sagt, handelt es sich um eine Technik der Insektenbekämpfung, indem manipulierte Tiere mit einem dominaten, tödlichen Gen freigelassen werden. Dieses Gen, dabei gibt es verschiedene Möglichkeiten, beeinträchtigt dann die Fortpflanzung und verhindert fruchtbare Nachkommen.

Gene Drive ist eine Technik, bei der sich das gentechnisch veränderte Gen immer durchsetzt und sogar die zweite Variante des Gens umschreibt. Somit erhalten unabhängig von den Merkmalen der Geschlechtspartner nahezu 100 Prozent der Nachkommen das veränderte Gen und dadurch das entsprechende Merkmal. Innerhalb weniger Generationen können so ganze Populationen unumkehrbar verändert werden.

Diese Technik wurde zum Beispiel von Oxitec (das britische Unternehmen wurde im Sommer 2015 von Intrexon, einem US-amerikanischen Unternehmen übernommen) bei der *ägyptischen Tigermücke* eingesetzt. Diese Mückenart überträgt die Erreger des Dengue-Fiebers und Gelbfiebers. In verschiedenen Freisetzungsversuchen konnten die örtlichen Populationen um 80 und mehr Prozent dezimiert werden. 2014 bekam diese gentechnisch veränderte Tigermücke in Brasilien die Zulassung. Die rasche Ausbreitung des Zika-Virus Anfang 2016, das unter anderem auch von dieser Mückenart übertragen wird, gibt dem Kampf gegen die Tigermücke neuen Aufwind. Die gentechnisch veränderten Mücken könnten durch diese neue, zusätzliche Bedrohung auch in anderen, betroffenen Ländern eine Zulassung erhalten. Ähnliche Techniken werden auch zur Bekämpfung der Malaria übertragenden Mücken bereits getestet, wie eine Studie von Anfang 2016 zeigt.[43]

Viele Umwelt- und Landwirtschaftsorganisationen laufen wegen der vielen *Risiken* Sturm gegen die Zulassung von gentechnisch veränderten Insekten. Sie warnen besonders vor Organismen mit einem so genannten „Gene Drive" Effekt. Unter „Gene Drive" versteht man den Einbau von Genen, die sich auf die Häufigkeit der Vererbung auswirken. Während Merkmale normalerweise nur an einen Teil der Nachkommen weitergegeben werden, gibt es gentechnische Verfahren, die zu einer Weitergabe der gentechnisch veränderten Merkmale auf alle Nachkommen führen. Dieses neue Merkmal würde sich extrem schnell in natürlichen Populationen verbreiten, weil es sich allen Wildformen aufzwingt (siehe Abb. 5.2). Mit dieser Technik lassen sich Arten unwiederbringlich und vollständig verändern, ohne eine Chance, dass sich das veränderte Merkmal im Laufe der Zeit durch Kreuzungen mit Wildformen ausdünnt. Internationale Regelungen oder Verbote gegen die Verwendung derartiger Technologien gibt es nicht.

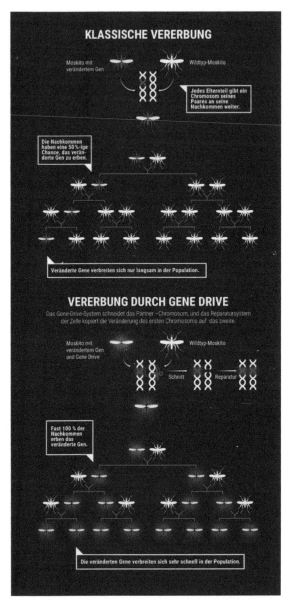

Abb. 5.2   *Gene Drive*: Diese Gegenüberstellung von klassischer Vererbung und Vererbung durch Gene Drive zeigt die unterschiedliche Häufigkeit der veränderten Gene

in der Population. Während bei der klassischen Vererbung 50 Prozent der Nachkommen das veränderte Gen tragen und es im Laufe der Zeit zu einer Ausdünnung kommt, sind bei der Vererbung durch Gene Drive (nahezu) 100 Prozent der Nachkommen betroffen. In einigen Generationen kann so die gesamte Population verändert werden. © Wesley Fernandes/Nature; dt. Bearbeitung: Spektrum der Wissenschaft; Ledford, H.: CRISPR, the disruptor. In: Nature 522, S. 20-24, 2015 (Ausschnitt)

Die Bevölkerung der Regionen, in denen Dengue – Fieber eine verbreitete Krankheit ist, nimmt das Risiko der gentechnischen Veränderung natürlich gerne in Kauf, weil die Bedrohung durch die Krankheit um ein Vielfaches beängstigender ist. Aus der Entfernung betrachtet ist die Entwicklung allerdings sehr rasch vorangeschritten und basiert auf einer einzigen Technologie, nämlich der RIDL – Technik der Firma Oxitec. Gerade Insekten sind bekannt dafür, schnell Resistenzen auszubilden, was auch bei dieser Technik möglich ist. Wenn die gentechnisch veränderten Mücken also nicht, wie vorgesehen, absterben, ist nicht absehbar, wie sie sich in freier Wildbahn weiterentwickeln und verhalten werden. Ähnlich wie schon bei den Bt-Giften beschrieben, kann der Erfolg der Methode zu einer Ausrottung des Hauptschädlings führen, was die ökologische Nische für andere Insekten öffnet. Es wird somit das Problem möglicherweise nur kurzfristig beseitigt werden.

Eine Art gezielt auszurotten, hat immer Folgen für das ökologische Zusammenspiel. Keine Art ist isoliert, sondern über vielfältigste Wechselbeziehungen (Nahrungsbeziehungen, Symbiosen, ...) mit anderen verbunden. Die Folgen einer Ausrottung oder extremen Dezimierung können verschiedenste Auswirkungen auch auf andere Lebewesen oder Lebensräume haben, deren Zusammenhänge vielleicht nicht bekannt oder nicht gut genug erforscht sind.

Die RIDL – Technik soll auch bei anderen Schädlingen, wie dem Baumwollkapselwurm oder der *Olivenfliege* in absehbarer Zeit eine Zulassung erhalten. Ein entsprechender Antrag der Firma Oxitec für die Zulassung der Olivenfliege in Spanien wurde bereits zweimal, zuletzt im Herbst 2015, zurückgezogen. Auch Freilandversuche wurden bisher von den spanischen Behörden nicht genehmigt. Es wären dies die ersten Freilandversuche mit gentechnisch veränderten Tieren in Europa gewesen.

Der Schädlingsdruck der Olivenfliege, die mit großen Mengen an Insektiziden behandelt wird, ist auf den Olivenplantagen im gesamten Mittelmeerraum groß. Die Fliege legt ihre Eier in bzw. auf die Olivenfrüchte und die Larven ernähren sich dann vom Fruchtfleisch.

Die gentechnisch veränderten Olivenfliegenmännchen tragen ein Genkonstrukt in sich, das dazu führt, dass alle weiblichen Nachkommen bereits im Larvenstadium sterben. Der männliche Nachwuchs überlebt, trägt aber wieder das tödliche Gen für alle weiblichen Nachkommen in sich.

Die Menge an Insektiziden, die in den Olivenplantagen eingesetzt wird, ist freilich keinesfalls begrüßenswert. Ob die Ausrottung der Olivenfliege durch gentechnisch veränderte Männchen jedoch einen dauerhaften Erfolg bringen kann, ist fraglich. Die *Problematik*, dass andere Schädlinge den Platz einnehmen werden, wurde bereits mehrfach angesprochen. Eine Störung des ökologischen Gleichgewichts, die durch das Fehlen einer ganzen Art bestimmt auftritt, kann ungeahnte Folgen nach sich ziehen.

Es ist mit einer Ausbreitung der veränderten Fliege auf den gesamten Mittelmeerraum zu rechnen, weil wohl kein Mechanismus die Olivenfliege bei einem „Freilandversuch" zu 100 Prozent einsperren kann. Somit kommt ein Testlauf wohl einem Oneway-Ticket gleich.

Die toten Tiere gelangen zudem in die Nahrungskette und werden von Vögeln oder anderen Tieren verspeist. Welche Folgen das haben könnte, ist weitgehend unklar. Lediglich eine Studie, allerdings von Oxitec selbst, sieht darin kein Problem.

Greenpeace argumentiert auch, dass eine Ausbreitung der gentechnisch manipulierten Olivenfliege auf Bio-Olivenplantagen zum Verlust der Bio-Zertifizierung führen und somit einem Zweig der Olivenindustrie vielleicht sogar schaden könnte. Ein vorübergehender Schaden könnte die gesamte Olivenindustrie treffen, wenn nämlich die toten Olivenfliegenlarven nicht aus den Früchten schlüpfen, sondern darin verwesen. Die Oliven würden äußerlich gut aussehen, wären aber für den Verzehr wenig geeignet.

Ein weiteres gentechnisch verändertes Beispielinsekt der Firma Oxitec ist die Kohlmotte. Auch hier soll mit der gleichen Technik wie bei Tigermücke oder Olivenfliege die Art zum Aussterben gebracht werden. Die Vor- und Nachteile sind nahezu ident. Die gentechnisch veränderte Kohlmotte könnte im Bundesstaat New York schon bald in das Freiland entlassen werden. Eine diesbezügliche Entscheidung steht bevor.

5.3   Säugetiere

Bei Säugern ist die gentechnische Veränderung etwa mittels Mikroinjektion deutlich komplizierter als etwa bei Fischen. Die Gewinnung der Eizellen ist deutlich mühevoller, sowohl die gentechnische Veränderung mittels Mikroinjektion oder mit Hilfe von Viren als auch das Austragen der Embryonen langwieriger. Um gentechnisch veränderte Merkmale an folgende Generationen weitergeben zu können, ist mitunter auch das Klonen der Tiere notwendig. Dieser gesamte Aufwand bringt zumeist nur extrem niedrige Erfolgsquoten. Die zahlreichen Versuche an Schweinen, die schneller wachsen oder Schafen, die mehr Wolle produzieren sollten, sind nach wie vor immer wieder in den Schlagzeilen, aber letztlich ist in der landwirtschaftlichen Praxis nichts angekommen. Außer der Erfahrung, dass die Tiere, wie eingangs schon angesprochen, während ihres Lebens viele ungünstige Nebeneffekte (vor allem Krankheiten) entwickelten, ist in der Vergangenheit wenig geblieben. In Summe war dieser Bereich wirtschaftlich wenig interessant, weil durch herkömmliche Züchtungsmethoden schon Hochleistungsrassen entstanden sind, so dass das Potential durch gentechnische Veränderung letztlich wohl eher begrenzt war. Trotzdem wird weiter an gentechnisch veränderten Nutztieren gearbeitet und mit den neuen technischen Möglichkeiten wird sich in den nächsten Jahren sehr vieles bewerkstelligen lassen, was bisher nicht möglich oder erfolgreich war. Ob diese Revolution sich als so vorteilhaft erweisen wird, wie jetzt angepriesen, wird sich zeigen.

Die derzeitigen Anwendungen bei Säugetieren liegen vor allem im Bereich der roten Gentechnik: so gibt es Ziegen, die mit ihrer Milch Medikamente produzieren und unzählige weitere Wirkstoffe aus transgenen Tieren sind in der Pipeline (siehe Kaptitel 7.1). Eine zweite Anwendung liegt in der Transplantation von inneren Organen von Schweinen, die vom menschlichen Immunsystem nicht abgestoßen werden (siehe Kapitel 7.4). Nicht zu vergessen ist auch die wohl wichtigste Anwendung für die moderne Forschung, die unzähligen gentechnisch veränderten Knock-out-Mäuse, die in den Laboren dieser Welt erforscht werden.

Die neue CRISPR/Cas-Methode ist nur eine der neuen Techniken, die noch nicht reguliert und juristisch noch nicht definiert sind und somit keinen speziellen Vorschriften unterliegen. Das führt zu allerlei neuen Meldungen, auch aus dem Bereich der manipulierten Säugetiere. So wurde die DNA von Hunden durch chinesische Forscher so verändert, dass diese mehr Muskelmasse produzieren und somit besser für Jagd- und Polizei-Einsätze geeignet sind. Veränderte Schweine mit doppelt so viel Muskelmasse gegenüber Artgenossen wurden von der Universität in Seoul gemeldet. Auch Resistenzen gegen Krankheiten werden mittels „kleiner" Modifikationen in den Genen bereits erfolgreich bei Tieren angewendet. Zahlreiche Forschungsprojekte melden Erfolge mit gleichzeitig geringerem Aufwand und niedrigeren Kosten. Praktische Anwendungen und Zulassungsanträge sind nur eine Frage der Zeit. Fraglich ist allerdings, worin genau der Nutzen dieser Möglichkeiten liegt. Noch bedeutender scheint aber eine andere Überlegung: Die Muskeln sind Teil des Bewegungsapparates. Sorgt eine gentechnische Veränderung für eine Zunahme der Muskelmasse, belässt gleichzeitig aber Knochen, Sehnen und das Herz-Kreislauf-System außer acht, so ist fraglich, wie die Tiere mit der zusätzlichen Belastung zurechtkommen werden. Normalerweise geht ein Zuwachs an Muskelmasse mit Bewegung, Training und körperlicher Fitness einher und der Körper hat Zeit sich daran anzupassen. Evolutionär entwickelt sich ein Körper als Gesamtes langsam weiter beispielsweise zu einem kräftigeren Körperbau und nicht ein isolierter Teil davon, so wie es durch den gentechnischen Eingriff erfolgt.

Bereits seit den 1980er Jahren gibt es die gentechnische Veränderung an Mäusen. Bei den sogenannten *Knockout Mäusen* werden durch gezielte gentechnische Eingriffe meist einzelne Gene ausgeschaltet bzw. verändert. Dieser Eingriff erfolgt an embryonalen Mausstammzellen, sodass die Nachkommen ebenfalls diese Eigenschaften tragen. Für die Technik zur Herstellung einer Knockout Maus erhielten drei Forscher 2007 den Nobelpreis für Physiologie oder Medizin. Diese mittlerweile langjährig erprobte Methode wird derzeit durch die neue Genome Editing Methode abgelöst. Mit dieser Technik kann das Mausgenom in befruchteten Maus-Eiern verändert werden ohne embryonale Mausstammzellen. Diese Knockout Maus Produktion in einem Schritt ist demnach weniger aufwendig und somit schneller und billiger.

Mit Hilfe der Knockout Mäuse ist es möglich, einzelne Gene abzuschalten und am lebenden Tier zu erforschen, welche Auswirkungen das hat. So kann man herausfinden, wofür dieses einzelne Gen zuständig ist.

Für manche Fragestellungen werden auch Knockin Mäuse verwendet. Dabei werden keine Gene ausgeschaltet, sondern es wird zusätzliche DNA eingebaut. Der ersten Knockin Maus wurde zum Beispiel ein Krebs auslösendes Gen eingepflanzt, um den Krankheitsverlauf untersuchen zu können.

Der Erfolg der Knockout Mäuse hat in der *Praxis* auch seine Schattenseiten. In Summe gibt es in den Laboren dieser Welt tausende gentechnisch veränderte Mauslinien, an denen geforscht wird. Mit der Einführung der gentechnischen Veränderung von Versuchstieren ist auch die Zahl der verwendeten Tiere angestiegen. Während die Zahl der Tiere, die zur Prüfung von (giftigen) Substanzen eingesetzt werden leicht zurückgeht, steigt die Anzahl jener Tiere, die im Bereich Grundlagenforschung oder Gentechnik eingesetzt werden. So wurden in Deutschland 2013 über 2 Millionen Mäuse, 375 Tausend Ratten, aber auch 793 Katzen oder 2.542 Hunde verwendet.[44] In Österreich wurden 2014 209.000 Versuchstiere verwendet, wobei auch hier 83 Prozent Mäuse waren.[45] Bei diesen Zahlen sind natürlich nur jene Tiere erfasst, die tatsächlich verwendet wurden, alle anderen scheinen nicht in der Statistik auf. Die „Dunkelziffer" dürfte aber beeindruckend hoch sein.

Die Tiermodelle sind nach Meinung vieler unverzichtbar. Trotzdem ist etwa in der Grundlagenforschung fraglich, ob alle Fragestellungen eine Verwendung von Versuchstieren rechtfertigen oder auch Alternativen, wie Zelllinien oder Gewebekulturen, ähnliche Ergebnisse bringen könnten. Im Bereich der Medizin ist immer wieder umstritten, ob die Ergebnisse von Mäusen auf den Menschen umgelegt werden können, vor allem bei Medikamenten. Ähnliches gilt natürlich auch für die Fütterungsstudien. Trotzdem ist es gängige Praxis, Tiere in unglaublichen Stückzahlen künstlich krank zu machen.

Neben den Mäusen gibt es viele andere Tiermodelle, die zur Simulation von menschlichen Krankheiten, zum Testen von Medikamenten und anderem herangezogen werden. In vielen Laboren der Welt wurden sehr häufig Schimpansen, aufgrund ihrer nahen Verwandtschaft zum Menschen, eingesetzt. Auch deren gentechnische Veränderung ist seit Jahren immer wieder in den Schlagzeilen, vor allem, wenn es um die Diskussion der Patentierung von Lebewesen geht.

Weltweit werden derzeit viele neue Anläufe unternommen um mit neuen genomchirurgischen Eingriffen (z.B.: CRISPR) die DNA der *Tiere* zu „*verbessern*". Auch die Anpassungen der Nutztiere sind dadurch wieder vermehrt in den Fokus gerückt. Schon jetzt häufen sich Meldungen über schnelleres Wachstum, mehr Muskelmasse oder ähnliche „günstige" Eigenschaften, die mit den neuen Verfahren einfacher in die Praxis umzusetzen sind.

Die Politik muss deshalb schnell aktiv werden und sich mit den neuen Methoden der gentechnischen Manipulation auseinandersetzen. Es werden in den nächsten Jahren viele veränderte Tiere marktreif sein und dann braucht es unabhängige Analysen, um Gefahrenpotentiale zu bewerten und auf deren Basis Entscheidungen zu treffen. Die derzeitige Vorgangsweise in vielen Bereichen der Gentechnik, aber auch anderen Bereichen, sich auf Studien der Unternehmen als Bewertungsgrundlage zu verlassen, scheint mehr als zweifelhaft.

Gentechnisch veränderte Mikroorganismen

6

Infobox

Mikroorganismen sind kleine Lebewesen, die mit freiem Auge nicht sichtbar sind. Dazu gehören die Bakterien, Archaebakterien, ein Teil der Pilze, wie etwa die Hefen, viele Algen und Einzeller. Viren gehören nicht dazu, weil sie über keinen eigenen Stoffwechsel verfügen und biologisch gesehen keine Lebewesen sind.

Obwohl den gentechnisch veränderten Mikroorganismen in der Öffentlichkeit wenig Beachtung geschenkt wird, betreffen sie unser tägliches Leben in so vielen Bereichen. Sei es mit Zusatzstoffen und Enzymen in der Lebensmittelindustrie oder mit Enzymen in der Waschmittelindustrie oder bei der Herstellung von Wirkstoffen vieler Medikamente. Dass diese Entwicklung an der breiten Masse recht spurlos vorübergeht, liegt an der, in den meisten Fällen, nicht notwendigen Kennzeichnungspflicht.

6.1   Anwendungen in der Lebensmittelindustrie

Die derzeitigen Ernährungstrends mit immer mehr Teil- und Ganzfertigwaren verlangen nach immer mehr Zusätzen und Nahrungsergänzungen – gar nicht zu reden vom wachsenden Markt des ‚functional food'. Die Zutatenlisten sind bei vielen Produkten mittlerweile unübersehbar und das obwohl viele Stoffe, die im Endprodukt nicht enthalten sind, auch nicht angeführt werden müssen. Ein beachtlich großer Teil der Zusätze kann mit Hilfe gentechnisch veränderter Mikroorganismen rascher, leichter und billiger hergestellt werden, als dies konventionell möglich ist. Somit ist dieser Trend anhaltend. Die Konsumentinnen und Konsumenten haben auch kaum Möglichkeiten, hier steuernd einzugreifen, da für Vitamine, Zusatzstoffe und Enzyme, die mittels gentechnisch veränderten Mikroorganismen hergestellt sind, keine Kennzeichnungspflicht besteht. Nur, wenn diese Stoffe aus beispielsweise gentechnisch verändertem Mais oder Soja gewonnen werden, wären sie kennzeichnungspflichtig. So muss etwa Lezithin, das aus gentechnisch verändertem Soja hergestellt wurde, in Schokolade sehr wohl als gentechnisch verändert gekennzeichnet sein. Ist der gentechnisch veränderte Mikroorganismus Bestandteil des Lebensmittels, wie etwa gentechnisch veränderte Hefe im Bier, so ist dies auch kennzeichnungspflichtig.

Für Enzyme in der Lebensmittelindustrie während des Produktionsprozesses gilt lediglich, dass diese zugelassen bzw. eingetragen sein müssen. In der EU wird durch die Europäische Behörde für Lebensmittelsicherheit geprüft, ob die Enzyme unbedenklich und technisch notwendig sind. Eine Auflistung in der Zutatenliste ist dann erforderlich, wenn das Enzym im Endprodukt enthalten ist, aber eine Kennzeichnung als „gentechnisch verändert" ist nicht notwendig.

Die *Verwendung* von Bakterien, Hefen oder anderen Pilzen für die Industrie ist keineswegs neu. Mikroorganismen werden schon lange kultiviert um deren (Neben-) Produkte technisch zu nutzen. Die gentechnische Veränderung bietet allerdings die Möglichkeit, diese Nutzung zu optimieren. Durch die leichten Vermehrungsmöglichkeiten bei Mikroorganismen ist eine gentechnische Veränderung auch sehr wirtschaftlich und verdrängt zunehmend Verfahren zur synthetischen Herstellung von Stoffen. Dieser Verdrängungsprozess bringt auch durchaus Vorteile mit sich, da die synthetische Herstellung mitunter energie- und materialaufwendig ist. Hingegen bietet man den Mikroorganismen in großen Bioreaktoren optimale Verhältnisse und diese wiederum produzieren in oft großen Mengen den gewünschten Stoff. Die Mikroorganismen selbst sind dann in den Produkten in den allermeisten Fällen nicht enthalten. Die Liste der Beispiele für Zusatzstoffe, die auf diese Weise produziert werden, ist mittlerweile für den Konsumenten bzw. die Konsumentin völlig unüberschaubar. Bekannte Beispiele sind etwa der Geschmacksverstärker Glutamat, der in sämtlichen Fertiggerichten oder Knabbergebäck enthalten ist oder verschiedene Vitamine, die dann als Konservierungsstoffe oder Farbstoffe verwendet werden. Ein Großteil der Zusatzstoffe verbirgt sich hinter den E-Nummern und ist in nahezu allen Lebensmitteln aber auch Getränken zu finden. Ein berüchtigtes Beispiel hierfür wäre das umstrittene Aspartam, ein Zuckerersatzstoff von dem auch ein Teil mit Hilfe gentechnisch veränderter Mikroorganismen hergestellt wird. Auch mit der Bezeichnung natürliche Aromen sind teilweise Aromen aus veränderten Mikroorganismen gemeint, was für die Konsumentin bzw. den Konsumenten wohl nicht mehr nachvollziehbar ist.

Ein Trend, der mittlerweile zum Standard gehört, sind die frisch gebackenen Backwaren zu jeder Tageszeit und in sämtlichen Lebensmittelgeschäften. Sieht man sich die Zutatenliste auf den Backwaren an, so findet man dort deutlich mehr als Wasser, Mehl, Hefe und Salz. Eine ganze Reihe an Zusatzstoffen sorgt für weicheres Brot mit knusprigerer Rinde, das geschmacklich „besser" ist, länger hält und in manchen Fällen auch noch zur Gesundheit beitragen soll. So sehr die Konsumenten und Konsumentinnen dieses Angebot schätzen, so wenig wissen sie meist um die Komplexität der Herstellung. Dass auch hier gentechnische Verfahren mit Mikroorganismen beigetragen haben, steht wohl außer Frage, auch wenn kaum Daten dazu zu finden sind.

Die Auflistung der Einsatzgebiete von gentechnisch veränderten Mikroorganismen in der Lebensmittelindustrie könnte beliebig lange weitergeführt werden. Es gibt Schätzungen, dass mehr als 50 Prozent der Lebensmittel irgendeinen Bezug zu gentechnisch veränderten Organismen haben und die Tendenz ist rasch steigend. Das ist für viele Konsumentinnen und Konsumenten bestimmt eine große Überraschung und wird auch in Zukunft möglichst verschwiegen werden, da die Konzerne sehr wohl um die Skepsis der europäischen Konsumenten und Konsumentinnen wissen.

Bislang sind keine unerwünschten Effekte durch den Einsatz gentechnisch veränderter Mikroorganismen nachgewiesen worden. Aber es gibt auch kaum *Risikoforschung* oder Studien dazu. Nicht auszuschließen ist ein Allergierisiko, das anschließend ausführlicher besprochen wird. Ein Problem liegt generell in der Verwendung der großen Anzahl an Lebensmittelzusätzen, Fertiggerichten, etc., die zumindest teilweise gesundheitlich bedenklich und meist von zweifelhaftem Ernährungswert sind und ohne die Möglichkeiten der Gentechnik wahrscheinlich nicht in diesem Ausmaß vorhanden wären.

6.2 Anwendungen in anderen Industriezweigen

Die *weiße Gentechnologie* ist Teil eines großen Biotechnologiezweiges. Die Fortschritte und Möglichkeiten in diesem Bereich betreffen nahezu alle Lebensbereiche. So werden gentechnisch veränderte Mikroorganismen bereits seit geraumer Zeit in der Wirkstoffproduktion für Medikamente verwendet, was detailliert im Kapitel Biopharmazeutika behandelt wird. Vor allem Enzyme übernehmen auch in vielen anderen Herstellungsprozessen sowie in den Produkten vielfältigste Aufgaben. Sowohl in der Wasch- und Reinigungsmittelindustrie als auch bei der Textilherstellung spielen Enzyme eine entscheidende Rolle. In einigen Bereichen sind die

Produktionsverfahren dadurch tatsächlich ressourcenschonender geworden und das ist in manchen Fällen nur durch den Einsatz gentechnisch veränderter Mikroorganismen möglich. Mittlerweile ist diese industrielle Biotechnologie mit dem Teilbereich der industriellen Gentechnologie ein boomender Wirtschaftszweig. Das gilt auch für europäische Länder, deren Bevölkerung der Gentechnik eher kritisch gegenübersteht.

In der *Praxis* unterscheidet sich der Umgang mit gentechnisch veränderten Mikroorganismen von anderen gentechnisch veränderten Organismen insofern, dass die Mikroorganismen prinzipiell in geschlossenen Systemen gehalten werden und die Gefahr der Ausbreitung in der freien Natur geringer ist. Dass auch geschlossene Systeme keinen 100 prozentigen Schutz bieten, zeigen Unfälle immer wieder. Die Gefahr, die bei einem Austritt in die Umwelt von den gentechnisch veränderten Mikroorganismen ausgeht, ist aufgrund der großen Vielfalt nicht abzuschätzen. Je nachdem, welche Mikroorganismen verwendet werden und wie sie gentechnisch verändert wurden, kann nur im Einzelfall beurteilt werden, welche Folgen ein Entkommen in die Umwelt hat. Allerdings kann man schon sagen, dass Mikroorganismen sehr wichtige Rollen in den jeweiligen Ökosystemen einnehmen und teilweise sehr sensibel reagieren. Zudem haben etwa Bakterien bei optimalen Bedingungen rasante Vermehrungsraten und geben auch gerne Gene weiter, sodass eine Kontamination mit Genkonstrukten sehr schnell und weithin erfolgen kann. Aus diesem Grund gibt es auch seitens der Behörden klare Richtlinien für die Arbeit mit Mikroorganismen generell und gentechnisch veränderten Mikroorganismen im speziellen. Diese werden in Gefahrenklassen eingeteilt und daraus ergeben sich für die Unternehmen arbeits- und sicherheitsrechtliche Vorschriften. Schließlich produzieren Mikroorganismen mitunter giftige Nebenprodukte oder sind selbst potenzielle Krankheitserreger. Allerdings sind die Auflagen bei geringen Gefahrenklassen wirklich sehr überschaubar.

Ein völlig unerwartetes Problem mit gentechnisch veränderten Mikroorganismen ist schon in den 80er Jahren aufgetreten und fast in Vergessenheit geraten. Trotzdem soll es an dieser Stelle Erwähnung finden, um zu zeigen, dass eine ständige Qualitäts- und Sicherheitskontrolle bei jedem Produkt immer notwendig ist bevor es in den Handel kommt. Japanische Unternehmen haben lange Erfahrung im Einsatz von Mikroorganismen in der Industrie und haben auch bei gentechnisch veränderten Mikroorganismen eine Vorreiterrolle inne. Ein japanischer Konzern ist schon vor vielen Jahren für die Produktion von *L-Tryptophan*, einem Zusatz in Beruhigungsmitteln und Kraftnahrung für Sportler und Sportlerinnen, auf gentechnisch veränderte Bakterien umgestiegen. In der Folge erkrankten zahlreiche Menschen, die die Stoffe eingenommen hatten. Weltweit starben 30 Personen. Mit der Rückkehr zu den alten, nicht manipulierten Bakterienstämmen traten diese teilweise sogar tödlichen Auswirkungen nicht mehr auf. Die Ursache für die Krankheiten und Todesfälle wurde nie ganz geklärt. Wahrscheinlich ist, dass die gentechnische Manipulation den Stoffwechsel der Bakterien stärker als geplant verändert hat und ein zusätzliches Produkt erzeugt worden ist, das unerkannt blieb und die tödlichen Effekte ausgelöst hat. Unerwartete Nebeneffekte tauchen, wie schon mehrfach erwähnt, in gentechnisch veränderten Lebewesen systembedingt immer wieder auf und stellen deswegen ein nie ganz auszuschließendes Risiko dar.

6.3   Allergierisiko

Infobox

Bei *Allergien* reagiert das Immunsystem überempfindlich auf völlig harmlose Stoffe, die normalerweise ignoriert werden. So können etwa Pollen allergische Reaktionen auslösen, die einer Entzündungsreaktion entsprechen, wie sie bei eindringenden Krankheitserregern abläuft. Die Symptome können vom klassischen Heuschnupfen über Ausschlägen auf der Haut bis hin zum anaphylaktischen Schock reichen.

Allergien sind Fehlreaktionen des Immunsystems auf eigentlich harmlose Stoffe, wie beispielsweise Eiweiße. Die Mechanismen, warum und wie Menschen Allergien entwickeln, sind höchst komplex. In den letzten Jahrzehnten dürften die Menschen der westlichen Welt zunehmend mehr Allergien und Unverträglichkeiten entwickeln. Die Ursachen dafür sind vermutlich vielfältig und liegen wohl auch nicht zuletzt an einer steigenden Sensibilität für dieses Thema. Welche Rolle die gentechnische Veränderung von Lebensmitteln oder von Mikroorganismen, die am Herstellungsprozess beteiligt sind, spielen, ist unklar. Es gibt hierfür kaum Untersuchungen und keine bekannten Studien und auch die Rückverfolgung ist mehr als schwierig.

Somit kann man nur grundsätzliche Überlegungen zum Allergierisiko anstellen: Prinzipiell können fast alle Stoffe Allergien auslösen. Menschen können demnach gegen verschiedenste Bestandteile der Nahrung übersensibel reagieren. Mit Hilfe der gentechnischen Veränderung kommen neue, teilweise seltene Eiweiße in neuen Kombinationen in die Nahrung. Natürlich kann dies zu neuen Allergien führen. In der Vergangenheit zeigte sich, dass beispielsweise bei einer Sojabohne ein Gen aus der Paranuss eingefügt wurde und auf Nüsse allergisch reagierende Menschen auch auf die veränderte Sojabohne reagierten. Problematisch ist dies, weil die gentechnische Veränderung zwar kennzeichnungspflichtig ist, aber der Konsument nicht weiß, um welche Genkonstrukte es sich handelt. Deshalb ist es extrem schwierig Allergene, die durch gentechnische Veränderung in die Lebensmittel gelangen, zu vermeiden. Reagieren Menschen auf Eiweiße, die aus den beliebten Resistenzgenen resultieren, so sind diese in Spuren in den verschiedensten Lebensmitteln zu finden.

Für Zusatzstoffe, Aromen und Vitamine gilt ähnliches. Je mehr unterschiedliche Zusatzstoffe enthalten sind, desto wahrscheinlicher ist es, dass Menschen eine Reaktion auf einen dieser Stoffe zeigen. Die gentechnische Veränderung der Mikroorganismen macht die Fülle an Zusätzen erst möglich und trägt somit indirekt auch zu einer vermehrten, unerwünschten Reaktion auf Lebensmittel bei. Ob die Zusätze durch die gentechnische Herstellung ein gesondertes Allergierisiko mit sich bringen, ist völlig unklar.

Inhaltsstoffe in Textilien, Wasch- und Reinigungsmittel können sogenannte Kontaktallergien zumeist auf der Haut auslösen. Auch hier kann die Rolle der Gentechnik nicht abgegrenzt werden.

Propagiert wird derzeit auch die Möglichkeit, mittels gentechnischer Veränderung etwa bei Kühen, die Eiweißzusammensetzung der Milch so zu verändern, dass sie weniger Unverträglichkeiten auslöst bzw. bekannte Allergie-Eiweiße nicht mehr produziert werden. Ob diese Milch dann tatsächlich besser verträglich ist, muss erst in Studien gezeigt werden. Es besteht durch die andere Zusammensetzung natürlich die Möglichkeit, dass einzelne Menschen sie besser, andere hingegen schlechter vertragen. Inwieweit diese Möglichkeiten dann in die landwirtschaftliche Praxis Einzug halten werden, bleibt abzuwarten. Die Möglichkeiten der Gentechnik, vor allem mit den neuen präziseren Methoden, sind freilich schier unendlich, ob es eine Verbesserung der Lebensmittelqualität und -verträglichkeit mit sich bringt, ist aber eine andere Fragestellung.

Gentechnologie in der medizinischen Anwendung am Menschen

7

7.1 Biopharmazeutika – Medikamentenproduktion mittels gentechnisch veränderter Organismen

Infobox

Biophamazeutika ist ein Sammelbegriff für Wirkstoffe, die mit Hilfe von biotechnologischen und gentechnischen Mitteln hergestellt werden.

Bei Zelllinien oder Zellkulturen werden Zellen außerhalb der tierischen oder pflanzlichen Organismen in einem Nährmedium (unbegrenzt) gehalten und vermehrt.

Tiere und Menschen nutzen die heilenden Wirkstoffe von Pflanzen, Pilzen oder auch Tieren schon seit jeher. Auch wenn die moderne westliche Schulmedizin manches verdrängt hat, so wird in den letzten Jahrzehnten viel Wissen wiederentdeckt und die natürliche Apotheke in fast allen medizinischen Bereichen genutzt. Die natürlichen Inhaltsstoffe der Pflanzen werden zum Teil direkt aus den Pflanzen isoliert oder synthetisch hergestellt, was zweifellos technische Vorteile bietet. Weitaus bedeutender für die Medikamentenproduktion sind aber in der Zwischenzeit Mikroorganismen, allen voran Bakterien, und tierische Zelllinien. Auf vielfachem Weg hat die Gentechnik in diesen Bereich der Pharmazie Einzug gehalten. Während verschiedenste Pharmazeutika schon lange mittels gentechnisch veränderter Mikroorganismen (vor allem Bakterien) oder tierischen Zelllinien in geschlossenen Systemen produziert werden, so ist das Feld der Pharmpflanzen bzw. der transgenen Tiere noch wesentlich jünger. Die gentechnische Erzeugung von Medikamenten mit Hilfe von Pflanzen und Tieren wird unter dem Kunstwort Pharming (pharmaceutical – Arzneimittel und farming – Landwirtschaft) zusammengefasst. Der Grund, warum Tiere, momentan vor allem in Form von Zelllinien, und Pflanzen eingesetzt werden (sollen), ist, dass viele Wirkstoffe komplexe Moleküle (lange Moleküle) sind, die in lebenden Zellen produziert werden müssen. Zudem hat sich gezeigt, dass manche Eiweiße aus Bakterien beim Menschen keine Wirkung zeigen, also biologisch nicht so kompatibel sind. Eine synthetische Herstellung derart komplizierter (langer) Verbindungen ist technisch anspruchsvoll und kostenintensiv. Alle pharmazeutischen Produkte, die mittels gentechnisch veränderter Organismen produziert werden, sind unter dem Begriff Biopharmazeutika zusammengefasst.

Bereits 2003 wurden im Biotechnologie Bericht von Ernst & Young die verschiedenen Produktionssysteme gegenübergestellt und verglichen. Dabei fällt auf, dass die gentechnisch veränderten Pflanzen wesentliche Vorteile haben und die intensive Forschung in diesem Bereich technisch sinnvoll ist. Zum einen können komplexe Verbindungen günstig und mit hoher Erfolgswahrscheinlichkeit hergestellt werden und zum anderen ist bei Pflanzen auch keine Kontamination mit Humanpathogenen (für den Menschen gefährliche Krankheitserreger) oder Toxinen zu befürchten. Den Vorteil, dass Humanpathogene nicht vorhanden sind, haben ansonsten nur die Hefen zu bieten.

Biopharmazeutika sind zweifelsohne wirtschaftlich überaus interessant. Fast die Hälfte der weltweit meistverkauften Arzneimittel gehören zu dieser Gruppe. In Deutschland machen Biopharmazeutika mittlerweile mehr als ein Fünftel der verkauften Medikamente aus. Das zeigt, dass im Vergleich zur grünen Gentechnik die rote Gentechnik auch in Europa viele Befürworter hat und die Akzeptanz hierfür, vor allem bei der Produktion mit Mikroorganismen, auch in der Bevölkerung wesentlich größer ist. Verständlich, kann doch jede und jeder in die Situation kommen, ein derartiges Medikament zu brauchen. Außerdem hat man vor der Medizin und vor Krankheiten oft sehr viel Respekt. Ein weiterer Aspekt dieses technischen Fortschrittes ist, dass öffentlich wenig Aufsehen darum gemacht wird. Deshalb weiß wohl auch ein Teil der Bevölkerung nicht um den Einzug der Gentechnik in diese Lebensbereiche.

7.1.1   Mikroorganismen/Säugerzellen/Pflanzenzellen

Infobox

Rekombinante Wirkstoffe sind solche, die durch gentechnische Veränderungen an dem DNA Molekül entstanden sind. Es handelt sich also um neue oder veränderte Proteine.

Der überwiegende Teil der medizinischen Wirkstoffproduktion findet in Laboren statt. Bioreaktoren mit gentechnisch veränderten Mikroorganismen, aber auch mit Säugerzellen oder (seltener) Pflanzenzellen stellen rekombinante Wirkstoffe für die Medikamenten- oder Impfstoffproduktion her.

In Deutschland sind im Juni 2016 nach Recherchen der forschenden Pharma-Unternehmen 204 Arzneimittel mit 160 gentechnisch veränderten Wirkstoffen zugelassen.[46] In Deutschland macht dies einen Anteil von fünf Prozent an den zugelassenen Wirkstoffen derzeit aus. Bei den Neuzulassungen der letzten Zeit sind aber bis zu 25 Prozent gentechnischen Ursprungs und dieser Trend dürfte sich auch in den kommenden Jahren fortsetzen. Das erste zugelassene, gentechnisch hergestellte Medikament war schon 1982 das so genannte Humaninsulin zur Behandlung von Diabetes mellitus. Weitere Anwendungsgebiete sind Krebserkrankungen, Stoffwechsel- und Gerinnungsstörungen aber auch Schutzimpfungen. Eine vollständige Liste mit den zugelassenen Medikamenten, die mit Hilfe von gentechnischen Methoden hergestellt werden, ist beispielsweise bei vfa (Die forschenden Pharma-Unternehmen) zugänglich. Die Produktionsstandorte sind quer über Europa verteilt (auch Österreich) und vor allem die USA.[47]

Unter den *Mikroorganismen* sind vor allem E. coli Bakterien oder Hefezellen von großer Bedeutung, aber auch andere Mikroorganismen werden herangezogen. Der große Vorteil der Mikroorganismen liegt in der einfachen und schnelleren Handhabung. Allein 18 zugelassene Wirkstoffe aus Hefe und E. coli Bakterien sind Insuline zur Behandlung von Diabetes. Deshalb soll den gentechnisch hergestellten Insulinen auch mehr Aufmerksamkeit gewidmet werden.

Infobox

Insulin (Schlüssel) ist ein Hormon, das in der Bauchspeicheldrüse produziert wird. Es hat die Aufgabe Zuckermoleküle, die bei der Verwertung der Nahrung ins Blut abgegeben werden, in die Zellen zu schleusen. Dazu sind an den Zielzellen, beispielsweise den Muskeln, Rezeptoren (Schloss) für Insulin notwendig (siehe Abb. 7.1). Bei Diabetes mellitus ist der Blutzuckerspiegel entweder durch fehlendes Insulin oder fehlende Rezeptoren zu hoch. Je nach Diabetes Typ muss eventuell Insulin in den Körper gespritzt werden.

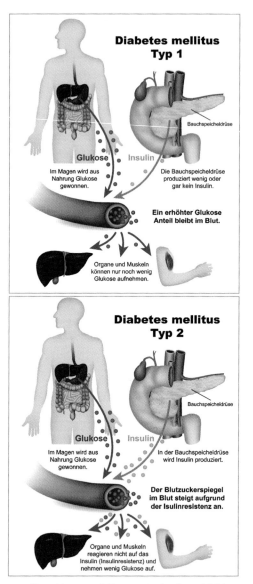

Abb. 7.1   Diabetes mellitus Typ 1 und Typ 2: Die beiden Abbildungen zeigen, dass bei Diabetes mellitus Typ 1 zu wenig Insulin gebildet wird, während bei Typ 2 die Zielzellen nicht mehr adäquat auf das Insulin reagieren. In beiden Fällen kommt es zu einem erhöhten Blutzuckerspiegel im Blut. © bilderzwerg / Fotolia

Insulin wurde früher ausschließlich aus Schlachttieren gewonnen und zwar aus den Bauchspeicheldrüsen vor allem von Schweinen, aber auch in geringem Ausmaß von Rindern. Da dieses tierische Insulin gelegentlich Unverträglichkeiten ausgelöst hat, hoffte man dies mit dem Einsatz von Insulin aus gentechnisch veränderten Bakterien bzw. Hefezellen zu umgehen. Das damit produzierte Humaninsulin ist dem menschlichen Insulin ident. Es hat aber den Nachteil, dass sich der hypoglykämische Schock, der Unterzucker, wie man diesen Zustand auch nennt, weniger deutlich anzeigt, was für Betroffene sehr unangenehm bzw. gefährlich sein kann. Bei tierischen Insulinen kündigt sich der Zustand des akuten Blutzuckermangels, der zum Kollaps führen kann, deutlicher und früher an und die Betroffenen können geeignete Gegenmaßnahmen ergreifen, was bei Humaninsulin gelegentlich nicht mehr gelingt. Die Hoffnung, dass Humaninsulin keine Unverträglichkeiten haben würde, wurde leider nicht erfüllt. Eine Übersichtsstudie zum Einsatz von Humaninsulin sieht keine Vorteile gegenüber den alten tierischen Insulinen.[48] Eines der Probleme für Menschen, die Humaninsulin nicht vertragen, ist das erwähnte Verschwinden der tierischen Insuline vom Markt.

Seit 1996 sind gentechnisch hergestellte Insulinanaloga, auch Kunstinsuline genannt, auf dem Markt. Kunstinsuline sind gezielt gentechnisch veränderte Insulinmoleküle, die an die Bedürfnisse der Diabetiker und Diabetikerinnen angepasst sein sollen. So gibt es Insulinanaloga mit schnellerer Wirkung (Turboinsuline), mit verzögerter Wirkung (Verzögerungsinsuline) und Mischinsuline. Insulinanaloga dienen als Ausweg für Menschen mit einer Unverträglichkeit gegenüber Humaninsulin. Sie sind allerdings sehr teuer und stehen immer wieder im Verdacht, das Tumorwachstum zu fördern. Vor deren Einführung und Zulassung durch die Behörden wurden keine Untersuchungen über Langzeitwirkungen durchgeführt, was gerade bei Insulin wichtig wäre, da Diabetiker und Diabetikerinnen jahre- bis jahrzehntelang Insulin brauchen.

Verglichen mit den alten, tierischen Insulinen sind die gentechnisch hergestellten wesentlich teurer. Das ist eine nicht zu unterschätzende Belastung für das Gesundheitswesen. In Summe scheinen Diabetikervereinigungen und einzelne Diabetologinnen und Diabetologen das Humaninsulin etwas kritischer zu beurteilen als viele Ärztinnen und Ärzte und die Pharmaindustrie.

Mikroorganismen können aber, wie schon in der Einleitung zu diesem Thema erwähnt, nicht alles. Um in manchen Bereichen die Wirksamkeit beim Menschen zu erreichen, müssen die Wirkstoffe (Proteine) die richtige Struktur (Proteinfaltung) und Glykosilierung (biologische Markierung) aufweisen. Das können Bakterien nicht und somit muss auf *tierische Produktionsstätten* zurückgegriffen werden. Häufig sind das Zelllinien, so genannte Säugerzellen, aus der molekularbiologischen

Forschung, wie beispielsweise die Chinese Hamster Ovar (CHO) – Zelllinien oder Mauszellen.

Als Beispiel für einen Wirkstoff soll Nonacog gamma dienen, das in Österreich mit Hilfe von CHO – Säugerzelllinien produziert wird. Dieser rekombinante Wirkstoff (Gerinnungsfaktor IX) hat im Dezember 2014 seine Zulassung bekommen und wird bei Hämophilie B, einer angeborenen Blutungsstörung eingesetzt.[49]

Obwohl unter den zugelassenen Medikamenten noch keine aus *Pflanzenzellen* enthalten sind, wird auch diese Produktionsvariante in Zukunft genutzt werden. So gibt es bereits Publikationen über die erfolgreichen Umsetzungen. Als Beispiel soll die Wirkstoffproduktion aus Moos angeführt werden. Am weitesten fortgeschritten sind die Forschungen bei einem durch Mooszellen produzierten Protein (Enzym), das bei der sogenannten Farby Krankheit zur Ersatztherapie eingesetzt werden kann. Bisher findet die Produktion dieses Enzyms in Säugerzelllinien statt. Die Farby Krankheit ist eine angeborene Stoffwechselkrankheit bei der das Enzym Alpha-Galactosidase A stark reduziert ist. In weiterer Folge sammeln sich Stoffwechselprodukte an, die nicht abgebaut werden können und diese Multisystemkrankheit mit den unterschiedlichsten Symptomen verursachen. Dieser erste Wirkstoff aus Moos Zelllinien hat die präklinischen Studien bereits durchlaufen und befindet sich in Phase 1 der klinischen Tests. Der Vorteil von Pflanzenzelllinien ist, dass diese keinerlei Krankheitserreger auf den Menschen übertragen können.

Die *weiteren Anwendungsgebiete* von Mikroorganismen, Säuger- und Pflanzenzellen sind vielfältig. Sie reichen von Impfstoffen über monoklonale Antikörper und Biosimilars. Als weiteres Beispiel dazu soll der AIDS Impfstoff herausgegriffen werden. Während Impfstoffe generell lange Zeit hauptsächlich in Hühnereiern produziert wurden, so geht diese Produktion immer mehr in Zelllinien, teilweise mit gentechnischer Veränderung, über. Am Beispiel des AIDS Impfstoffs könnte in Zukunft eine Alge die Produktion übernehmen. Chlamydomonas reinhardtii, eine einzellige Grünalge scheint sich wunderbar für die Produktion von Wirkstoffen zu eignen. Die Vorteile liegen auf der Hand, denn Algen sind anspruchslos, leicht zu vermehren und die Alge selbst kann gegessen werden, was bedeutet, dass Rückstände der Alge kein Problem darstellen. Die gentechnische Veränderung brachte zwar einige Herausforderungen mit sich, die aber nach und nach vom Max-Planck-Institut für Molekulare Pflanzenphysiologie gelöst werden. Somit könnte die Alge bald nicht nur für die AIDS Impfstoffproduktion eingesetzt werden.[50]

Infobox

Monoklonale Antikörper gelten als Revolution in der Immunologie. Antikörper werden bei der normalen Immunantwort von körpereigenen Immunzellen gebildet, wenn der Körper mit einem Krankheitserreger konfrontiert wird. Monoklonale Antikörper sind in aufwendigen Verfahren durch gentechnisch veränderte Zelllinien hergestellte spezifische Antikörper, die gegen verschiedenste Krankheiten, vor allem aber Krebserkrankungen, geimpft werden können. Während die ersten monoklonalen Antikörper von Mäusezellen stammten und in der Verträglichkeit oft zu Problemen führten, wurden später die Antikörper humanisiert (d.h. ein Antikörper mit Maus- und Mensch-Anteil). Heute ist auch die Herstellung gänzlich menschlicher Antikörper möglich.

Biosimilars (zu deutsch Äquivalente Biotechnologische Arzneimittel) ist die Bezeichnung für Nachahmprodukte von Biopharmazeutika. Im Gegensatz zu den bekannten Generika wird hier der Originalwirkstoff chemisch nicht hundertprozentig kopiert, was dazu führt, dass die Wirkung auch völlig neu untersucht, überwacht und zugelassen werden muss. Die Zulassungsentscheidung wird durch die Europäische Kommission getroffen und somit werden die kostengünstigeren Biosimilars als gleichwertig mit dem Originalprodukt betrachtet.

Abschließend zu diesem Kapitel sind noch einige *grundsätzliche Überlegungen* anzustellen. Die Produktion von Wirkstoffen in geschlossenen Systemen mit gentechnisch veränderten Lebewesen ist bestimmt jener im Freiland vorzuziehen. Trotzdem ist auch hier keine 100 prozentige Sicherheit gegeben, dass diese Lebewesen nicht den Weg ins Freie finden. Fehler, Umwelteinwirkungen oder andere unvorhergesehene Ereignisse können immer passieren und die Folgen sind unvorhersehbar. Zudem müssen auch Abwässer und Endprodukte dieser Anlagen entsorgt werden.

Die Produktionskosten für Medikamente mit gentechnisch veränderten Organismen sind enorm und billigere Alternativen werden oft völlig überrannt. Die Kosten für die europäischen Gesundheitssysteme werden in den nächsten Jahren alleine dadurch weiter steigen. Eine Investition in präventive Maßnahmen, etwa bei Diabetes Typ 2, wäre wohl sinnvoller.

7.1.2 Pharmapflanzen

Während früher auf natürliche Pflanzenwirkstoffe zurückgegriffen wurde, ist es heutzutage mittels gentechnischer Methoden möglich, auch völlig fremde Proteine (Eiweiße bzw. Wirkstoffe) von Pflanzen produzieren zu lassen. Schon seit den 80er

Jahren, aber in letzter Zeit vermehrt, drängt die Pharmaindustrie mit Pflanzen ins Freiland, die Medikamente bzw. deren Wirkstoffe erzeugen. Hauptsächlich werden menschliche, aber auch tierische Gene in Pflanzen eingebaut, die die Pflanzen veranlassen Proteine, Antikörper, Hormone oder Impfstoffe zu produzieren. Die Industrie erhofft sich davon wesentliche Verbilligungen, Flexibilisierung und Erleichterungen in der Produktion verschiedener Medikamente oder Impfstoffe, da diese aus Pflanzen ganz einfach isoliert werden können.

Für diesen Zweck werden auch häufig verwendete Nahrungspflanzen, wie Mais, Reis und Soja, aber auch Öldisteln oder Tabakpflanzen eingesetzt. Nahrungspflanzen deshalb, weil diese schon gut gentechnisch erforscht sind und sich gut für die Massenproduktion eignen.

Seit den 90er Jahren wurden in den USA bereits hunderte Versuche mit Pharmapflanzen auch im Freiland bewilligt. 2012 wurde in den USA erstmals ein Wirkstoff (Glukocerebrosidase gegen die Stoffwechselkrankheit Morbus Gaucher) zugelassen, der aus transgenen Karottenzellen isoliert wurde. In Europa sind vor allem Frankreich, aber auch Deutschland vorne weg. Auch wenn sich derzeit noch vieles in Zelllinien im Labor oder in Glashäusern abspielt, so ist doch das Ziel eine großflächige Produktion auf dem Acker, wie es in den USA praktiziert wird. Hierfür gelten diverse Vorschriften, wie zum Beispiel Mindestabstände von einer Maispharmapflanze zu einem Nahrungsmittelmais von einer Meile. Inwieweit sich diese Regelungen in der Praxis als sinnvoll erweisen, wird sich zeigen bzw. hat sich in manchen Fällen schon gezeigt.

In der *Praxis* sind die Pharmapflanzen extrem kritisch zu betrachten. Die wirtschaftlichen Vorteile von Pharmapflanzen für die pharmazeutische Industrie, aber auch für öffentliche Gesundheitssysteme sind unbestreitbar. Doch die Vorstellung, dass Medikamente, die aufgrund ihrer Wirkstoffe normalerweise verschreibungspflichtig sind oder vor Kindern sicher aufbewahrt werden müssen nun auf den Feldern in Form von Pflanzen frei zugänglich sind, ist schockierend. Die Wirkstoffe, Hormone oder andere Substanzen befinden sich als Inhaltsstoff in sämtlichen Pflanzenteilen, werden in den Boden abgegeben und von Tieren oder Menschen gegessen. Diese Substanzen gelangen folglich sowohl in das Grundwasser durch Ausschwemmung als auch in die Nahrungskette. Teilweise, je nach Substanz, kann auch ein Hautkontakt oder ein Einatmen der Wirkstoffe unangenehme Reaktionen hervorrufen. Sobald diese Pflanzen im Freiland angebaut werden, besteht wohl keine Möglichkeit, dies aufzuhalten. Zumal Pflanzen oftmals Stoffe, die sie nicht benötigen, zum Beispiel über die Wurzeln abgeben. Dass besonders oft Nahrungs- oder Futterpflanzen als Pharmapflanzen verwendet werden, ist dabei besonders erwähnenswert. Weil durch Auskreuzungen oder Vermischung von Samen durch technische Abläufe eine Kontamination von Lebensmittelpflanzen

nicht ausgeschlossen werden kann. Dass solche Kontaminationen kaum zu verhindern sind, zeigen Beispiele aus den USA, wo Ernten vernichtet werden mussten.
In einem Fall 2002 wurde zum Beispiel im Folgejahr nach dem Pharmamais Soja
angebaut und ausgefallene Maiskörner sind gemeinsam mit der Soja gewachsen
und haben somit die gesamte Sojaernte (rund 13.500 Tonnen) mit dem Wirkstoff
verunreinigt. Die hohen Strafen für die beteiligten Firmen können trotzdem kaum
weitere Verunreinigungen verhindern. Welche Auswirkungen eine Kontamination
der Umwelt mit Hormonen oder anderen Wirkstoffen für Menschen aber auch
Wildtiere hat, ist völlig unabsehbar.

Interessant ist, dass die Pharmapflanzen im eher gentechnik-kritischen Europa
weitgehend unbeachtet von der Öffentlichkeit und ohne großes Aufsehen auf die
Felder gelangen konnten. Die Strategien zur Kontrolle von Pharmapflanzen sind
vielfältig (Anbauzonen, geschlossene Produktion in Glashäusern oder mit Kunstlicht
in Bergwerken), aber in Summe ungenügend, weil eine 100 prozentige Kontrolle nie
gewährleistet werden kann. Im Zuge dieser Diskussion wird natürlich auch hier der
Ruf nach biologischer Patentierung zum Beispiel mittels Terminator-Technologien
(siehe dazu Kapitel 8.2) laut.

7.1.3 Gentechnisch veränderte Tiere

Die gentechnische Veränderung von Tieren ist im Vergleich zu Pflanzen oder Mikroorganismen meist deutlich komplexer. Dies hat allerdings dann den Vorteil, dass
die weitere Produktion der Medikamente, etwa durch Melken, relativ einfach sein
kann, wenn das gewünschte Gen stabil eingebaut worden ist. Die Manipulation bzw.
das Einbringen von Fremdgenen erfolgt zumeist an der Eizelle oder in einem frühen
Embryonalstadium. Dadurch können entsprechend fremde Proteine beispielsweise
in den Milchdrüsen oder auch im Blut, Urin oder Sperma produziert werden. Dass
diese Ansätze nicht nur Zukunftsmusik, sondern schon seit geraumer Zeit Realität
sind, zeigen zwei zugelassene Medikamente in der EU.

Das erste Medikament aus gentechnisch veränderten Tieren, das in der EU zugelassen wurde, ist das menschliche Antithrombin III, ein natürlicher Hemmstoff
der Blutgerinnung. In dem Fall wurde eine Ziege so gentechnisch manipuliert,
dass sie mit ihrer Milch Antithrombin produziert. Das US-Unternehmen GTC
Biotherapeutics (seit 2013 rEVO Biologics) bekam für das Produkt unter dem Handelsnamen ATryn in Europa 2008 die Marktzulassung.[51] Weder mit Zellkulturen
noch Bakterien konnte dieses Protein produziert werden, somit musste es davor
aus unzähligen Blutspenden isoliert werden.

Seit 2010 gibt es mit dem Medikament Ruconest der niederländischen Pharming Group ein zweites Arzneimittel auf dem europäischen Markt, an dessen Produktion gentechnisch veränderte Tiere beteiligt sind.[52] Durch eine gentechnische Veränderung an Kaninchen bilden diese ein Protein in den Milchdrüsen, das in Ruconest enthalten ist und zur Behandlung von Patientinnen und Patienten mit hereditärem Angioödem (eine seltene Erbkrankheit mit wiederkehrenden Schwellungen) dient.

Zwei marktreife Arzneimittel aus der jahrelangen Gene Pharming Forschung scheint auf den ersten Blick wenig, aber geforscht wird an vielen Tieren und verschiedensten Wirkstoffen. Das Potenzial dieser Methode wird von vielen als extrem hoch eingestuft. Vor allem wirtschaftlich ist es sehr interessant, weil oft eine geringe Anzahl von Tieren große Mengen an erforderlichen Proteinen produzieren kann (am Beispiel Antithrombin III: sechs Kühe können ein Jahr lange alle Patienten und Patientinnen weltweit versorgen).

Die gentechnische Veränderung von Tieren ist bei weitem nicht einfach. Die *Erfolgsquoten* beim Einbau der Gene in Embryonen sind sehr niedrig und auch wenn das Gen eingebaut werden konnte, so entwickeln sich daraus nicht immer gesunde Tiere. Da die gewünschten Proteine für die Tiere nicht notwendig sind, kommt es zudem oft vor, dass die entsprechenden Gene nicht umgesetzt und die Wirkstoffe nicht produziert werden. In diesem Zusammenhang wird auch das Klonen von Tieren wieder interessant, da auch die Weitergabe der veränderten Gene deutlich seltener erfolgt.

Die Komplexität des Genoms wurde schon mehrfach angesprochen und kommt auch hier wieder zu tragen. Wechselwirkungen zwischen Eigen- und Fremdgenen oder auch epigenetische Effekte sind nicht abschätzbar.

Bei transgenen Tieren in der Medikamentenproduktion gibt es noch eine ganze Reihe von *kritischen Aspekten* zu berücksichtigen. Es muss etwa gewährleistet sein, dass die Tiere absolut gesund sind, damit keine Krankheiten übertragen werden. Die Tierhaltung erfolgt demnach nicht in einem Stall, sondern eher in einem Labor mit enormem Hygiene- und sehr hohem Kostenaufwand. Eine Freilandhaltung ist ebenso, wie bei Pharmapflanzen, mit unabschätzbaren Folgen verbunden und bei Tieren auch gar nicht vorgesehen. Eine artgerechte Haltung ist für die Tiere also nicht gegeben. Dass dies auch bei der Massenproduktion von Lebensmitteln nicht der Fall ist, steht natürlich außer Frage. Trotzdem ist es weder hier noch da tierfreundlich und begrüßenswert. Das Fleisch, aber auch andere Produkte gentechnisch veränderter Tiere sind nicht für den Verzehr oder die Versorgung der Nachkommen (Muttermilch) geeignet.

7.1.4   Pharmakogenomik

Ein Bereich der gentechnischen Pharmaforschung nennt sich Pharmakogenomik. Dabei versucht man, durch die Untersuchung von genetischen Unterschieden herauszubekommen, welches Medikament für wen passt, welches die kleinsten Nebenwirkungen hat, oder welches wirkungslos sein wird. Mit Hilfe von Gentests sollen Patienten und Patientinnen vor der Verschreibung untersucht werden, ob jemand auf Grund seiner Gene für ein bestimmtes Medikament geeignet ist. Dies würde unnötige oder vielleicht sogar schädliche Therapien verhindern. So weiß man etwa, dass das Medikament Herceptin bei 75 Prozent aller Patientinnen mit der Diagnose Brustkrebs nicht wirkt, weil der entsprechende Gendefekt ein anderer ist. Ähnliche Beispiele gibt es viele. Dennoch ist der Zusammenhang zwischen Krankheit und Genetik in den allermeisten Fällen nicht so klar und auch die Diagnose mittels Gentest noch nicht so einfach, wie man glauben könnte. Meistens sind mehrere Gene für eine Krankheit und natürlich auch für die Wirksamkeit von Medikamenten oder Therapien verantwortlich und zudem spielen sehr häufig auch Umweltfaktoren eine entscheidende Rolle.

Diese Art der Therapiefindung ist technik- und kostenintensiv und noch deutlich entfernt von der täglichen medizinischen Praxis. Die weitaus größeren *Herausforderungen* neben der technischen Umsetzbarkeit liegen im ethischen und sozialen Bereich. Gentests bedeuten, dass sensible Daten dabei gesammelt und sinnvoller Weise auch gespeichert werden. Doch sobald diese Daten erhoben sind, bringt dies erhebliche Probleme mit sich, die im Kapitel Gendiagnose (siehe Kapitel 7.2) ausführlich beleuchtet werden.

Wir leben in einer gengläubigen Welt. Trotzdem kann die Pharmakogenomik auch nur mit Wahrscheinlichkeiten arbeiten und Aussagen treffen, die keine 100 prozentigen Wahrheiten sind. Was macht jemand, für den die gängigen Medikamente nicht gut passen, ein sogenannter Therapieversager bzw. eine Therapieversagerin? Er fällt aus dem System vielleicht hinaus und wird zur neuen Randgruppe. Fraglich ist, ob diese Randgruppen durch Erkenntnisse der Pharmakogenomik größere Beachtung findet.

Vor allem aber wirken sich nicht nur Gene, sondern sehr viele andere Faktoren auf die Wirkung eines Medikamentes aus, die dabei zu wenig, beziehungsweise gar nicht beachtet werden. Als Beispiel sei der berühmte Placeboeffekt angeführt. Die Willenskraft und die psychische Einstellung des Patienten oder der Patientin sind entscheidende Bausteine einer erfolgreichen Therapie.

Infobox

Ein *Placebo* ist ein Scheinmedikament, das keinen Wirkstoff enthält. Studien zum Testen neuer Medikamente verwenden häufig Placebos zur Kontrolle der eigentlichen Ergebnisse. Es zeigt sich immer wieder, dass Placebos bei den Erkrankten, die freilich nicht wissen, dass kein Wirkstoff enthalten ist, „gute" Wirkungen erzielen. Diesen Effekt, dass eine Wirkung ohne Wirkstoff erzielt werden kann, nennt man Placeboeffekt.

Diese Forschungsrichtung geht teilweise von einem veralteten Genbegriff aus und übersieht den immer besser erforschten Einfluss der Umwelt auf die Aktivität und Wirkung der Gene (Stichwort Epigenetik). Zudem passieren Mutationen ständig während eines Menschenlebens. Demnach sind nach einiger Zeit die Zellen untereinander genetisch verschieden und jeder Mensch ein genetisches Mosaik. Schon nach den ersten Zellteilungen sind die Tochterblastomeren nicht mehr völlig genetisch identisch.

Außerdem ist es gut dokumentiert, dass viel weniger das Genrepertoir als die soziale Situation eines Menschen für seine Gesundheit verantwortlich ist. Auch hier stellt sich die Frage nach den Prioritäten, die eine Gesellschaft setzt.

Die Richtung der Medikamentenentwicklung könnte sich ändern: Suchte man früher nach Medikamenten für möglichst viele Menschen, kann es sein, dass man künftig nach genetisch passenden Menschen für ein Medikament sucht. Ist es nicht sinnvoller, den gesamten Behandlungsablauf zu optimieren, als nur ein einzelnes Medikament? Wo liegen unsere Prioritäten?

7.2   Gendiagnose

Die Gene, also die Erbanlagen des Menschen, werden weltweit intensiv erforscht. Man hat ja, wie oben erwähnt, im Frühjahr 2001 die Sequenzierung, das Ablesen aller Gene des Menschen, gefeiert. Seither wurde die Sequenzierung (Analyse der molekularen Feinstruktur der DNA, aber auch der RNA bzw. der Proteine) weiterentwickelt. Heute werden für immer mehr (Erb-) Krankheiten genetische Ursachen gefunden und Gendiagnosen entwickelt. Die genetischen Analysen können im nicht medizinischen Bereich – etwa für wissenschaftliche Fragestellungen – verwendet werden. Im medizinischen Bereich können beispielsweise genetisch bedingte Krankheiten vorhergesagt werden.

Das Spektrum der Aussagen einer Gendiagnose ist sehr weit und abhängig von
der Art der Vererbung und mitunter noch vielen anderen Faktoren. Jedenfalls muss
man ganz deutlich zwischen monogen vererbten und polygen vererbten Krankheiten
unterscheiden. Während Gendiagnosen bei monogen vererbten Krankheiten eine
sehr hohe Aussagekraft haben, so ist bei multifaktoriell verursachten oder polygen vererbten Erkrankungen die Aussage oft sehr schwammig. Eine ausführliche
Beratung, fachkundige Interpretation und eine Begleitung bei der Aufarbeitung
der Ergebnisse ist somit unabdingbar. Menschen lassen diese Untersuchungen aus
den unterschiedlichsten Beweggründen, wie in der Übersicht bereits ersichtlich,
durchführen und bekommen dann auch die unterschiedlichsten Ergebnisse. Wie
bedeutend es ist, etwa zwischen diagnostischen Tests und prädiktiven Tests zu
unterscheiden, wird in den folgenden Kapiteln herausgearbeitet:

Vorab soll schon ein viel diskutierter Kritikpunkt an der Gendiagnostik erwähnt
werden, denn bei allem was nachfolgend zu lesen ist, sollte dies vielleicht immer
im Hinterkopf bleiben. Nicht nur Gene, sondern sehr viele andere Faktoren wirken
sich auf Gesundheit und Krankheit oder die Wirksamkeit von Medikamenten
bzw. Therapien aus, die bei der Gendiagnose Beachtung finden müssten. Aspekte
wie das soziale Umfeld eines Menschen, die psychische Verfassung, der Einfluss
von Umweltfaktoren auf die Steuerungsmechanismen der Gene (Epigenetik) oder
Mutationen, die ständig passieren sind neben dem genetischen Code oft entscheidend für Verlauf und den Schweregrad einer Erkrankung.

7.2.1 Diagnostische Tests

Diagnostische Tests können etwa *zur Abklärung einer bereits bestehenden genetischen Erkrankung* eingesetzt werden. Bis vor wenigen Jahren stand eine Analyse
der Gene der medizinischen Praxis schlichtweg nicht zur Verfügung. Heute und
vor allem in den nächsten Jahren wird das eine zusätzliche Möglichkeit darstellen,
wie Ärzte und Ärztinnen eine schnelle und möglichst genaue Diagnose stellen
können. Wenn Patienten und Patientinnen bereits mit Symptomen in Behandlung
sind, kann es für die weitere Therapie sinnvoll sein, genau zu wissen, um welche
Krankheit es sich handelt. Mit Hilfe einer Gendiagnose kann dann bei Verdacht
auf eine bestimmte genetisch bedingte Krankheit genau in den verantwortlichen
Genen oder im verantwortlichen Gen nach Mutationen oder Veränderungen gesucht
werden. Diese Form der Genanalyse ist wohl die sinnvollste Einsatzmöglichkeit
dieser Technik, weil es um bestehende Erkrankungen und eine möglicherweise
verbesserte Therapie geht.

Trotzdem muss man hier schon anmerken, dass die Medizin in vielen Fällen nur die Symptome behandelt und gerade bei genetisch bedingten Erkrankungen wenig andere Möglichkeiten hat. Ein Beispiel hierfür ist die cystische Fibrose, auch Mukoviszidose genannt. Dies ist die häufigste angeborene Stoffwechselerkrankung und nahezu jeder 20. Mensch trägt das rezessiv vererbte defekte Gen. Menschen mit dieser Krankheit produzieren in verschiedenen Organen, besonders aber in den Lungen oder auch der Bauchspeicheldrüse, große Schleimmengen, die nicht abgebaut werden können. Kinder mit cystischer Fibrose brauchen sehr viel Pflege und Betreuung. Früher starben sie mitunter sehr früh vor allem an Lungenkomplikationen. Die Prognose hat sich durch verbesserte Therapien, wie schleimlösende Medikamente, deutlich verbessert. Welches Gen defekt ist, ohne dass dieses Wissen zum Fortschritt in der Therapie beigetragen hätte, ist seit langem (1989) bekannt. Mittlerweile kennt man mehr als 1000 verschiedener Mutationen die zur gleichen Krankheit, aber zu unterschiedlich schweren Verlaufsformen, führen.

Für weitere Beobachtungen ist die cystische Fibrose beispielhaft: Man hat viele verschiedene Veränderungen des entsprechenden Gens gefunden, die alle zu cystischer Fibrose führen können. Aber es ist irrelevant für die Therapie, welche Veränderung nun im Einzelfall vorliegt.

Natürlich können sich aus dem Befund für die Patientin bzw. den Patienten auch für Verwandte bestimmte Krankheitsrisiken ableiten, die es aufzuarbeiten gilt. Weiter unten wird diese Problematik des Rechtes auf Wissen und Nichtwissen ausführlich besprochen.

Für die *Krebsdiagnostik* gilt ähnliches wie gerade oben besprochen. Allerdings ist das Ursachenspektrum bei den allermeisten Krebsarten breiter. Krebs zählt zu den sogenannten multifaktoriellen Erkrankungen und je nach Krebsart kann eine genetische Komponente bestehen. Zur Abklärung einer bestehenden Krebserkrankung kann eine Genanalyse trotzdem sinnvoll sein.

Infobox

Ein *Biomarker* oder *biologischer Marker* bezeichnet eine messbare Größe, die Informationen über den gesundheitlichen Zustand des Patienten oder der Patientin gibt. Auf molekularbiologischer Ebene kann etwa die Aktivität bestimmter Gene in Krebszellen ein solcher Biomarker sein. Die Erforschung des Zusammenhangs zwischen Biomarker und entsprechender Erkrankung muss dem vorausgehen und dieser Zusammenhang sollte möglichst eindeutig und spezifisch sein.

Die *Gendiagnose in der personalisierten Medizin* ist das medizinische Therapiekonzept der Zukunft. Es soll individuelle Voraussetzungen, etwa der Gene, in
das Therapiekonzept einfließen lassen. Eine entscheidende Rolle spielt dabei die
Gendiagnose. Die Grundlage dieser Idee ist die Erkenntnis, dass unterschiedliche
Menschen oder eigentlich Gruppen von Menschen entsprechend unterschiedlich
auf Therapien ansprechen. Die Erforschung hat gezeigt, dass die Unterschiede
beispielsweise in der Wirksamkeit gewisser Therapien genetischen Ursprungs
sind. Der Stoffwechsel jedes einzelnen ist geringfügig anders und das hat mitunter
Auswirkungen auf die Verarbeitung von Medikamentenwirkstoffen im Körper. Die
genetischen Voraussetzungen sind durch Genomanalysen und Vergleiche messbar
oder mit Biomarkern feststellbar. So können theoretisch sowohl die genetischen
„Schwachstellen" von Tumorzellen oder, mittels Pharmakogenomik (siehe Kapitel
7.1.4), passende Therapien herausgefunden werden.

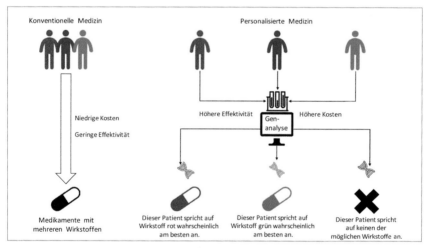

Abb. 7.2 Personalisierte Medizin: Die schematische Darstellung fasst die Vor- und Nachteile der personalisierten und der konventionellen Medizin zusammen. © Astrid
Tröstl

Die *Erwartungen* an die theoretischen Möglichkeiten sind enorm. Die Vorstellung,
dass den Patientinnen und Patienten mühselige und wirkungslose Therapien eventuell
mit deutlichen Nebenwirkungen erspart bleiben, klingt mehr als verlockend. Die

Kostenersparnis für diese unnützen Therapien können natürlich auch als großer Vorteil angeführt werden.

Die Idee der personalisierten Medizin ist wunderbar und sehr begrüßenswert. Die Zukunft wird ganz bestimmt eine individuellere Form der medizinischen Therapiefindung bringen. Ob dabei die Gendiagnosen und deren Analysen in der *Praxis* diese zentrale Rolle spielen werden, die ihnen jetzt zugesprochen wird, muss sich erst zeigen. Die Kosten und der erhebliche Aufwand den diese Analysen heute noch darstellen, lassen nicht darauf schließen, dass es eine Möglichkeit für die breite Masse in der täglichen medizinischen Betreuung werden wird. Derzeit ist es ein kostspieliger Therapieansatz für Randgruppen und seltene Medikamente mit massiven Nebenwirkungen. Die Kosten für die Analyse übersteigen die Einsparungen durch ein Weglassen unnützer Therapien noch deutlich. Das bringt natürlich die Frage mit sich, in wie weit die Gesellschaft diese personalisierte Medizin finanzieren kann und wird. So idyllisch der Begriff „personalisierte Medizin" klingt, so hochtechnisch und weniger individuell ist sie in der Praxis. Sowohl psychische Verfassung als auch Krankengeschichte oder andere Faktoren scheinen gegenüber den gut messbaren Ergebnissen aus der Genanalyse zu verlieren.

In der Krebstherapie eröffnen sich freilich Möglichkeiten und zeigen sich auch Erfolge. Chemotherapien sind teuer und oft mit erheblichen Nebenwirkungen verbunden. Hier wird die personalisierte Medizin zu einem immer fixeren Bestandteil der Therapiemöglichkeiten werden. Siehe dazu auch das Kapitel Pharmakogenomik.

7.2.2 Prädiktive Tests

Die Prädiktiven Tests *zur Abklärung einer (möglicherweise) zukünftig auftretenden genetischen Erkrankung* bringen nochmals ganz andere Möglichkeiten und Herausforderungen mit sich.

Geht es darum, gesunde Menschen mittels einer Gendiagnose zu untersuchen, so ist für den Betroffenen bzw. die Betroffene die Aussagekraft dieser Untersuchung wohl bedeutend. Wenn eine Genvariante gefunden wird, die mit einem Krankheitsbild in Verbindung steht, so ist es entscheidend zu wissen, mit welcher Wahrscheinlichkeit diese Krankheit auftreten wird oder auch wann und in welcher Intensität. Und genau bei diesen Fragestellungen wird es schwierig, weil diese nur teilweise durch die Ergebnisse beantwortet werden können. Außerdem spielt hier die Vererbung, wie schon eingangs erwähnt, eine entscheidende Rolle. Deshalb spaltet sich dieses Kapitel in monogen vererbte und polygen vererbte bzw. multifaktoriell verursachte Krankheiten.

Im Fall der *monogen vererbten Krankheiten* oder Leiden liegt die Ursache für die Erkrankung in einem einzigen veränderten Gen. Rund 4000 (die Angaben schwanken je nach Quelle) solcher Krankheitsgene sind bereits bekannt. Es besteht dabei eine relativ einfache Wirkungsbeziehung zwischen Gen und Erkrankung, auch wenn der Grad der Erkrankung von Mensch zu Mensch variieren kann. Diese Krankheiten werden nach den Mendel'schen Regeln vererbt. Oft sind derartige Gendefekte rezessiv vererbt, das heißt sie treten nur dann im Phänotyp auf, wenn das defekte Gen von beiden Elternteilen vererbt wird. Selbst wenn beide Elternteile das rezessive defekte Gen haben, so hat das Kind eine 25 prozentige Wahrscheinlichkeit, krank zu werden. Kommt der Fehler nur von einem Elternteil (50 Prozent), wirkt er sich nicht aus, da er von der intakten Erbanlage des anderen Elternteils kompensiert wird. In 25 Prozent der Fälle hat das Kind das defekte Gen überhaupt nicht geerbt, obwohl beide Elternteile Träger sind. Ein derartiges Vererbungsbeispiel zeigt Abb. 7.3 am Beispiel Mukoviszidose. Wir alle tragen vermutlich einige solcher rezessiver Gendefekte, von denen wir nichts wissen und die sich auch bei unseren Kindern nur auswirken können, wenn der andere Elternteil zufällig genau den gleichen Gendefekt beisteuern würde, in uns.

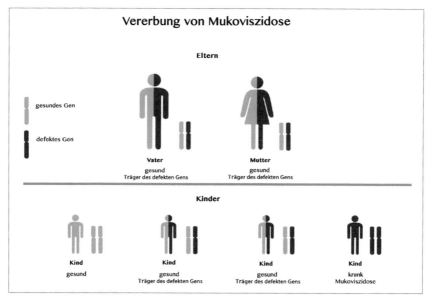

Abb. 7.3   Monogene Vererbung – Mukoviszidose: Dieses Vererbungsbeispiel zeigt, dass beide Eltern Träger des defekten, rezessiven Allels sind und die Kinder eine 75-prozentige Wahrscheinlichkeit haben völlig gesund zu sein, wobei eine 50-prozentige Wahrscheinlichkeit besteht, dass die Kinder das rezessive Allel in sich tragen. Kinder dieser Eltern haben eine 25-prozentige Wahrscheinlichkeit, an Mukoviszidose zu erkranken. In Anlehnung an: © zuzanaa / Fotolia

Im Falle der monogen vererbten Krankheiten liefert eine Gendiagnose eine sehr verlässliche Information, z.B. ob man diese Krankheit hat bzw. haben wird, wenn sie später ausbrechen sollte oder eben nicht.

Man hat in die Erforschung der Gene hohe Erwartungen und Hoffnungen gesetzt. Man könne dadurch Therapien finden und erhoffe dies immer noch. Tatsächlich hat das Wissen um die molekularen Ursachen der Gendefekte bislang kaum Auswirkungen auf mögliche Therapien gehabt. Es gibt für die wenigsten dieser Erbkrankheiten eine Therapie im Sinne einer Heilung der Krankheit. Manchmal kann man die Folgen mildern oder bekämpfen. Allerdings geht das eher mit konventionellen medizinischen Methoden, unabhängig von genetischen Forschungen.

Man weiß nun über die Krankheit Bescheid, kann aber in vielen Fällen nichts dagegen tun. Das Ausmaß, die Schwere der Krankheit oder des Leidens ist darüber hinaus auch nach einer Gendiagnose nicht vorhersehbar und kann von Mensch zu Mensch variieren.

Manche Erbkrankheiten treten erst nach Jahren auf. Ein Beispiel dafür ist die monogen dominant vererbte Krankheit Chorea Huntington oder erblicher Veitstanz, die sich erst nach Jahren (je nach Lehrbuch nach 40 oder 50 Jahren) zeigt. Sie führt dann allerdings durch Zerstörung des Gehirns und innerhalb von Jahren zum Tod. Bis dorthin führt man ein normales Leben.

Die *Aussagekraft* der Gendiagnosen bei monogen vererbten Krankheiten ist sehr hoch. Somit kann der Befund eindeutige Ergebnisse liefern, ob man die Krankheit hat bzw. haben wird oder nicht. Diese Eindeutigkeit ist natürlich auf den ersten Blick positiv, aber bei genauerer Betrachtung bleibt doch offen, wann die Krankheit in welcher Ausprägung bzw. in welchem Schweregrad und Verlauf auftreten wird. Der Grund dafür ist, dass ein Gen durch verschiedene Mutationen verändert sein kann. Im Falle der Mukoviszidose sind mehr als 1000 Allelvarianten des CFTR-Gens (Cystic Fibrosis Transmembrane Conductance Regulator Gene) bekannt. Zudem ist schon die Entscheidung, ob man eine Gendiagnose durchführen lässt, mitunter extrem schwierig.

Bleiben wir beim *Beispiel Chorea Huntington*: Die Entscheidung für oder gegen einen Gentest bei Personen, die im familiären Umfeld erkrankte Menschen haben, ist ein Dilemma. Entscheidet sich der oder die Betroffene gegen eine Gendiagnose, so kann er oder sie sich um ein normales Leben bemühen, aber oft bleibt die Ungewissheit immer in den Gedanken. Entscheidet sich der Betroffene für einen Gentest, so bricht bei positivem Bescheid die gesamte Familien- und Zukunftsplanung zunächst zusammen, weil plötzlich aus einer Bedrohung Gewissheit wird. Wenn man die Diagnose mit 20 Jahren gestellt bekommt, lebt man die nächsten Jahrzehnte mit dem dauernden Wissen noch vor dem hohen Alter an Zerstörung des Gehirns zu sterben. Wie lebt man mit diesem Wissen? Man muss aber auch bedenken, dass das Wissen um voraussehbare Krankheiten oder den frühen Tod im Einzelfall auch zu einem bewussten und damit erfüllten Leben führen kann. Es kann auch Entscheidungen bezüglich Familien- und Kinderplanung beeinflussen oder auch erleichtern. Ein negativer Gentest wäre selbstverständlich eine unglaubliche Erleichterung.

Die klassische monogene Vererbung ist überaus selten und oft liegt eine oligogene Vererbung von zwei oder drei Genen vor. Somit führen oft wenige Genmutationen in Summe zur Erkrankung. Der Übergang zu den polygen vererbten Krankheiten oder besser ausgedrückt zu den multifaktoriell bedingten Krankheiten ist demnach fließend und schwierig abzugrenzen.

Neben den monogen vererbten Krankheiten mit ihren überschaubaren, genetischen Ursachen werden seit vielen Jahren gerade für Krankheiten oder Eigenschaften mit komplexen Ursachen verantwortliche Gene gesucht. Man spricht von *polygen vererbten oder verursachten Krankheiten*.

Es geht dabei vor allem um häufige Krankheiten oder Leiden wie Krebs oder Alzheimer, Anfälligkeit und Neigung für chronische Krankheiten wie Herz- und Kreislauferkrankungen, aber auch Adipositas und viele andere mehr.

Es sind dies Krankheiten oder Leiden, bei denen mehrere Gene eine Rolle spielen, weswegen man von polygener Veranlagung spricht. Diese Krankheiten sind außerdem von einer mehr oder weniger großen Zahl von weiteren Einflussfaktoren (zum Beispiel Umweltfaktoren, Ernährung, Lebensumstände, ...) abhängig. (Siehe Abb. 7.4) Abgesehen davon, dass man inzwischen weiß, dass es praktisch unmöglich ist, etwas eindeutig den Genen oder der Umwelt zuzuordnen, sind weder die genetischen Zusammenhänge noch der Beitrag der Umwelt eindeutig geklärt. Die Hoffnung mit einer schnelleren Sequenzierung und einer sehr großen Stichprobenzahl genetische Marker und deren Verbindung zu Krankheitsbildern finden zu können, hat sich bisher in den seltensten Fällen erfüllt. Zu unterschiedlich sind die anderen Einflussfaktoren und zu gering oft die genetische Komponente.

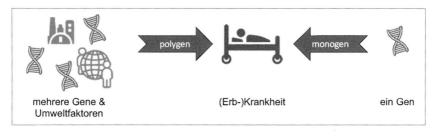

Abb. 7.4   Monogene und polygene Vererbung: Während bei der monogenen Vererbung die Krankheit einzig durch ein Gen bedingt ist, kommt es bei der polygenen Vererbung zu einem Zusammenspiel mehrerer Gene und Umweltfaktoren. © Astrid Tröstl und Katrin Urferer

Was man auf der Suche nach verantwortlichen Genen bestenfalls findet, sind einzelne Gene, die im Zusammenhang mit einer bestimmten Krankheit gehäuft auftreten. Wobei weder die Anwesenheit dieses Gens etwas darüber aussagt, ob die Erkrankung tatsächlich eintreten wird, noch seine Abwesenheit die Garantie gibt, die Krankheit nicht zu bekommen. Der Kontext mit den jeweiligen Umweltbedingungen (Ernährung, ...) der untersuchten Person scheint oft extrem wichtig.

Besonders bekannt sind in diesem Zusammenhang die so genannten *Brustkrebsgene*. Eine Veränderung an den beiden Genen BRCA 1 und BRCA 2 (aus dem Englischen BReast CAncer = Brustkrebs) führt zu einem deutlich erhöhten Brust- und Eierstockkrebsrisiko. Durch ein verändertes BRCA 1 erkranken zwischen 60 und 80 Prozent der Betroffenen an Brust- oder Eierstockkrebs und bei BRCA 2 zwischen 45 und 80 Prozent der Personen (Die Angaben schwanken je nach Quelle).[53, 54, 56, 57, 58] Das heißt natürlich nicht, dass alle Trägerinnen oder auch Träger, auch Männer können, wenngleich selten, an Brustkrebs erkranken, Brustkrebs bekommen werden, sondern, dass das Risiko entsprechend erhöht ist. Gleichzeitig spielt dieser erbliche, familiäre Brutkrebs aber nur in fünf bis zehn Prozent der Brustkrebsfälle eine Rolle.[59] In Deutschland erkrankt im Laufe ihres Lebens jede achte bis zehnte Frau daran. Die Hauptmasse der Brustkrebserkrankungen taucht demnach, nach heutigem Wissen, völlig unabhängig von diesen beiden Genen auf. Die Brustkrebsgene stehen auch im Verdacht, eine Rolle bei Prostata- und Dickdarmkrebs zu spielen.

Die Gendiagnose kann demnach mit ihren Ergebnissen im Fall der Brustkrebsgene nicht wesentlich mehr aussagen, als eigentlich ohnehin durch Beobachtungen in der eigenen Familiengeschichte bekannt ist. Was eine solche Gendiagnose allerdings schon kann, ist bei positivem Befund ein höheres Risiko individuell zuzuordnen oder dies bei negativem Befund auszuschließen. Letzteres würde aber nicht ausschließen, dass man die Krankheit nicht doch bekommen kann, wobei ersteres noch nicht bedeutet, dass man wirklich erkranken wird.

Neben Genen für eindeutige Krankheiten werden auch immer wieder Gene für Verhaltenseigenschaften, wie z. B. Homosexualität, Intelligenz oder diverse soziale Fähigkeiten und Verhaltensmuster gesucht. Regelmäßig wird berichtet, dass für die eine oder andere Eigenschaft verantwortliche Gene gefunden worden seien. Das sind Beobachtungen, die allerdings langfristig oft nicht bestätigt werden können.

In der *Praxis* gibt es viele Aspekte zu bedenken. Wichtig ist dabei etwa, dass einem genetischen Befund ein weitaus größeres Gewicht beigemessen wird als vagen Beobachtungen, dass in einer Familie Krankheiten gehäuft auftreten. Es ist auch ein personenbezogener Befund, der jetzt ein Risiko persönlich zuordnet und keinen Spielraum, ein ,vielleicht bin ich nicht betroffen', offen lässt. In den USA und Großbritannien haben sich Frauen, am bekanntesten ist wohl die Schauspielerin Angelina Jolie, nach einem positiven Befund einer Gendiagnose beide Brüste amputieren lassen und in beiden Ländern ist dies eine von Ärztinnen und Ärzten gelegentlich empfohlene 'Therapie'. Dies lässt unter anderem die Tatsache außer Acht, dass Brustkrebs nicht die einzige Krebsart ist, die durch dieselben Gene vermehrt auftritt.

Die voraussagende Medizin kann Menschen dazu veranlassen, vorsorglich mit ihrem Leben umzugehen, Risikofaktoren vermehrt zu meiden, Vorsorgemedizin und Frühdiagnosemöglichkeiten zu nützen, etc. und dadurch zum Vorteil werden. Im Fall von Brustkrebs, wo es sinnvolle und gute Vorsorgemöglichkeiten gibt, macht dies vielleicht Sinn. Gibt es diese nicht, ist der Nutzen von Ergebnissen mit erhöhtem Risiko für eine bestimmte Erkrankung fraglich. Voraussagende Medizin kann schließlich auch apathisch wirken, Zukunftsangst machen und dafür sorgen, wie es einmal eine Frau mit diagnostiziertem Brustkrebsgen ausgedrückt hat, dass man nur noch wie das Kaninchen vor der Schlange dasitzt und auf den Ausbruch der Krankheit wartet.

Vor allem macht so eine vorausschauende Gendiagnose gesunde Menschen zu Patienten und Patientinnen, die nun medizinische Betreuung brauchen, obwohl sie eigentlich noch gesund sind. Dies sind Menschen, die wahrscheinlich jahrzehntelang als gesund gegolten und sich auch so gefühlt hätten. Durch die Gendiagnose aber sind sie für den Rest ihres Lebens Patienten bzw. Patientinnen, auch dann, wenn sie noch gesund sind. Eine psychologische Begleitung und umfassende Informationsgespräche vor, während und nach der Gendiagnose sind demnach unerlässlich. Außerdem hat eine Gendiagnose Wirkung über die direkt Betroffenen hinaus, da sie auch Hinweise auf Verwandte gibt.

Mit äußerstem Misstrauen sind genetische Befunde, für irgendwelche Wesens-, Verhaltens- oder Sozialeigenschaften zu werten. Es handelt sich dabei um äußerst komplexe Eigenschaften mit ungeklärter Beteiligung von genetischen und Umweltfaktoren. Neuere Untersuchungen aus dem Bereich des Verhaltens und der Neurobiologie deuten sehr auf eine wichtige Rolle von Umweltkomponenten, bzw. eine enge Verflechtung von genetischen und Umweltfaktoren, die letztlich nicht zu trennen sind, hin. Gendiagnosen werden zudem häufig von privatwirtschaftlichen Unternehmen durchgeführt. Demnach reichen die kommerziellen Angebote von Gendiagnosen mittlerweile deutlich weiter in die verschiedensten Lebensbereiche. So kann man auch die Neigung zum Alkoholismus, Veranlagung für Musikalität, die Verwertungsmöglichkeiten von Nahrungsmitteln oder ähnliches austesten lassen. Hinzu kommt noch ein weiterer Aspekt: In Deutschland sind medizinische Genanalysen im Gendiagnostikgesetz geregelt (in Österreich und der Schweiz gibt es ähnliche Gesetze), diese angesprochenen sogenannten „life style"-Tests sind allerdings nicht geregelt.

7.2.3 Vorgeburtliche Risikoabschätzung

Ein weiterer Bereich der Anwendungen der Gendiagnosen ist der vorgeburtliche Bereich. Mit Hilfe von pränatalen Diagnosen können Behinderungen, Fehlbildungen und Erkrankungen genetischen Ursprungs während der Schwangerschaft, wenn möglich frühzeitig, erkannt oder vorhergesagt werden. Durch neue Methoden ist es möglich, zunehmend mehr Veränderungen schon im Mutterleib zu erkennen. Mittels Präimplantationsdiagnose können Embryonen nach einer künstlichen Befruchtung schon vor dem Einsetzen in den Mutterleib einer Genanalyse unterzogen werden.

Infobox

Methoden der PND

In der PND (Pränataldiagnostik) kommen *nichtinvasive* und *invasive Methoden* zur Anwendung. Bei den nichtinvasiven werden alle Beobachtungen von außerhalb des Körpers durchgeführt, während bei den invasiven, wie der Name sagt, Proben aus dem Körper genommen werden.

Nichtinvasive Methoden:

Ultraschall: Die, üblicherweise routinemäßig durchgeführten Ultraschalluntersuchungen, bei denen neben anderem auch Missbildungen festgestellt werden können.
Dopplerultraschall: Dient vor allem zur Untersuchung des kindlichen Blutgefäßsystems, wobei u.a. Herzfehlbildungen festgestellt werden können. Ab der 20.Woche
Organscreening: Detaillierte Untersuchung von Organen, Körperform, Extremitäten. Meist zwischen der 20. Und 22. Woche
Nackentransparenztest: Eine Ultraschalluntersuchung mit besonderer Berücksichtigung der Dicke der Nackenfalte. Er gibt Hinweise auf Down Syndrom und andere Chromosmenanomalien. Zur Absicherung ist eine der invasiven Untersuchungen notwendig. Zwischen der 11. und 14. Schwangerschaftswoche
Ersttrimestertest: Eine Kombination aus Nackentransparenztest, Analysen des mütterlichen Blutes und weiterer Ultraschallbeobachtungen und Berücksichtigung des Alters der Mutter. Er liefert keine Diagnose, sondern gibt einen Hinweis auf ein Risiko von vor allem Down Syndrom. Auch hier ist eine invasive Diagnose notwendig. Zwischen der 11. und 14. Woche.

cfDNA-Test: Aus dem Blut der Mutter werden kindliche DNA-Bruchstücke herausgefischt. Daraus kann auf eine Chromosomenanomalie, insbesondere Down Syndrom geschlossen werden. Auch hier ist, bei positivem Befund, eine anschließende invasive Untersuchung notwendig. Kann in oder nach der zehnten Schwangerschaftswoche durchgeführt werden.

Invasive Methoden:

Invasive Methoden dienen der Abklärung und Absicherung von verschiedenen Diagnosen (s.o.) aber auch bei Risiken, die mit einer Rhesusunverträglichkeit zusammenhängen können (worauf hier nicht eingegangen wird). Sie sind mit einer Reihe von Risiken verbunden, vor allem dem einer Fehlgeburt.

Amniozentese oder Fruchtwasseruntersuchung: Dabei wird mit einer dünnen Hohlnadel durch die Bauchdecke Fruchtwasser entnommen und untersucht. An Hand der im Fruchtwasser schwimmenden kindlichen Zellen können Chromosomenanomalien, wie z.B. Down Syndrom nachgewiesen werden. Das Fehlgeburtrisiko beträgt 0,5 – 1 Prozent. Die möglichen Komplikationen sind: Blutungen, Blasensprung, Infektionen, vorübergehender Fruchtwasserabgang. Sie wird üblicherweise ab der 16. Woche, durchgeführt. Es besteht die Möglichkeit einer Frühamniozentese zwischen der 12. und 14. Woche, die aber nur in Ausnahmefällen durchgeführt wird, da die Risiken zu wenig erforscht sind.

Chorionzottenbiopsie: Aus den Chorionzotten, aus denen sich die Plazenta entwickelt, wird durch die Bauchdecke eine Probe entnommen. Da es sich um kindliche Zellen handelt, können, wie bei der Amnizcentese, Chromosomenanomalien festgestellt werden. Chorionzottenbiopsie kann schon ab der elften Woche durchgeführt werden; das Fehlgeburtsrisiko wird als ähnlich der Amniozentese oder höher angeben.

Die zwei häufigsten und schon länger üblichen Methoden der *Pränataldiagnostik*, die derzeit hauptsächlich zum Erkennen von Down Syndrom eingesetzt werden, sind die Fruchtwasseruntersuchung oder Amniozentese und die Chorionzottenbiopsie, bei der eine Probe der Chorionzotten, die kindlichen Ursprungs ist, entnommen wird (das Chorion ist der Vorläufer der Plazenta). Beide Verfahren liefern nach wie vor die exaktesten Informationen, sind aber beide mit einem Risiko für das Leben des Kindes verbunden. Bei der Amniozintese stirbt, je nach Literatur, ein Kind pro 100 bis 200 Untersuchungen. Bei der seltener durchgeführten Chorionzottenbiopsie ist das Risiko für den Tod des Kindes noch höher; die Untersuchung kann aber früher durchgeführt werden. Eine Fruchtwasserpunktion wird meist zwischen der

15. und 18. Schwangerschaftswoche, die Chorionzottenbiopsie zwischen der 12. und 14. Woche durchgeführt.

Vor ca. 20 Jahren wurde zuzüglich dazu das Erst-Trimester-Screening zum Down Syndrom Nachweis eingeführt. Dabei wird aus Ultraschallbildern, der Nackenfalte und der Messung von Blutwerten der Mutter auf ein Risiko für Down Syndrom geschlossen. Ein genaues Ergebnis liefern aber auch hier nur die beiden oben genannten Nachweismethoden.

Seit 2012 ist in Deutschland, Österreich und der Schweiz ein neuer, nichtinvasiver Test, der cfDNA-Bluttest zugänglich. Dabei wird kindliche DNA aus dem Blut der Mutter herausgefischt und daraus auf die Chromosomenverteilung geschlossen. Die DNA des Kindes stammt von Plazentazellen.

Derzeit werden vor allem Veränderungen der Chromosomenzahl, vorwiegend Trisomie 21 (Down Syndrom) aber auch Trisomien 18 und 13 (sie kommen beide selten vor, führen zu Behinderungen, aber meist zum Tod während der Embryonalzeit) untersucht. Erfasst werden auch Störungen der Zahl der Geschlechtschromosomen: Nur ein X-Chromosom (Turner Syndrom), zwei X plus ein Y-Chromosom (Klinefelter Syndrom) und Tripl-X, drei X-Chromosomen. Mädchen mit Turnersyndrom haben eine höhere Sterblichkeit im Mutterleib, manchmal Organschäden und untypisches weibliches Aussehen, aber normale Intelligenz und sind fast immer unfruchtbar. Die äußeren Merkmale können durch Hormontherapien behoben werden, so dass es zu einer normalen äußeren Entwicklung kommt. Menschen mit Klinefelter Syndrom sind männlich, aber ebenfalls unfruchtbar, sie haben meist auffälligen Hochwuchs und normale Intelligenz. Triple-X Frauen sind unauffällig und haben eine etwas verminderte Fruchtbarkeit und können eine leicht verminderte Intelligenz haben.

Mit dem Fortschreiten der Nachweismethoden können immer mehr genetisch bedingte Veränderungen nachgewiesen werden.

Die genauen und aussagekräftigen Methoden sind leider mit *unterschiedlichen Problemen* verbunden. Wie oben erwähnt sind Fruchtwasseruntersuchung und Chorionzottenbiopsie mit einem nicht unbeträchtlichen Risiko für das Kind, aber als invasive Methoden auch mit dem Risiko eines jeden Eingriffs, für die Mutter verbunden. Das Ersttrimesterscreening ist zu ungenau und wird deshalb bei positivem Befund immer von einer der obengenannten invasiven Untersuchungen ergänzt.

Bedeutend genauer ist der cfDNA-Bluttest. Er liefert sichere Ergebnisse beim Ausschluss einer Chromosomenanomalie. Trotz hoher Genauigkeit sind aber falschpositive Ergebnisse nicht auszuschließen. Laut Ärztezeitung würden bei den rund 600.000 Schwangeren, die den Bluttest jährlich in Deutschland machen lassen, etwas 600 falsch positiv beurteilt.[60] Um sicher zu sein, ist bei einem positiven Befund eine zusätzliche Fruchtwasseruntersuchung mit ihrem Risiko notwendig. Bei einem Spätabbruch ist eine solche auch vorgeschrieben.

Da der Bluttest einfach und vor allem nicht-invasiv, ohne Gefährdung von Mutter und Kind durchgeführt werden kann, ist damit zu rechnen, dass er bei insbesondere einem höheren Alter der Mutter zu einem Screening einstweilen vor allem nach Trisomie 21 werden wird. In der medizinischen Fachliteratur wird beim cfDNA-Test auch von Trisomie-Screening gesprochen.

Durch den Bluttest wird das physische Risiko eines Testes stark minimiert, nicht aber die psychische Belastung der Eltern, insbesondere natürlich der Mutter. Das beginnt mit der Frage, ob überhaupt der Test gemacht werden soll. Und so wie dieser Test seitens der Humangenetiker und -genetikerinnen im Besonderen und der Ärzte und Ärztinnen im Allgemeinen begrüßt wird, ist damit zu rechnen, dass die Schwangeren unter Druck kommen, den Test durchführen zu lassen. Was dann unweigerlich zur Entscheidung führt, das Kind zu bekommen oder nicht. Dazu kommt der gelegentlich ausgesprochene oder unausgesprochene Druck, dem Eltern ausgesetzt sind, die ein behindertes Kind bekommen, dass sie es hätten verhindern können. Außerdem kommen die manchmal länger anhaltenden seelischen Belastungen nach einer Entscheidung gegen das Kind hinzu.

Ein weiteres Problem ist die oft mangelnde Information über Möglichkeiten der Hilfe und der Unterstützung, Frühfördermöglichkeiten, eventuell auch von Therapiemöglichkeiten nach der Geburt. Eltern bräuchten bei einer Pränataldiagnose auf Behinderung psychologische Betreuung und Unterstützung. Eine solche steht aber nicht selbstverständlich zur Verfügung. Die Eltern sind oft mehr oder weniger allein gelassen. Ärzte und Ärztinnen sind oft wenig informiert über die Fähigkeiten, die behinderte Menschen bei entsprechender Betreuung und Förderung haben und welche Betreuungsmöglichkeiten und Entwicklungsmöglichkeiten es tatsächlich gibt. Wie bei anderen genetisch bedingten Abweichungen gibt es auch bei Down Syndrom unterschiedliche Ausprägungen. Immer wieder erreichen Down Syndrom Kinder den Hauptschulabschluss, in bislang seltenen Fällen sogar weitergehende Ausbildungen, ja bis zum Universitätsabschluss. Faktisch wird seitens der Medizin auf Frauen oft Druck ausgeübt, humangenetische Untersuchungen in Anspruch zu nehmen und Eltern erleben meist wenig Verständnis, wenn sie sich dem Trend zum Trotz entscheiden, das behinderte Kind zu behalten. 90 Prozent der Kinder, bei denen eine Trisomie 21 nachgewiesen worden ist, kommen nicht zur Welt, weil die Schwangerschaft abgebrochen wird.

Zunehmende vorgeburtliche Diagnosen bergen immer die Gefahr, dass sich daraus ein Screening entwickelt, man also gezielt nach behinderten Kindern sucht. Da beim Bluttest auch andere Abweichungen der Chromosomenzahl festgestellt werden, ist zu befürchten, dass immer wieder auch Turner Syndrom, Klinefelter Syndrom oder Tripel-X Kinder nicht geboren werden. Es sind, wie auch im Kapitel Präimplantationsdiagnostik erwähnt, gerade die Betroffenen sowie Behindertenverbände und -einrichtungen, die sich gegen Routinetest klar aussprechen. Mit einer Zunahme des Gentests und immer häufigeren Untersuchungen besteht die Gefahr, in eine neue Eugenik hineinzuschlittern.

Gleichzeitig ist dieser Test ein weiterer Baustein, die Schwangerschaft zu einem Problem zu machen. Was seit den ca. zwei Millionen Jahren, seit es Menschen gibt, ein selbstverständlicher und natürlicher Vorgang war, wird immer mehr zu einem medizinischen Problem, das immer mehr Überwachung und immer mehr Tests erfordert, was aber auch immer mehr Belastung für die Eltern bedeutet. Betrachtet man nicht nur den Menschen, sondern die Plazentatiere, die größte Gruppe unter den Säugern, insgesamt, dann gibt es diese Art des Lebendgebärens seit ca. 90 Millionen Jahren und diese hat sich in der Evolution sehr bewährt. Natürlich ist die Mütter- und Säuglingssterblichkeit drastisch zurückgegangen. Dies aber ist nicht so sehr pränatalen Tests, sondern mehr einer besseren Betreuung der Schwangeren und vor allem den großen Verbesserungen und Neuerungen in der Peri- und Postnatalzeit zu danken.

Wenn behinderte Menschen und genetisch bedingt Kranke verhindert werden können und zunehmend nicht mehr zur Welt kommen, wird man vielleicht immer weniger in Förderungsmaßnahmen, Suche nach Therapien etc. investieren. Dabei haben die letzten Jahrzehnte gezeigt, dass die Möglichkeiten und Fähigkeiten von körperlich und geistig behinderten Menschen weit über dem liegen, was man früher gedacht, auch nur im Entferntesten für möglich gehalten hat. Man hat das Gefühl, dass gerade dieses Wissen mit den entsprechenden Folgen für ärztliche, humangenetische Beratungen noch nicht zur Gänze in der Medizin Fuß gefasst hat.

Wenn man dazu übergeht Menschen mit Behinderung zu verhindern, dann verändert sich vielleicht das Klima in der Gesellschaft und die Toleranz ihnen gegenüber. Vor allem aber gegenüber Frauen, die ein behindertes Kind zur Welt bringen, kann oder wird das Verständnis schwinden.

Aber Behinderungen sind nur ein Teil des Problems. Je mehr man dazu übergeht für alles Gene zu suchen, desto mehr verlangen wir nach dem perfekten Kind. Irgendwann einmal wird jemand Kinder abtreiben lassen, weil man ihnen eine Neigung zum dick werden vorhergesagt hat. In China und Indien werden Kinder jetzt schon abgetrieben, weil sie weiblich sind. Die Sucht nach dem perfekten Körper wird ergänzt durch die Sucht nach dem perfekten Kind mit den vermeintlich perfekten Genen.

Im Zuge einer künstlichen Befruchtung, einer in vitro-Fertilisation (IVF) oder einer intracytoplasmatischen Spermieninjektion (ICSI), ist es möglich, den Embryo vor der Implantation auf Gendefekte zu untersuchen. Man spricht dann von *Präimplantationsdiagnostik* (PID).

Die PID wurde Ende der Achziger, Anfang der neunziger Jahre in Großbritannien, den USA und Belgien entwickelt. Das erste Kind nach einer PID kam 1995 in Großbritannien zur Welt. Es dürfte inzwischen weltweit etwa 10 000 Kinder geben, die nach einer PID geboren wurden.

Infobox

Polkörperchen entstehen bei der Reifung der Keimzellen. Dabei muss der Chromosomensatz halbiert werden, das geschieht durch zwei aufeinander folgende Zellteilungen. Bei der Samenzellreifung entstehen vier reife Samenzellen; bei der Reifung der Eizelle hingegen nur eine reife Eizelle, die anderen drei Zellen sind winzig klein und haben keine weitere Funktion, sie werden Polkörperchen genannt. Aus ihrem Chromosomensatz kann man aber auf den der Eizelle schließen.

Die *intracytoplasmatische Spermieninjektion (ICSI)* ist eine Sonderform der in vitro Fertilisation, bei der ein Spermium direkt in die Eizelle injiziert wird. Sie wird immer dann angewendet, wenn zu wenig oder keine befruchtungsfähigen Spermien, die in die Eizelle alleine eindringen könnten, vorhanden sind.

Prinzipiell können bei der PID zwei verschiedene Methoden unterschieden werden: Das eine ist die Polkörperchendiagnostik. Dabei werden nicht Zellen des Embryos selbst, sondern die Polkörperchen einer Gendiagnose unterzogen. Polkörperchen entstehen bei der Reifung der Eizelle und sind, vereinfacht gesagt, die Schwesterzellen der reifen Eizelle; sie gehen bald nach der Befruchtung zugrunde. Da es sich um eine Untersuchung handelt, die vor der Befruchtung durchgeführt wird, also vor der Verschmelzung von Ei- und Samenzelle, spricht man dabei auch von Präfertilisationsdiagnostik. Man kann von der genetischen Situation des Polkörperchens auf die der Eizelle schließen. Da nur bei der Reifung der Eizellen, nicht aber bei der der Samenzellen, Polkörperchen entstehen, ist dabei die Suche nach genetischen Veränderungen auf die der Mutter beschränkt.

Die andere Methode, die PID im engeren Sinn, ist eine Untersuchung des Embryos selbst. Nach der künstlichen Befruchtung lässt man den Embryo in einer Nährlösung meist drei Tage heranwachsen, bis zum Achtzellstadium. Dann wird in der Außenhülle eine Öffnung erzeugt, was auf verschiedenen Wegen geschehen kann, und dem Embryo werden eine oder zwei Zellen entnommen, die dann genetisch untersucht werden. Man kann den Embryo auch fünf bis sechs Tage heranwachsen lassen und im so genannten Blastocystenstadium die Zellen zur Untersuchung entnehmen.

Die PID wird aus mehreren Gründen durchgeführt:

Zum einen sollen Behinderungen oder (in der Regel monogene oder oligogene) Erbkrankheiten noch vor der Implantation des Embryos festgestellt werden, um Embryonen mit Risiko auf eine Erbkrankheit, Behinderung, etc. gar nicht zu implantieren und auf diese Weise eventuell ein behindertes/krankes Kind zu verhindern, bzw. später einen Schwangerschaftsabbruch nach einer Pränataldiagnose unnötig zu machen.

Durch die PID soll weiters die Erfolgsrate der künstlichen Befruchtung gesteigert werden. Wenn Embryonen mit Gendefekten gar nicht implantiert werden, erwartet man, dass die in vitro Fertilisation weniger Ausfälle haben wird. Ein möglicher Grund für den Tod von Embryonen während der Schwangerschaft sind Chromosomenanomalien, dass das Kind nicht 46 sondern mehr oder weniger Chromosomen hat.

Infobox

Eine von 46 abweichende Zahl an Chromosomen nennt man *Aneuploidie*. Diese führt fast immer zum Tod des Embryos (eine der Ausnahmen ist das Down Syndrom). Aneuploidien nehmen mit dem Alter der Mutter (ob das Alter der Väter auch eine Rolle spielt ist umstritten, wird aber mehrheitlich verneint) zu. Auf Chromosomenanomalien wird üblicherweise untersucht, weshalb man auch von Aneuploidiescreening spricht.

Eine PID kann eingesetzt werden, um so genannte Retterbabys zu erzeugen. In diesem Fall werden Embryonen ausgewählt, die immunologisch verträglich für ein erkranktes Geschwister, das eine Zellspende braucht, sind. Bei natürlich gezeugten Geschwistern beträgt die Chance, dass sie immunologisch verträglich sind, transplantierte Zellen also nicht abgestoßen werden, 25 Prozent, durch eine PID kann dies gesteigert werden.

Die PID kann auch verwendet werden, um das Geschlecht des Embryos festzustellen und damit eine Geschlechterauswahl durchzuführen. Dies kann einen Krankheitsbezug haben, wenn eine Erbkrankheit an ein Geschlechtschromosom gebunden ist oder kann davon unabhängig dazu dienen, ein Kind eines bestimmten Geschlechts zu bekommen – im englischen Sprachraum spricht man dann von social sexing. Während dies in einigen Ländern, bekannt dafür sind insbesondere Indien und China, dazu dient, ganz gezielt männliche Nachkommen zu bekommen, ist social sexing in den USA relativ häufig (rund zehn Prozent aller PID Versuche) mit dem Ziel eine ausgewogene Mädchen–Knaben–Relation in der Familie zu haben (family balancing).

Die *rechtliche Situation* bei der PID ist uneinheitlich. Zwar ist sie in sehr vielen Staaten der Erde, wie auch innerhalb der EU seit 2015 mit Ausnahme Litauens, erlaubt, aber mit sehr unterschiedlichen Einschränkungen. Wir möchten uns auf die Situationen in Deutschland, Österreich, der Schweiz, Großbritannien, den Niederlanden und den USA, wo fast alles möglich ist, beschränken.

Deutschland: Seit 2011 ist eine PID an den pluripotenten Zellen einer Blastozyste erlaubt, wenn bei den Eltern ein hohes Risiko einer schwerwiegenden Erbkrankheit vorliegt und es sich um eine schwerwiegende Schädigung, mit hoher Wahrscheinlichkeit für eine drohende Fehl- oder Todgeburt, handelt. Weder die „schwerwiegende Erbkrankheit" noch die „hohe Wahrscheinlichkeit" wurden im Gesetz präzisiert; diese Entscheidungen obliegen dem Ethikrat. Die Durchführung der PID ist an eine medizinische, psychologische und soziale Beratung der Eltern, deren Zustimmung, an eigens ausgewiesene medizinische Zentren und eine Befassung eines Ethikrates gebunden.

Österreich: Seit 2015 ist die PID zwar prinzipiell verboten, aber unter bestimmten Bedingungen straffrei. Dies ist der Fall bei Gefahr einer Tod- oder Fehlgeburt wegen der genetischen Veranlagung der Eltern, der Gefahr einer schweren, nicht behandelbaren Erbkrankheit (schwere Gehirnschäden, dauernde Schmerzen) oder wenn das Kind nur dank dauernder intensiv-medizinischer Unterstützung überleben könnte. Außerdem gilt dies nach drei erfolglosen Versuchen der IVF und ICSI oder nach drei Fehlgeburten.

In der Schweiz ist im Juni 2015 durch ein Plebiszit eine Änderung des Fortpflanzungsmedizingesetzes angenommen worden, wonach die PID erlaubt ist, wenn nur dadurch eine Übertragung einer schweren Erbkrankheit oder Unfruchtbarkeit verhindert werden kann.

Großbritannien: Mit dem Human Fertilization and Embryology Act wurde die PID bereist 1990 prinzipiell erlaubt. Dies gilt für schwerwiegende Erbkrankheiten, chromosomale Störungen und die Eignung als Gewebespende für ein bestehendes erkranktes Geschwister. Selektion nach dem Geschlecht ist nur erlaubt, wenn eine geschlechtsgebundene Vererbung verhindert werden kann. Eine medizinische Indikationserweiterung ist im Gesetz vorgesehen.

Niederlande: Die Niederlande erlauben die PID generell, wobei auch Embryonen mit erhöhtem Erkrankungsrisiko für erblich bedingten Krebs aussortiert werden dürfen.

USA: In den USA fällt die PID in die Bundesstaatenkompetenz. In der Mehrzahl der Staaten gibt es gar keine gesetzlichen Regelungen. In diesen Fällen geht die Anwendung der PID über eine medizinische Indikation hinaus und es wird nach Behinderungen, nach dem Geschlecht und verschiedenen Merkmalen selektiert. In einigen Staaten, in Florida, Louisiana, Maine, Minnesota und Pennsylvania ist sie verboten, in anderen Staaten, Massachusetts, Michigan, North Dakota, New Hampshire, Rhode Island gibt es eine medizinische Indikationsregelung.

Der häufigste Grund für die *praktische Anwendung* der PID ist die Erhöhung der Erfolgsrate bei einer künstlichen Befruchtung. Da alle Embryonen mit einer Aneuploidie aussortiert werden, muss die Überlebensrate während der Schwangerschaft steigen, wie man annimmt. Was dieses Ziel betrifft, gibt es widersprüchliche Ergebnisse. Während einige Arbeiten eine verbesserte Erfolgsrate bei künstlicher Befruchtung melden, gibt es auch Untersuchungen, die zum Ergebnis gekommen sind, dass keine Verbesserung eintritt.

Die Zellentnahme aus dem Embryo ist nicht ungefährlich, da der Embryo dabei sterben kann. Es gibt außerdem Beobachtungen, wonach durch die Zellentnahme die Implantation in den Uterus möglicherweise erschwert wird, was für die Überlebenschance nachteilig wäre.

Für die Mutter besteht ein vermehrtes Risiko wegen des größeren Bedarfs an Eizellen. Eine künstliche Befruchtung ist an sich schon durch die nötige Hormontherapie risikoreich und kann schwere Nebenwirkungen haben. Werden mehr Eizellen benötigt, wie bei einer PID muss die betroffene Frau stärker hyperstimuliert werden, mit allen Konsequenzen.

Man kann bei jeder genetischen Untersuchung nur nach einigen Merkmalen suchen, nie nach allen möglichen Erbänderungen. Sie erhöht aber die Erwartungshaltung, ein perfektes Kind zu bekommen. Aus diesem Grund wird üblicherweise auch nach einer PID eine Pränataldiagnose durchgeführt.

Ein gelegentlich auftretendes Problem, ist die Fehldiagnose. Das Verfahren selbst ist komplex und es stehen nur ein oder zwei Zellen zur Untersuchung zur Verfügung. Es kann sowohl falsch negative als auch falsch positive Ergebnisse geben. Die Fehlerrate beträgt etwa fünf bis zehn Prozent. Häufiger sind falsch negative Ergebnisse durch Kontamination oder durch irrtümlich unvollständige genetische Untersuchung, wenn das fragliche Gen nur auf einem der beiden Chromosomen untersucht wird (allelic dropout). Eine andere Fehlermöglichkeit ist der Mosaizismus. Er kann entstehen, wenn gleich bei den ersten Teilungen Mutationen auftauchen und dann nicht mehr alle Zellen genetisch identisch sind und so ein genetisches Mosaik entsteht. Auch deswegen wird empfohlen, nach einer PID eine Pränataldiagnose durchzuführen – obwohl die PID ja explizit die belastendere Pränataldiagnose und bei positivem Befund einen Schwangerschaftsabbruch verhindern soll.

Trotz der weitgehenden juristischen Akzeptanz der PID gibt es eine Reihe ethischer und sozialer Bedenken oder Probleme bei der Beurteilung der PID.

Dies betrifft zum einen die Frage, ab wann ein Mensch als vollwertiger Mensch anzusehen und damit schutzwürdig ist. Da schon die befruchtete Eizelle die Möglichkeit einen vollständigen Menschen zu bilden hat, kann um so mehr dem frühen Embryo nach diesem Standpunkt die entsprechende Schutzwürdigkeit zugesprochen werden. Das gilt auch für die Überlegung, dass die Entwicklung des Menschen vom Beginn an ein Kontinuum darstellt, ohne Zäsuren.

Was die Akzeptanz eines Kindes betrifft, kann man es auch als bedenklich ansehen, ein Kind nur unter bestimmten Voraussetzungen zu akzeptieren und unter anderen abzulehnen. Etwas, das im späteren Leben des Kindes ein Problem darstellen kann. Dazu zählt auch die Frage nach der Verfügungsgewalt der Eltern über ihr Kind und ob es ein Anrecht auf ein gesundes Kind gibt, was zu bezweifeln ist, da es auch kein Anrecht auf ein Kind, einen Menschen an sich geben kann. Die Frage nach dem gesunden, perfekten Kind ist auch unter dem Aspekt zu sehen, dass die kleinste Zahl der Behinderungen angeboren ist, diese tauchen vielmehr meist nachgeburtlich auf.

Da bei einer PID der genetische Zustand eines anderen Menschen als der der Eltern, nämlich der des Kindes untersucht wird, kann gefragt werden, wie weit man das Recht hat, den genetischen Status eines anderen Menschen zu untersuchen oder ob die Gene nicht der intimste und daher höchst private Bereich eines jeden Menschen, gleich welcher Entwicklungsstufe, sind. Dadurch wird u.a. dem Kind später das Recht auf genetisches Nichtwissen genommen.

Die Mehrzahl der Behindertenverbände lehnt die PID ab, da dadurch Menschen mit bestimmten Behinderungen oder bestimmten Eigenschaften das Existenzrecht de facto abgesprochen wird. Außerdem sei die PID letztlich eine eugenische Maßnahme. Es bestehen hier ähnliche Bedenken und Befürchtungen, wie bei der PND. Angesichts steigender Kosten im medizinischen und sozialen Bereich ist dies eine nicht unbegründete Befürchtung. Es könnte sein, dass dann Eltern mit einem behinderten Kind im schlimmsten Fall die Hilfe oder Unterstützung verweigert wird mit dem Hinweis, dass das Kind hätte verhindert werden können oder sich zumindest die Frage anhören müssen, ob dies notwendig gewesen sei. Bislang ist eine solche Tendenz noch nicht zu beobachten. Man muss dabei aber bedenken, dass wir erst am Anfang der Möglichkeiten der PID und PND stehen und langfristige Trends anders, weniger akzeptierend sein können.

Es wird meist argumentiert, dass man PID noch viel eher akzeptieren müsse als eine PND. Diese Ansicht muss man nicht teilen, da die prinzipielle Einstellung eine andere ist: Bei der PND hat man immer die Möglichkeit, das Kind zu akzeptieren, trotz Behinderung, was auch Eltern immer wieder tun. Bei der PID wird einem

Menschen auf Grund bestimmter Merkmale von vorn herein das Lebensrecht abgesprochen.

Schließlich befürchten Kritikerinnen und Kritiker, dass mit der PID eine Türe aufgestoßen wird, die man nicht mehr schließen kann und die immer weiter geöffnet werden wird. In Ländern, in denen die PID schon lange erlaubt wird, kann man beobachten, dass die Indikationen für eine PID schrittweise weiter gefasst werden.

7.2.4   Reihenuntersuchungen (Screenings)

Standardmäßige Screenings wurden bereits bei den vorgeburtlichen Untersuchungsmöglichkeiten angesprochen. Diese Reihenuntersuchungen werden aber mittlerweile viel breiter, auch für bereits geborene Menschen, diskutiert. Manche sehen in der Analyse der Gene die personalisierte Medizin der baldigen Zukunft.

Mit zunehmenden Möglichkeiten des Eingriffs in die DNA (siehe Kapitel 7.3) rückt auch das Schreckgespenst des Designerbabys näher, sprich es steigt die Wahrscheinlichkeit, dass bestimmte Merkmale vorprogrammiert werden können. Noch viel mehr als bei der Untersuchung der Gene, stellt sich die Frage, welche Rechte Eltern gegenüber ihren Kindern haben. Vom ersten Augenblick an sind Kinder selbständige, mit ihren Eltern nicht idente Lebewesen. Mit welchem Recht greifen Eltern in das Allerprivateste, in die Erbanlagen ihrer Kinder ein. Bei einem geborenen Menschen bedarf jeder Eingriff in den Körper der Zustimmung. Kenntnisnahme über die Erbanlagen des Kindes im Zuge einer PID erfolgt aber unabänderlich ohne die Zustimmung des betroffenen Menschen. Eine umfassende rechtzeitige Diskussion dazu wäre wichtig. Die Klärung der Frage, was wir wollen und was nicht, wäre dringend notwendig.

7.2.5   Systematische Früherkennung von genetischen Krankheiten

Infobox

Neuesten Methoden der Sequenzierung

Hochdurchsatzsequenzierung ist eine Zusammenfassung neuer, schnellerer Sequenzierungsmöglichkeiten, wie der Next Generation Sequencing (NGS) oder der Microarray- oder Chip-Technologie. Bei beiden Techniken werden mehrere DNA Sequenzen gleichzeitig abgelesen und mit der NGS kann ein menschliches Genom in wenigen Tagen, aber etwas größerer Fehleranfälligkeit, abgelesen werden. Während die Geschwindigkeit der Sequenzierung steigt, sinkt der Preis dafür.

Referenzgenom ist eine künstlich aus den Daten vieler Menschen zusammenge-baute Vergleichs-DNA. Diese Vergleichswerte werden durch neue Sequenzie-rungen ständig verändert.

Von den neuen Methoden ist die *Multi-Gen-Panel Analyse* medizinisch relevant. Dadurch können verschiedene Gene, die für eine Krankheit bedeutend sind, abgelesen werden. Mit dem Sanger-Verfahren konnte man nur einzelne Gene analysieren und dies machte die Untersuchung mehrerer Gene kosten- und zeitintensiv. Ähnlich der Multi-Gen-Panels ist die gefilterte Analyse des gesam-ten Genoms, bei der aus dem gesamten Datensatz nur die für eine Krankheit interessanten Gene herausgefiltert werden. Diese Analysen können freilich nur für die Untersuchung bereits bekannter Krankheitsgene verwendet werden.

Array-CGH Analysen haben mittlerweile die Chromosomenuntersuchungen abgelöst. D#urch diese neue Methode können auch kleinere Veränderungen an den Chromosomen erkannt werden, die mit den alten mikroskopischen Methoden nicht identifizierbar waren.

In den letzten Jahren haben sich die Sequenzierungsmethoden deutlich verändert. Viel schneller können mit immer neuen Möglichkeiten der Hochdurchsatzverfah-ren viel mehr Gene abgelesen werden. Sequenzierungen ganzer Exome (Gesamt-heit aller rund 20.000 Gene des Menschen) und sogar Genome (Gesamtheit der menschlichen DNA) sind möglich und bringen eine unglaubliche Gendatenmenge mit sich, aber eine Interpretation des Ergebnisses ist vielfach einfach nicht möglich. Feststellen kann man in vielen Fällen, dass es sich um eine Abweichung von dem Vergleichsgenom (siehe Infobox – Referenzgenom) handelt, aber welche Bedeu-tung das für den Betroffenen oder die Betroffene hat, ist so lange unklar, bis die gleiche Abweichung mehrmals gefunden wurde und Symptome, Auffälligkeiten oder anderes damit verbunden werden können. Genanalysen und das Anlegen von riesigen Datenbanken mit Krankengeschichten, Symptomen und dergleichen sind somit auch eine Form der Grundlagenforschung. Allerdings besteht das große Problem der Datensicherheit und den privatwirtschaftlichen Interessen dahinter. Durch die gesetzlichen Regelungen im deutschsprachigen Raum sind derartige Gesamtgenomanalysen in der medizinischen Praxis mit dem Gesetz schwer bzw. nicht vereinbar. Ailerdings haben diese umfassenden Gendiagnosen medizinisch ohnehin derzeit keine Aussagekraft bzw. Relevanz. Für die Zukunft bleibt abzu-warten, wie sich dieser momentane Hype weiterentwickelt.

Es gibt zahlreiche Studien, die zeigen, dass wir mit derzeitigem Wissen eine Genomsequenzierung in den überwiegenden Fällen falsch oder nicht interpretieren können.[61, 62] Wir wissen schlichtweg viel zu wenig, um sinnvolle medizinische Schlussfolgerungen treffen zu können. Autoren und Autorinnen geben an, dass sich bei etwa einem Prozent der Menschen Genvarianten finden lassen, die sich mit schweren Krankheiten eindeutig in Verbindung bringen lassen und wo auch eine sinnvolle Maßnahme durch das Wissen ergriffen werden kann. Dabei wird aber wieder außer Acht gelassen, dass selbst bei diesem einen Prozent Schweregrad, Ausprägung und Verlauf der Krankheiten oft stark von den Umweltfaktoren und anderen Einflüssen abhängt. Die Konzentration auf die Analyse der Gene ist demnach medizinisch zweifelhaft. Im besten Fall bringt die Datenmenge einer Genomanalyse einen Fortschritt in der Grundlagenforschung und macht vielleicht ein Ausforschen von weiteren genetischen (Mit-)Ursachen für Krankheiten möglich.

Ein Genomforschungs- und Bildungsprojekt ist das Genom Austria Projekt, das von der Medizinischen Universität Wien und der Österreichischen Akademie der Wissenschaften initiiert wurde. Bis Ende 2015 sollen sich 20 Freiwillige einer Genomanalyse unterziehen und die entsprechenden Daten online gestellt werden. Begleitet wird das Projekt von Vorträgen, öffentlichen Diskussionen und anderen Events. Das Projekt hat zwar keine diagnostischen Ziele, aber es kann natürlich zu Befunden kommen.

7.2.6 Rechtliche, soziale und persönliche Folgen

Im deutschsprachigen Raum sind die Auflagen für Gendiagnosen gesetzlich genau geregelt. *Gentechnikgesetze* bzw. *Gendiagnosegesetze* regeln viele Rahmenbedingungen rund um die Möglichkeiten der Gendiagnose. So darf eine Gendiagnose mit medizinischer Fragestellung auch nur durch Ärzte und Ärztinnen durchgeführt werden. Wie schon besprochen gehören auch entsprechende Beratungen und Aufklärungsgespräche dazu.

Allerdings sind die Anreize in diesem Bereich groß und die Unternehmen emsig in der Entwicklung immer neuer Diagnosen und Geschäftsmodelle. Anfang 2015 bekam ein Unternehmen in den USA die Zulassung für einen Gentest quasi für zu Hause.[63] Die Kunden und Kundinnen bekommen ein Set zum Sammeln der DNA Probe, schicken diese dann zurück in das Labor und können via Online Zugang das Ergebnis abrufen. Weitere derartige Tests werden wohl bald folgen. Eben dieses Unternehmen hat in den vergangenen Jahren unzählige Daten von kolportieren 800.000 Kunden gesammelt, um diese anschließend an Pharmakonzerne zu verkaufen.

Die technischen Möglichkeiten bieten schnelle und umfassende Sequenzierungen. Damit fallen große Massen an *genetischen Daten* an, die zur wichtigen Frage führen, was mit einmal erhobenen, genetischen Daten geschehen darf. Die immer schnellere Technologie macht es auch möglich, dass nicht mehr gezielte Gendiagnosen durchgeführt werden, sondern ganze Genome analysiert werden. Das Ergebnis liefert bei JEDEM Menschen unzählige defekte Gene, die möglicherweise auch Krankheiten zur Folge haben könnten. Die Auswertung einer derart großen Anzahl von Genen kann nur ein computerunterstützter Vergleich mit Populationsdatenbanken ohne große Berücksichtigung der jeweiligen Lebensumstände erfolgen. Da Gendiagnosen, vor allem international, weitgehend von privaten Unternehmen durchgeführt werden, sammeln diese große Biodatenbanken an. Wie ein Beispiel aus den USA zeigt, werden diese Daten mitunter weder der Grundlagenforschung noch den Arbeiten an der Therapieverbesserung zur Verfügung gestellt. Ein wichtiger Aspekt dieser Datenfragen liegt auch in der Möglichkeit Gene bzw. Gendiagnosen zu patentieren. Somit erhalten private Unternehmen die Möglichkeit, sich in Monopolstellungen für Gendiagnosen, Datenbanken oder Interpretationsmöglichkeiten zu bringen. Im Kapitel Patentierung (siehe Kapitel 8) wird dies am Beispiel des Brustkrebsgens BRCA 1 behandelt. Ein interessanter Aspekt in diesem Zusammenhang ist auch, dass Internetkonzerne wie Google oder Amazon Interesse an dem Genom-Datenbank-Geschäft zeigen. So sind bereits Genomdaten einer Krebsstiftung bei Amazon gelagert.

Wer bekommt Zugang zu den Daten? Wem und unter welchen Umständen dürfen sie weitergegeben werden? Welche Rechte haben Patienten und Patientinnen, jene Menschen, von denen die Daten stammen? Wann und unter welchen Umständen werden genetische Daten vernichtet, um Missbrauch zu verhindern? Wie kann überhaupt Weitergabe wirksam verhindert werden?

Legalen und illegalen Datentransfer hat es immer gegeben und wird es vermutlich weiterhin geben. Je persönlicher Daten sind, desto schwerwiegender können auch Folgen und Auswirkungen einer Datenweitergabe sein.

Für den Umgang mit Gendiagnosen ist es wichtig, dass Patientinnen und Patienten nicht gezwungen oder auch nur gedrängt werden dürfen eine Gendiagnose an sich durchführen zu lassen. Jede und jeder muss mit der eigenen Gendiagnose selber leben und damit zurechtkommen und deswegen ein *Recht auf Nichtwissen* über mögliche Krankheiten oder Leiden haben. Gesetzliche Regelungen hierfür gibt es seit wenigen Jahren im deutschsprachigen Raum.

Besonders spannend ist auch der Umgang mit Zufallsbefunden. Vor allem mit den neuen Methoden, bei denen viele Gene untersucht werden, ist ein zufälliger Befund bis zu einem gewissen Prozentsatz zu erwarten. Schon vorab sollte besprochen werden, was im Fall eines solchen Befundes mit den Informationen passieren soll oder darf.

Neben dem ganz persönlichen Bereich gibt es im Zusammenhang mit Gendiagnosen und prädiktiver Medizin auch soziale Aspekte zu bedenken. Werden die Gene von Kindern aus den unterschiedlichsten Gründen untersucht, so haben manche Ergebnisse oder auch Zufallsbefunde für die Kinder keine direkte Relevanz, aber möglicherweise im Erwachsenenalter. Im Prinzip können die Kinder mit 18 Jahren entscheiden, ob sie diese Informationen erhalten möchten. Allerdings ist es problematisch, diese Information gegenüber der Risikoperson zurückzuhalten, weil es therapeutische Möglichkeiten und Vorsorgeuntersuchungen gibt. Zudem muss man natürlich bedenken, dass ein positiver Befund auch Folgen für alle nahen Verwandten hat oder haben kann. All diese Aspekte müssen bei den genetischen Beratungsgesprächen schon vor der Untersuchung besprochen werden.

Eine Vermeidung von Kindern mit Behinderung ist zwar nicht das primäre Ziel der Gendiagnose, kann aber eine Folge sein, wenn sich Paare mit Kinderwunsch einer Gendiagnose unterziehen (siehe dazu 7.2.3).

In Österreich, Deutschland und der Schweiz ist es *Arbeitgebern und Arbeitgeberinnen sowie Versicherungen* verboten, vor oder während einer Anstellung nach Gendiagnosen zu fragen oder einen genetischen Checkup durchzuführen, anzunehmen oder anders zu verwerten. Schon die Forderung danach ist strafbar. Seit 2008 ist in den USA das Gesetz gegen genetische Diskriminierung in Kraft, das es verbietet, genetische Informationen für Einstellungen und Kündigungen zu verwenden.

Dies würde neue Möglichkeiten der Diskriminierungen schaffen, diesmal auf Grund der Gene, die ein Mensch hat. Wer wird jemanden einstellen, dem/der ein erhöhtes Herzinfarktrisiko mit einem Gentest bescheinigt worden ist? Es besteht auch die Gefahr, dass eines Tages Arbeitgeber bzw. Arbeitgeberinnen einfach nur noch Menschen einstellen, die auf Grund ihrer genetischen Disposition mit den vorhandenen, ungesunden Arbeitsbedingungen zurechtkommen müssen, statt die Arbeitsplätze verträglich zu gestalten.

Der Wunsch der privaten Versicherungen nach der Zulassung von Gendiagnosen vor Vertragsabschluss wird auch in Österreich und Deutschland immer wieder erhoben. So vorteilhaft es für die Versicherung ist, nachgewiesene, aber noch nicht manifeste Krankheiten oder auch nur mögliche Schwächen aus dem Vertrag herauszunehmen zu können, so desaströs wäre dies für die Versicherten.

In anderen Ländern sind die gesetzlichen Regelungen aber nicht derart streng, wie im deutschsprachigen Raum. So gibt es etwa in Großbritannien lediglich ein freiwilliges Moratorium des Verbandes der (privaten) Versicherungsindustrie gegen die Verwendung von Gentestergebnissen bis 2019. Davon ausgenommen bleibt allerdings die Diagnose von Chorea Huntington.

7.3 Gentherapie

Ein Bereich, von dem man sich schon in den 1990er Jahren Wunder erwartet hatte, ist die Gentherapie. Die Erwartungen und Versprechungen erinnern sehr stark an die Stammzellendiskussion, die auch ungeheure Heilserwartungen erweckt hat und noch immer erweckt. Die mittlerweile abgelösten Methoden des Gentransfers waren jedoch mit zahlreichen Risiken und Gefahren verbunden und führten zu tragischen Fehlschlägen, so dass sich die Gentherapie seit der Jahrtausendwende noch nicht durchgesetzt hat. Mit der neuen Methode des CRISPR/Cas könnte sich das jedoch ändern.

Menschen mit defekten Genen sollen passende, intakte Gene bekommen und damit wirkungsvoll und dauerhaft geheilt sein. Oder es sollen die defekten Gene korrigiert werden, oder es kann auch ein bestimmtes Gen entfernt oder unbrauchbar gemacht werden, wenn dies für die Betroffenen von Vorteil ist.

Im Idealfall und auch am sinnvollsten geht es um Krankheiten, die durch ein ganz bestimmtes Gen, oder einen ganz bestimmten Gendefekt ausgelöst werden, so genannte monogenetische oder monogen vererbte Krankheiten. Es sind dies nicht mehr als ein paar Tausend Krankheiten insgesamt, die alle sehr selten auftreten. Das Problem ist, dass es für viele keine Therapie gibt. Das hängt unter anderem damit zusammen, dass diese Leiden für die Pharmaindustrie wenig interessant sind, da es für so spezifische Medikamente nur jeweils sehr kleine Absatzmärkte gibt. Gerade in diesem Bereich gab es in den letzten Jahren aber auch einige Fortschritte zu vermelden. So wurde beispielsweise ein achtjähriger Bub, der an einer degenerativen Netzhauterkrankung litt, im Jahr 2008 durch eine Gentherapie vor dem Erblinden gerettet. Auch im Bereich der Krebsmedizin gibt es zahlreiche internationale Studien, die sich bereits in fortgeschrittenen Phasen befinden und die Effizienz der Gentherapie – verglichen mit konventionellen Therapiemöglichkeiten – überprüfen. Vereinzelt konnten auch auf diesem Gebiet schon Erfolge erzielt werden – 2010 konnte eine fünfjährige Leukämiepatientin nach einer Gentherapie für geheilt erklärt werden. Dass hierbei weitere erfolgsversprechende Ergebnisse zu erwarten sind, zeigt das wieder aufkommende Interesse von Pharmaunternehmen.[64]

Prinzipiell muss man zwei verschiedene Arten der Gentherapie unterscheiden, die somatische Gentherapie und die Keimbahntherapie.

Infobox

Bei *monogenetischen* bzw. *monogen vererbten Krankheiten* liegt die Ursache für die Erkrankung in einem einzigen veränderten Gen. Rund 4000 solcher Krankheitsgene sind bereits bekannt, z.B.: Chorea Huntington, Cystische Fibrose, Phenylketonurie, ...

7.3.1   Somatische Gentherapie

Bei der somatischen Gentherapie werden einzelne Körperzellen, aber nicht die Fortpflanzungszellen, eines kranken Menschen gentechnisch verändert. Die Korrektur bleibt auf den betroffenen Menschen beschränkt, die Nachkommen sind nicht betroffen.

Ursprünglich wurden die neuen, intakten Gene mit Hilfe von verkrüppelten Viren in die Zellen und in den Zellkern geschleust. Dabei lassen sich zwei Methoden unterscheiden.

Bei der ex vivo bzw. in vitro (außerhalb des Körpers bzw. im Reagenzglas) Methode entnimmt man dem kranken Menschen die Zellen, in denen das defekte Gen gebraucht wird und baut in diese Zellen Kopien des intakten Gens ein. Das neue Gen wird eben mit Hilfe eines Virus in die menschliche Zelle transportiert. Dieser Virus wurde vorher gentechnisch verkrüppelt, sodass er nicht mehr schaden kann. Dann transferiert man die nun funktionstüchtigen Zellen zurück in den Körper.

Bei der in vivo (innerhalb des Körpers) Methode wird der Mensch als Ganzes mit genbeladenen Viren sozusagen infiziert. Man hofft dabei, dass die Viren selbst den Weg in die richtigen Zellen finden und so die intakten Gene gleich in viele Zellen transportieren.

Mit Hilfe der neuen zielgenauen Methode des Geneinbaus oder Genumbaus CRISPR/Cas erwartet man große Fortschritte im Bereich der somatischen Gentherapie. Dafür käme allerdings vor allem die in vitro Methode in Frage.

So sind derzeit Pharmafirmen sehr an der CRISPR Methode interessiert und wollen mit deren Hilfe neue Medikamente entwickeln, die ganz gezielt schadhafte DNA-Sequenzen direkt im Körper reparieren. Momentan scheitert diese Therapie aber noch an der Spezifität von CRISPR. Das Medikament müsste nämlich das gewünschte Organ bzw. Gewebe erreichen, um dann in spezialisierten Zellen die Zielsequenz gezielt zu verändern. Das ist laut derzeitigem Entwicklungsstand (Jänner 2016) noch nicht möglich.

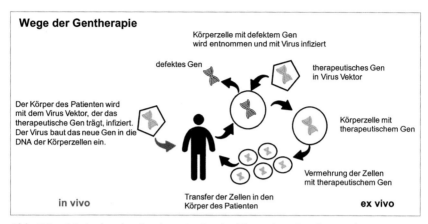

Abb. 7.5 Methoden der Gentherapie: Bei der klassischen Gentherapie kommt es zur Übertragung der therapeutischen Gene auf zwei Wegen. Entweder wird die Gentherapie außerhalb des Körpers in entnommenen Zellen durchgeführt, die dann wieder in den Körper übertragen werden (ex vivo). Oder Viren werden mit dem therapeutischen Gen in den Körper gebracht, um dort bestimmte Gewebe zu infizieren und das Gen so einzubauen (in vivo). © Astrid Tröstl

In der *Praxis* zeigte sich, dass die meisten Versuche zur Gentherapie nach den ursprünglichen Methoden mit Viren als Vektoren fehlschlugen. Die Technik ist außerdem mit mehreren Gefahren verbunden, die in jedem Einzelfalle eine sorgfältige Nutzen-Risiko-Abwägung erfordern.

Weil die Erbanlagen aufeinander abgestimmt sind und ein geordnetes, komplexes Ganzes bilden, weiß man nie, ob man nicht beim Einbau zusätzlicher Gene gleichzeitig einen Schaden im Genom setzt oder unvorhergesehene Prozesse auslöst. Dies ist ein der Gentechnik generell anhaftendes Risiko und es gibt, wie schon früher berichtet, etliche Beispiele dafür, dass gentechnische Veränderungen gänzlich unerwartete Effekte gezeigt haben.

Bei den verwendeten Viren handelt es sich meist entweder um krebserregende Viren (Retroviren), die, weil sie verkrüppelt sind, ungefährlich sein sollen, aber trotzdem zum Risiko werden können. Da diese Viren sich ungeplant ins Genom einbauen, besteht die Gefahr, dass ungewollt Krebsgene aktiviert werden. Die zweite verwendete Virenart sind Schnupfenviren (Adenoviren), die das Risiko bergen, dass sie im Körper Entzündungen auslösen.

1999 sind diese Viren einem 18-jährigen US-Amerikaner zum Verhängnis geworden. Er starb an einer Gentherapie, weil ebensolche Viren eine unvorhergesehen tödliche Immunreaktion auslösten.[64] Im Zuge der anschließenden Nachforschungen fand man weitere Todesfälle im Zusammenhang mit Gentherapien.

Anfang dieses Jahrhunderts wurde bekannt, dass einige Kinder erfolgreich gentherapeutisch gegen eine angeborene Immunschwäche behandelt worden sind. Kurze Zeit später erkrankten einige dieser Kinder als Folge der Gentherapie an Leukämie. Mitte der neunziger Jahre hat das amerikanische nationale Gesundheitsinstitut (NIH) von Gentherapien abgeraten, da sie bei damaliger Technik kaum Erfolgsaussichten hätten. Diese Rückschläge haben die Gentherapie stark in den Hintergrund der Aufmerksamkeit gedrängt. Erst in den letzten Jahren wird weitgehend ohne große öffentliche Aufmerksamkeit wieder intensiver an dieser Therapiemöglichkeit gearbeitet.

Im Weiteren wurden andere, weniger riskante Viren als Genfähren gesucht. Statt der Schnupfenviren, den Adenoviren, die bei der in vivo Technik zum Einsatz kommen, verwendete man Adeno-assoziierte Viren. Diese lösen selbst keine Krankheitssymptome und damit keine potentiell gefährlichen Entzündungen aus. Die krebserregenden Viren wurden durch HI-Viren ersetzt, die im intakten Zustand zu AIDS führen würden. Sie sind besonders geeignet, wenn es darum geht, große Genkonstrukte einzubauen. Mit beiden Virensorten gab es eine Reihe erfolgreicher Experimente, bislang ohne die früheren schweren oder tödlichen Nebenwirkungen. Als erster Ansatz erhielt die Behandlung eines angeborenen Lipoproteinase-Mangels mit Adeno-assoziierten Viren, 2012 von der europäischen Arzneimittelbehörde die Zulassung. Die Kosten sind allerdings exorbitant hoch und können pro Therapie eine Million Euro betragen, wie das Beispiel Glybera, eine seit 2012 in der EU zugelassene Gentherapie, zeigt.[65]

Infobox

Adenoviren sind Schnupfenviren und DNA-Viren. Als Genfähren bergen sie das Risiko, im Körper (tödliche) Immunreaktionen hervorzurufen.

Retroviren sind RNA-Viren und können durch den Einbau der Nukleinsäuren an einer ungünstigen Stelle Krebsgene aktivieren.

Adeno-assoziierte Viren lösen keine Krankheitssymptome bzw. übersteigerte Immunantworten aus. Sie kommen als verschiedene Typen vor, die bevorzugt nur bestimmte Gewebe befallen. Die Effektivität der Genfähre wird somit gesteigert.

HI-Viren, also *Humane Immundefizienz Viren*, würden im intakten Zustand Aids auslösen, sind aber im deaktivierten Zustand besonders gut geeignete Transportvehikel für große Genkonstrukte.

Alle Probleme, die mit dem zufälligen Einbau zusammenhängen, sollte es mit CRISPR/Cas nicht mehr geben, da die DNA-Änderung genau am Platz des defekten oder unerwünschten Gens erfolgt. Auch Probleme, die mit den Viren als Vehikel zusammenhängen können, sind damit ausgeschaltet, da diese nicht mehr gebraucht werden. Im Tierversuch ist diese Technik erfolgreich angewandt worden, so wurde bei Mäusen Muskeldystrophie erfolgreich behandelt. Es ist mit zahlreichen Experimenten im humanmedizinischen Bereich zu rechnen, zumal im Juni 2016 erste Tests am Menschen in den USA bewilligt wurden. An 18 Krebspatienten bzw. -patientinnen soll eine Kombination aus Immun- und Gentherapie mittels CRISPR/ Cas erfolgen.[66] Die Fehlermöglichkeiten, die bereits in Kapitel 3.3 besprochen wurden, gelten natürlich auch hier. Die Technik ist noch immer extrem jung und es gibt noch immer viele offene Fragen zur Funktionsweise. Zudem ist ein Eingriff in das hochkomplexe Genom eines Menschen immer heikel. Meldungen aus China über ungeplante Mutationen, die bei Experimenten an menschlichen Embryonen aufgetreten sind, bestätigen diese Problematik.

Nicht vergessen werden soll, dass im sportmedizinischen Bereich, oder vielleicht besser gesagt Dopingbereich der Einsatz der Gentherapie zur Leistungssteigerung nicht nur diskutiert, sondern im Tierversuch erforscht wird.

7.3.2 Keimbahntherapie

Die somatische Gentherapie verändert nur einzelne Zellen und damit nicht einen ganzen Menschen bzw. die Nachkommen. Die gentechnische Veränderung eines ganzen Individuums und dessen Nachfahren, ist mit Hilfe der sog. Keimbahntherapie möglich.

Bei der Keimbahntherapie werden Geschlechtszellen oder die Zygote, nach der Verschmelzung von Ei- und Samenzelle, gentechnisch verändert. Damit tragen alle Zellen des neuen Menschen die gentechnische Veränderung und der ganze Organismus, nicht nur eine oder einige Zellen des Menschen sind verändert. Über die neuen Keimzellen wird diese auch an die Nachkommen weitergegeben und von diesen zu deren Nachkommen etc.

Nach derzeitigem Recht ist die Keimbahntherapie im deutschsprachigen Raum verboten.

Die Technik ist an sich *problematisch* und eine Anwendung *ethisch umstritten*. Nach der alten, bisherigen Methode wurde bei der Keimbahntherapie die neue DNA in die Eizelle oder die Zygote mit Hilfe haarfeiner Kapillaren injiziert. Diese Technik der Veränderung der Keimbahn wurde häufig im Tierversuch angewandt um gentechnisch veränderte Tiere – in der Mehrzahl Labortiere zu wissenschaftlichen Zwecken – zu erzeugen. Die meisten dieser Experimente schlugen fehl und die so erzeugten transgenen Tiere hatten nicht immer die erwarteten Eigenschaften. Dagegen waren sie sehr häufig krank oder anderweitig defekt. Dies hängt mit den schon wiederholt erwähnten Problemen zusammen, dass in der Vergangenheit Fremd-DNA wahllos eingebracht wurde und sich unvorhergesehen ins Genom einbaute – mit manchmal unerwarteten Effekten. Viele dieser unerwarteten Schädigungen würden sich erst während der Schwangerschaft oder nach der Geburt zeigen.

Die oben und schon öfters erwähnte CRISPR/Cas Methode kann auch hier die Probleme des unkontrollierten Einbaus von neuen Genen oder Veränderung von Genen weitgehend verhindern, da die neue DNA exakt an der erwünschten Stelle eingebaut, bzw. verändert wird.

Im Tierversuch, wie oben erwähnt, um gentechnisch veränderte Tiere zu experimentellen Zwecken herzustellen, wird sie schon ein paar Jahre erfolgreich eingesetzt. Meldungen, wonach bereits derartige Experimente mit menschlichen Embryonen gemacht worden sind, sind allerdings international sehr heftig kritisiert worden ist.

Durch die Möglichkeit der geplanten, exakten Veränderung des menschlichen Genoms ist die Keimbahntherapie, oder man sollte besser sagen, die gezielte genetische Veränderung des Menschen sehr viel näher gerückt, vor allem auch, da die ursprünglichen biologischen Risiken der Keimbahntherapie wegfallen. Es muss allerdings gesagt werden, dass natürlich auch hier ein Restrisiko besteht, das aber durch Verfeinerung der Techniken möglicherweise weiter minimiert werden kann. Da die Methode noch in ihren Anfängen steht, ist Unvorhergesehenes nicht auszuschließen. Insbesondere gilt auch hier wieder, dass das Genom eines Menschen, eines jeden Lebewesens, ein sehr komplex aufeinander abgestimmtes und gleichzeitig von außen beeinflusstes System darstellt, bei dem jede Änderung Effekte haben kann, die nicht voraussehbar sind.

Bei der ganz gewöhnlichen, üblichen geschlechtlichen Fortpflanzung erben meist nicht alle Nachkommen eine bestimmte Eigenschaft und Eigenschaften können auch aussterben – nach den Gesetzen der Mendel'schen Vererbung. Bei der neuen Methode in Verbindung mit dem so genannten Gene Drive (siehe dazu Kapitel 3. und 5.2.) kann die neue, eingebaute Eigenschaft sich selbst auf alle Chromosomen aufzwingen, sodass unweigerlich alle Nachkommen dieses neue Merkmal haben werden. Die aller geschlechtlichen Fortpflanzung inhärenten Vererbungsregeln werden dadurch außer Kraft gesetzt.

Die ethische Fragwürdigkeit der Keimbahntherapie wird noch fragwürdiger, da Änderungen leichter durchgeführt werden können und die Folgen weitreichender sind als es jemals eine Mutation in der Geschichte des Lebens auf der Erde war.

Hat der Mensch überhaupt das Recht, andere Menschen genetisch, zur Gänze, zu verändern und damit auch unzählbar viele weitere Menschen zu verändern?

Welche Möglichkeiten der Menschenzucht ergeben sich nun und wollen wir das auch? Welche Eigenschaften tolerieren wir und welche werden ausgemerzt, weil unerwünscht? Wer wird entscheiden, was akzeptiert und was verändert wird – ehrgeizige Eltern, Ärzte und Ärztinnen, die Regierung? Man stelle sich ein totalitäres Regime vor, das sich dieser gezielten Veränderung der Erbanlagen zunutze macht ...

Wegen dieser schwerwiegenden Bedenken hat eine große Zahl von Wissenschaftlern und Wissenschaftlerinnen verlangt, dass diese neue Technik nicht so ohne weiteres angewandt werden soll oder darf. Eine ausführliche Nachdenkphase ist notwendig und eine Anwendung soll nur unter strengsten Bedingungen denkbar sein. All die oben erwähnten Bedenken gelten natürlich auch dann, wenn die Technik nur selten verwendet wird – die ethischen Probleme und Fragen bleiben immer die gleichen. Die Wahrscheinlichkeit, dass mit den neuen Methoden die Keimbahntherapie in Angriff genommen wird, ist, trotz aller Warnungen und moralischen Bedenken, allerdings sehr hoch – es wird damit zu rechnen sein. Tatsächlich hat England im Jänner 2016 bereits die erste Genehmigung zur Manipulation eines menschlichen Embryos mit der neuen Methode CRISPR/Cas zu Forschungszwecken erteilt. Eine praktische Anwendung auch zu Fortpflanzungszwecken wird wohl nur eine Frage der Zeit sein. Es ist erwähnenswert, dass eine der Entdeckerinnen und Entwicklerinnen des Verfahrens, Emmanuelle Charpentier, sich aus ethischen Bedenken gegen eine Anwendung in der Keimbahn ausgesprochen hat.

Es ist auch damit zu rechnen, dass die Anwendung schnell über monogene Erbkrankheiten, die nur von einem Gen hervorgerufen werden, hinausgeht und auch polygene Vererbungen einbezogen würden. Weiters ist zu befürchten, dass man schnell auch Eigenschaften zu korrigieren versucht, die keine Krankheit darstellen, sondern einfach weniger erwünscht wären. Gut denkbar, dass irgendwelche Gene, die nur irgendwie mit beispielsweise leichter Gewichtszunahme zusammenhängen, Korrekturkandidaten würden.

Mit zunehmenden Möglichkeiten des Eingriffs in die DNA rückt auch das Schreckgespenst des Designerbabys näher. Es steigt die Wahrscheinlichkeit, dass bestimmte Merkmale vorprogrammiert werden können.

Noch viel mehr als bei der PID stellt sich hier die Frage, welche Rechte Eltern gegenüber ihren Kindern haben. Haben sie das Recht die Gene, wie schon weiter oben betont, das Ureigenste eines Menschen nach eigenem Gutdünken zu verändern, oder hat nicht jeder Mensch – gleich welchen Entwicklungszustandes – das Recht auf die Unversehrtheit seiner Erbanlagen?

Bei all diesen „Allmachtsphantasien" wird gern vergessen, dass jeder Mensch ein Individuum ist und sich von allen anderen unterscheidet. Auch eineiige Zwillinge, die doch genetisch identisch sein sollten, unterscheiden sich voneinander und die Unterschiede nehmen im Laufe des Lebens immer mehr zu. Wir sind nicht nur genetisch unterschiedlich, auch die Umwelt, die uns beeinflusst, ist für jeden Menschen anders, auch wenn er scheinbar unter identischen Bedingungen aufgewachsen ist – Umwelt und Gene beeinflussen sich gegenseitig. Die epigenetischen Faktoren können so unterschiedlich sein, wie die Menschen und deren Umgebung und haben Einfluss auf die Ausprägung von Genen.

Wir wissen noch kaum etwas über das Zusammenspiel von Genen und den sehr großen Teilen der DNA, die der Kontrolle und Regulation dienen. Diese Teile des Genoms nannte man vor gar nicht allzu langer Zeit noch abschätzig und voller Unwissenheit junk, also Abfall-DNA. Manche auf der einen Seite unerwünschten Erbeigenschaften können auf der anderen Seite positive Effekte haben. Die gefürchtete Sichelzellenanämie, die im homozygoten Zustand eine schwere Krankheit darstellt, schützt im heterozygoten Fall vor Malaria – ein immenser Vorteil in den zahlreichen Malariagebieten der Erde. Mukoviszidose, homozygot eine starke Beeinträchtigung und früher unweigerliche Ursache eines frühen Todes, macht im heterozygoten Zustand weniger anfällig für Durchfallerkrankungen, was vor allem in Gebieten mit weniger guter medizinischer Versorgung für Babys einen ausgesprochenen Überlebensvorteil darstellt.

Und schließlich sollte man nicht außer Acht lassen, dass eine Keimbahntherapie nur bei künstlicher Befruchtung möglich ist, die eine unter Umständen sehr starke, im Extremfall lebensbedrohende Belastung der betroffenen Frauen darstellt.

Infobox

Bei der *somatischen Gentherapie* werden einzelne Körperzellen gentechnisch verändert. Die Korrektur bleibt auf den betroffenen Menschen beschränkt und erfasst somit nicht dessen Nachkommen.

Bei der *Keimbahntherapie* werden die Geschlechtszellen oder die Zygote gentechnisch verändert. Die Veränderung betrifft den gesamten Organismus und ist nicht nur auf eine oder wenige Zellen beschränkt.

7.4   Xenotransplantate

Unter Xenotransplantaten versteht man Zellen, Gewebe oder Organe, die Tieren entnommen und dem Menschen transplantiert werden. Die Tiere, die als Organspender in Frage kommen, sind aufgrund der passenden Organgröße vor allem Schweine. Diese Xenotransplantate sollen den Engpass bei Spenderorganen von

Menschen schließen. Bei vielen Organen übersteigt die Nachfrage die tatsächlich gespendeten Organe um ein Vielfaches und dementsprechend lang sind die Wartelisten. Diese Transplantation von tierischen Organen ist technisch gesehen heute kein Problem mehr. Allerdings würde das Schweineorgan vom menschlichen Immunsystem sofort abgestoßen werden. Deshalb ist es notwendig, die Schweine gentechnisch so zu verändern, dass die Abstoßungsreaktion minimiert wird. Dazu sollen die Gene für Oberflächenstrukturen, die zur Abstoßungsreaktion führen, ausgeschaltet bzw. humanisiert werden. Ein Forscherteam aus den USA meldete Erfolge bei der Transplantation von Schweineorganen in Paviane. Ein Schweineherz schlug für 945 Tage in einem Pavian. Dazu wurden den Schweinen fünf menschliche Gene eingebaut. Viele halten durch diese und ähnliche Meldungen auch eine Transplantation beim Menschen für möglich.

Infobox

Bei einer *Abstoßungsreaktion* reagiert das Immunsystem auf körperfremde Proteine auf der Oberfläche von Zellen. Transplantierte Gewebe müssen deshalb in möglichst vielen Oberflächenmerkmalen der Zellen mit dem Empfänger übereinstimmen. Je ähnlicher diese Proteine von Spender und Empfänger sind, desto geringere Abstoßungsreaktionen sind zu erwarten. Trotz allem müssen die Empfänger meist lebenslang ihr Immunsystem mit Medikamenten unterdrücken. Offen ist die psychologische Komponente von Abstoßungsreaktionen.

Die *Diskussion*, ob eine erfolgreiche Xenotransplantation für den Menschen überhaupt möglich wird, ist in vollem Gange. Es gibt noch viele Unsicherheitsfaktoren, die sich erst in der Praxis zeigen werden. Experten und Expertinnen und WHO warnen vor den Risiken einer Xenotransplantation, auch wenn diese technisch und medizinisch gelingen sollte, bezüglich der Übertragung von Krankheitserregern.[67] Besonders für Schweine harmlose Retroviren stehen im Verdacht, dass sie möglicherweise für den Menschen gefährlich sein könnten. Ein weiterer Aspekt sind die menschlichen Anforderungen an die Organe, was Lebenserwartung oder Belastung betrifft. Unklar ist beispielsweise auch die Wirkung der menschlichen Hormone auf die tierischen Organe. Zudem gilt es zu bedenken, dass Transplantationen auch von Mensch zu Mensch Abstoßungsreaktionen nach sich ziehen und diese auch erst nach langer Zeit auftreten können. Ein Teil der Abstoßungsreaktionen ist auch bei herkömmlichen Transplantationen psychisch bedingt. Es ist nicht absehbar, welche Wirkung das Wissen um ein tierisches Spenderorgan auf die Empfänger bzw. Empfängerinnen hat. Menschen mit gespendeten menschlichen Organen müssen oft lebenslang mit Medikamenten das Immunsystem unterdrücken, damit das Organ nicht geschädigt wird. Es ist zu erwarten, dass diese Effekte bei Xenotransplantaten mindestens im gleichen, vermutlich in einem stärkeren Ausmaß stattfinden, was dauernde stärkere Immunsuppression bedeuten würde.

Der Aufwand, der bisher für die Erforschung von Xenotransplantaten betrieben wurde, ist beachtlich und die bisherigen Ergebnisse bescheiden. Es steht wohl außer Frage, dass die Millionen Euro an Forschungsgeldern in der Prävention vieler Erkrankungen viel hätten bewirken können.

Ein ethischer Aspekt sollte auch Erwähnung finden: Darf der Mensch Tiere als Ersatzteillager instrumentalisieren?

Dass auch gentechnisch veränderte Tiere oder Nachkommen dieser durch Pannen auf dem Teller der Konsumentinnen und Konsumenten landen können, zeigt ein Fall aus Frankreich, der Mitte 2015 bekannt wurde. Ein Lamm einer gentechnisch veränderten Mutter, die im Dienste der Forschung an Zelltransplantationen am Herzen stand, wurde als Lebensmittel verkauft, weil die gewünschte Veränderung nicht erkennbar war. Auch wenn dieses Tier selbst die gentechnische Veränderung nicht zeigte, ist der Verkauf verboten und hat für das Forschungsinstitut strafrechtliche Konsequenzen.[68]

Patentierung – die Ökonomie hinter der Gentechnologie

8

8.1   Patente und die Macht der Konzerne

Infobox

Ein *Patent* ist ein Schutzrecht für Erfindungen. Patentierbar sind neben der Erfindung selbst auch beispielsweise Produktionsverfahren. Das Patent ermöglicht dem Inhaber bzw. der Inhaberin die alleinige Bestimmung über die Nutzung der Erfindung oder den entsprechenden Verkauf. Für die Nutzung des Patents durch andere kann der Patentinhaber bzw. die Patentinhaberin Gebühren verlangen.

Früher waren Lebewesen von der Patentierbarkeit ausgenommen. Diese Einschränkung zur Patentierbarkeit wurde erst für Mikroorganismen aufgehoben. Mit der Einführung der Gentechnik hat sich dies gewandelt. Die Patentämter vergeben seit Jahren Patente auf gentechnisch veränderte Organismen, auf Organe oder Zelllinien oder auch einzelne Gene (siehe Abb. 8.1).

Abb. 8.1
Das Patent auf die (gentechnisch veränderte) Tomate. © vreemous / Getty Images / iStock

161

An sich dürfen auf Pflanzen und Tiere Patente nur dann vergeben werden, wenn sie nicht aus konventioneller Zucht stammen, also gentechnisch hergestellt wurden. Allerdings gibt es Schlupflöcher, die es ermöglichen auch konventionell gezüchtete Pflanzen zu patentieren.

Patentiert werden können gentechnisch veränderte Pflanzen und die Prozesse, die notwendig sind diese herzustellen. Mit einem solchen Patent gelangt die betreffende Pflanze in das Eigentum des Patentinhabers bzw. der Patentinhaberin samt allen ihren Nachkommen. Werden mit einem Verfahren gleich mehrere Pflanzen, die damit hergestellt werden, angemeldet, dann gelangen all diese Pflanzen ebenfalls in den Besitz des Antragstellers oder der Antragstellerin. Patente können sich auch über das Saatgut hinaus bis zur Weiterverarbeitung erstrecken.

Dadurch wird es für einen Konzern interessant im Zweifelsfall Gentechnik einzusetzen, da er dann die neue Pflanze patentieren und Patentgebühren bekommen kann. Finanziell wird so die Gentechnik gegenüber der konventionellen Züchtung de facto subventioniert.

Das Patent hat weitreichende Folgen: Der Anwender bzw. die Anwenderin, die Landwirtin oder der Landwirt, muss für solches Saatgut Patentgebühren bezahlen. Er oder sie darf die Ernte nicht zur Wiederaussaat verwenden, außer er oder sie zahlt Gebühren und vor allem darf mit solchem Saatgut nicht weiter gezüchtet werden ohne Zustimmung des Patentinhabers oder der Patentinhaberin und Bezahlung von Patentgebühren. Der Patentinhaber, d.i. üblicherweise ein Agrokonzern, hat für 20 Jahre ein Monopol auf diese Pflanze oder diese Pflanzen. Die Macht, die sich daraus ergibt, ist enorm. Vor allem, wenn man bedenkt, dass eben diese Konzerne mit ihren Tochterunternehmen, ohnehin schon die landwirtschaftliche Produktion kontrollieren und dirigieren können. Die Patente stärken ihre Macht zusätzlich. Zusammengefasst ist dieses Machtverhältnis in Abb. 8.2 dargestellt.

Die Bauern und Bäuerinnen werden dadurch abhängig vom Saatgutkonzern. Im Fall von herbizidresistenten Pflanzen verstärkt sich diese Abhängigkeit noch, da sie gezwungen werden, das vom selben Konzern erzeugte passende Herbizid dazu zu kaufen. Zuwiderhandeln wird streng geahndet. Die Saatgutkonzerne können jederzeit und ohne Ankündigung Proben von den Feldern ihrer Vertragsbauern und -bäuerinnen nehmen. Nachbau und Austausch von Saatgut ist selbstverständlich verboten. Während in Europa Nachbau, Saatguttausch und Weiterzüchtung inzwischen eine kleinere Rolle spielen, bedeutet dies für die Kleinbäuerinnen und -bauern in den Ländern des Südens eine gravierende, eventuell existenzbedrohende Einschränkung. Die meist völlig kapitalarmen kleinen Betriebe im Süden sind auf das eigene Saatgut angewiesen und darauf, dass sie dieses untereinander austauschen können. Saatgut jährlich neu kaufen zu müssen, das dazu noch teurer, weil mit Patentgebühren belastet, ist für viele ruinös. Die Umstellung auf gentechnisch

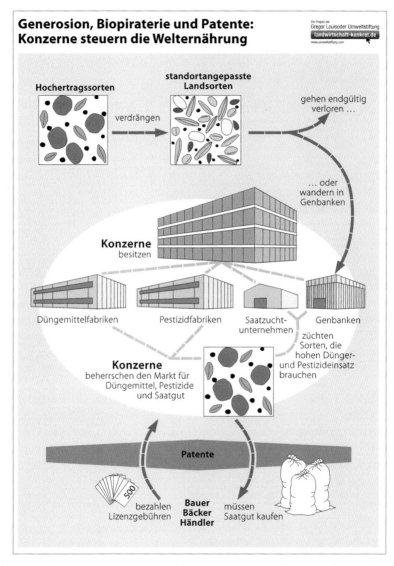

Abb. 8.2 Generosion, Biopiraterie und Patente: Die Darstellung zeigt den Einfluss der Konzerne auf die weltweite Landwirtschaft. Durch gentechnische Veränderung und die damit verbundene Patentierung verstärken sich diese Abhängigkeiten weiter. Quelle: www.umweltstiftung.com

veränderte Baumwolle in Indien hat auch in der Folge zu einer starken Zunahme von Bauernselbstmorden geführt. Darüber hinaus ist es auch für das soziale Gefüge schlecht, da der bisher freie Austausch von Saatgut und damit eine rege Kooperation zwischen den Landwirten und den Landwirtinnen unterbunden würde. Ein Nachbauverbot ist auch unter dem Aspekt, dass Pflanzen fortlaufend an sich ändernde Bedingungen in einer Gegend angepasst werden sollten, nachteilig.

Im Gegensatz zum Patentschutz erlaubt der Sortenschutz, der ebenfalls ein Schutz für Züchter und Züchterinnen ist, sowohl den Nachbau, als auch die Weiterzucht. Dabei ist der freie Zugang zu Züchtungspflanzen für innovative und dezentrale Züchtungen essentiell. Das Patent wirkt hemmend auf die Weiterzucht und damit den züchterischen Fortschritt. Dies um so mehr, als man für Neuzüchtungen u.U. zahlreiche, bis zu 250 verschiedene, Sorten braucht (vergl. Goldreis). Bei patentierten Pflanzen ist die Neuzucht rechtlich aufwendig, da man die Zustimmung des Patentinhabers bzw. der Patentinhaberin braucht, und vor allem teuer. Sie wird deswegen oft unterbleiben, oder ist schon rein finanziell nur großen Konzernen möglich. Da also mit patentierten Pflanzen kaum oder nur sehr erschwert weiter gezüchtet werden kann, stellen diese züchterisch gesehen ein totes Ende in der Weiterentwicklung dar.

Durch Patente auf gentechnisch veränderte Pflanzen ist es zu einer starken Konzentration bei gentechnisch veränderten Pflanzen gekommen, am besten erkennbar am Beispiel Monsanto: Monsanto kontrolliert insgesamt 88 Prozent des gesamten Marktes gentechnisch veränderter Pflanzen (bei Mais hat Monsanto sogar einen Anteil von 97 Prozent). Der Saatgutmarkt ist dadurch extrem stark in nur wenigen Händen konzentriert und damit stark von diesen abhängig.

In Europa ist das europäische Patentamt in München für Patente zuständig. Das EPA ist allerdings keine EU-Institution, der Name ist etwas irreführend und wird nicht durch irgendein Parlament oder ein Gericht kontrolliert. So hat der Deutsche Bundestag 2013 ein Gesetz verabschiedet, das Patente auf konventionell gezüchtete Lebewesen ausschließt; dies ist aber für das EPA nicht bindend. Grundlage des EPA ist ein Vertrag zwischen europäischen Ländern, zu denen auch nicht-EU Länder zählen, z.B. Serbien. Bei Beschwerden entscheidet die Große Beschwerdekammer des EPA. Das EPA finanziert sich über Patentgebühren. Kritikerinnen und Kritiker meinen, dass deswegen das EPA Interesse hat, Patente zu vergeben.

Nach den Richtlinien des EPA können Patente auf Pflanzen und Tiere vergeben werden, wenn sie mit einem mikrobiologischen Verfahren, das als Patent anerkannt ist, gezüchtet worden sind. Auf dieser Basis werden auf gentechnisch veränderte Pflanzen und Tiere Patente vom EPA, aber auch vom US-amerikanischen Patentamt Patente vergeben. Diese werden zwar immer wieder, vor allem von diversen NGO's, manchmal auch von Bauernverbänden beeinsprucht, was aber nur gelegentlich erfolgreich ist. Vor kurzem wurde ein Patent auf einen Schimpansen wieder aufgehoben.

Neuerdings werden von den Konzernen auch Patente auf konventionell gezüchtete Pflanzen und Tiere beantragt. Zwei Pflanzenpatente auf konventionell gezüchtete Pflanzen wurden vom EPA vergeben, eines auf eine Brokkolisorte mit erhöhtem Glucosinolatgehalt (Glucosinolat soll antikanzerogen wirken) und eines auf eine Tomate mit einem geringeren Wassergehalt, die so genannte Schrumpeltomate. Der Brokkoli soll als Beispiel dienen: Dieser wird konventionell gezüchtet, es kann aber auf der Ebene der DNA mit Hilfe eines Molekülmarkers erkannt werden, ob es sich dabei tatsächlich um den speziellen Brokkoli handelt. Diesen Molekülmarker, der ja nur dem Nachweis dient, nahm das EPA zum Anlass, um für die ganze Pflanze ein Patent zu vergeben. Das Patent wurde von NGO's, Kirchen und auch von konkurrierenden Konzernen beeinsprucht. Letztendlich wurde zwar das Patent für das Verfahren, aber nicht das für die Pflanze aufgehoben.

Patente auf konventionell gezüchtete Pflanzen sind besonders kritisch, da sie dann nicht mehr dem Sortenschutz unterliegen, teuer werden und für Weiterzüchtungen nicht mehr so ohne weiteres zur Verfügung stehen. Damit würden auch immer mehr nicht-gentechnisch veränderte Pflanzen unter die Kontrolle der großen Chemie- und Saatgutkonzerne gelangen und die generelle Abhängigkeit von diesen würde noch weiterwachsen.

Neben diesen mehr praktischen Überlegungen soll aber auch der ethische Aspekt nicht vergessen werden, nämlich die Frage, ob es überhaupt zulässig ist, Lebewesen zu patentieren. Lebewesen, Pflanzen und Tiere sind keine Gegenstände. Lebewesen haben ihren jeweils selbständigen Eigenwert, unabhängig von irgendeinem Wert für die Menschen. Lebewesen sind keine Erfindungen von Konzernen. Aus diesen Überlegungen heraus sollten schon aus ethischen Gründen, ganz abgesehen von den praktischen Bedenken, keine Patente auf Lebewesen vergeben werden.

Seit vielen Jahren werden auch *Patente auf einzelne Gene* vergeben und eine sehr große Zahl von menschlichen, tierischen und pflanzlichen Genen ist patentiert. Der Vorteil für den Patentinhaber bzw. die Patentinhaberin ist, dass niemand mit diesem Gen weiterforschen kann. Handelt es sich um menschliche Gene, bedingt das, dass auch allfällige diagnostische oder therapeutische Verfahren mit Hilfe dieses Gens ohne Genehmigung erarbeitet oder genützt werden können, was einen enormen finanziellen Vorteil bringen kann.

Der Nachteil für die Allgemeinheit ist, dass jede weitere Forschung von dritter Seite blockiert ist. Damit kann es sein, dass wichtige Diagnoseverfahren oder Therapien nicht entwickelt werden.

Um die Patente für die beiden Brustkrebsgene, BRCA 1 und BRCA 2 – Patentinhaber Myriad Genetics – und damit letztlich um isolierte Gene insgesamt, hatte sich ein langer Rechtsstreit entwickelt, der mit einer Entscheidung des US Supreme Court 2013 beendet wurde.[69] Das Ergebnis war zweideutig. Einerseits hat der Supreme Court entschieden, dass Patene auf einzelne und isolierte Gene unzulässig sind. Damit dürfte eine sehr große Zahl an Patenten auf Gene unzulässig sein. Patentierte lange und kleinere DNA-Stücke sollen ca. 41 Prozent der menschlichen DNA ausmachen.

Er hat aber andrerseits Patente auf cDNA zugelassen. cDNA sind DNA-Abschnitte, die von einer messenger(m)-RNA auf DNA umgeschrieben worden sind. Die dazu gehörigen m-RNAs aber sind natürliche Bestandteile einer jeden Zelle und Teil des Prozesses, der zur Bildung eines Proteins führt (siehe Einleitung). Es ist nicht einsichtig, dass natürlich vorkommende DNA nicht patentiert werden darf, eine DNA die von einer natürlich vorkommenden RNA abgeschrieben worden ist aber schon. Einige Kommentatoren des Urteils haben vermutet, dass die Höchstrichter nicht wussten, was cDNA ist.

Wegen der Aufsplitterung der Gene in Exons und Introns werden Gene bei gentechnologischen Verfahren sehr oft als cDNA verwendet (siehe Einleitung), sodass für die Patentierung ein weites Feld übriggeblieben ist. Die erwähnte Entscheidung des Supreme Court hat damals auch nicht zu einem Nachlassen der Aktien von Myriad Genetics geführt, was eher zu erwarten gewesen wäre, sondern wegen der pro-Patent-Entscheidung für cDNA sogar zu einem Anstieg der Aktien.

8.2 Biologische Patentierung – Genetic Use Restriction Technologies (GURT) – Terminator-Technologien

Unter dem Sammelbegriff werden Methoden der grünen Gentechnik zusammengefasst, die eine Vermehrung von gentechnisch veränderten Pflanzen bzw. deren eingebaute Genkonstrukte steuerbar machen oder verhindern. So soll das geistige Eigentum geschützt und die Ausbreitung der technisch veränderten Genkonstrukte eingedämmt bzw. verhindert werden. Mittlerweile unterscheidet man zwei große Gruppen von Techniken, die trait-GURTs (kurz T-GURTs) und die varietal-GURTs (kurz V-GURTs).

Dabei wird bei T-GURTs die Ausprägung (Expression) einer bestimmten gentechnisch modifizierten Eigenschaft verhindert. Das heißt, dass die Gene in der nächsten Pflanzengeneration zwar (im Genotyp) vorhanden aber nicht eingeschaltet sind und somit auch nicht (im Phänotyp) ausgebildet werden. Die Pflanze bleibt trotzdem fruchtbar und ihre Samen sind ungehindert keimungsfähig. Da die Gene nach wie vor vorhanden sind, können sie zum Beispiel mit einer Chemikalie auch wieder eingeschaltet werden. So könnte die gentechnisch eingebaute Eigenschaft wieder ausgebildet werden. Die Firma Syngenta hat auf eine derartige Methode bereits seit 2001 ein Patent.

Bei V-GURTs wird die Fruchtbarkeit der Pflanzen manipuliert. Hierbei unterscheidet man wiederum zwei Methoden, die Fortpflanzung zu beschränken:

- Entweder werden die Pflanzen daran gehindert, voll funktionstüchtige Pollen oder Samen auszubilden (Diese Gruppe von V-GURTs ist unter dem Namen Terminator-Technologien bekannt geworden.)
- oder die Weitergabe der modifizierten Gene an die nächste Generation wird behindert.

Weil gerade diese künstlich eingebaute Sterilität bei Pflanzen (Terminator-Technologien) besonders brisant ist, soll diese Methodik genauer betrachtet werden:

Wie schon häufig beschrieben, werden Gene durch verschiedene Auslöser ständig ein- und ausgeschaltet. Bei den Terminator-Technologien macht man sich das zu Nutze und schaltet entweder die „Sterilitätsgene" zum Beispiel durch eine Chemikalie ein oder kann die eingebaute Sterilität durch eine Chemikalie rückgängig machen. In beiden Fällen würde die äußere chemische Substanz eine Abfolge von Genaktivitäten auslösen.

Infobox

Ein *Moratorium* ist, in der hier gemeinten Bedeutung, ein (meistens rechtlich unverbindliches) Übereinkommen, eine Technik vorerst nicht zu nutzen.

Der Ursprung der Terminator-Technologien geht auf eine Entwicklung des Saatgutherstellers Delta & Pine Land (mittlerweile von Monsanto aufgekauft) und dem US-Landwirtschaftsministerium zurück. Dieses Patent aus dem Jahr 1998 hat international große Wellen geschlagen. So, dass es seit der Biodiversitäts-Konvention 2000 ein rechtlich zwar unverbindliches, aber derzeit bestehendes internationales Moratorium gegen alle GURTs, besonders aber gegen Terminator-Technologien, gibt. Einzelne Staaten, wie Ende 2015 beispielsweise Brasilien, bzw. Konzerne beginnen allerdings bereits damit, dieses Moratorium aufzuweichen bzw. zu umgehen.

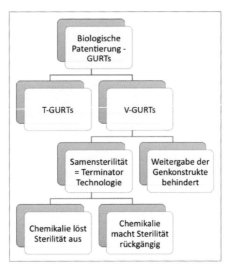

Abb. 8.3   Übersicht über die Möglichkeiten der biologischen Patentierung, Quelle: eigene
Darstellung

In der *Praxis* sind GURTs bisher zum Glück weitgehend nur als Patente, Konzepte
und maximal Glashausversuche existent. Der Widerstand von vielen Seiten ist noch
groß genug, damit das auch vorerst so bleiben könnte. Es besteht nach wie vor das
internationale Moratorium, das allerdings rechtlich völlig unverbindlich ist. Somit
kann sich dieser Zustand jederzeit ändern. Viele Seiten drängen auf ein Einführen
dieser Techniken. Je häufiger Genkonstrukte in konventionell bepflanzten Feldern
auftauchen, desto größer könnte die Akzeptanz von GURTs werden, damit man
diesem Auskreuzen entgegenwirken kann. Dahinter stehen nicht nur große Konzerne, sondern durchaus auch Regierungen.

Von Seiten der Konzerne wird immer wieder betont, GURTs sollen verhindern,
dass sich gentechnisch veränderte Pflanzen unkontrolliert vermehren. Es besteht
jedoch kein Zweifel, dass diese Technologie entwickelt wurde, um den Nachbau
von gentechnisch veränderten Pflanzen zu verhindern, ohne dafür Patentgebühren
zu bezahlen und die vollständige Kontrolle über Saatgut zu bekommen. Während
Patente auslaufen können, ist mit dieser Technik uneingeschränkt gewährleistet,
dass trotzdem der Nachbau ohne entsprechenden Kauf von Chemikalien und
Entrichtung der Patentgebühren nicht möglich ist. Dieser finanzielle Anreiz für
die Saatgutkonzerne würde möglicherweise zu mehr Investitionen in verbessertes

Saatgut führen, aber die Leistbarkeit für die Landwirte und Landwirtinnen vor allem in wenig entwickelten Ländern ist dann in Frage zu stellen.

Eine Untersuchung bereits aus dem Jahr 2007 über die Verhinderung von Bewegungen der Genkonstrukte mit Hilfe von GURTs hat aber ergeben, dass es keine der verschiedenen GURT-Technologien schaffen kann, eine Bewegung von Genkonstrukten vollständig zu verhindern. Das größte Problem sehen die Autoren und Autorinnen der Untersuchung in der Vermischung von Samen. Zudem wird gefordert, dass die ökologischen Auswirkungen all dieser Techniken, zum Beispiel auf die bestäubenden Insekten, genauestens untersucht werden.[70]

Um die Bewegung der Genkonstrukte kontrollieren zu können, müsste die Technik eine hundertprozentige Erfolgsquote haben. Dies ist in natürlichen Systemen nahezu unmöglich. Um den Nachbau für die Landwirte und Landwirtinnen unwirtschaftlich werden zu lassen, reicht eine deutlich niedrigere Rate.

GURTs sind komplexe Genkonstrukte, die natürlich durch Mutationen oder das Stilllegen von Genen – mit ungeahnten Konsequenzen – fehleranfällig sein können. Es sind für GURTs mehrere aufeinander abgestimmte Gensequenzen notwendig, die mitunter noch zusätzlich mit einer äußeren Chemikalie als Auslöser funktionieren sollen. Das ist jedenfalls deutlich komplexer und aufwendiger als der Einbau einzelner Gene.

Die ökologischen Folgen sind derzeit ohnehin nicht einmal ansatzweise abschätzbar.

Die völlige Saatgutkontrolle, die durch V-GURTs umgesetzt werden könnte, bedeutet in weiterer Folge auch eine komplette Abhängigkeit der Landwirte und Landwirtinnen auf der ganzen Welt und im Grunde der ganzen Gesellschaft. Auch bei konventionellem Hochleistungssaatgut besteht natürlich diese Abhängigkeit, aber ein Nachbau ist trotzdem immer noch möglich. Durch GURTs würde dies unmöglich. Die Kosten für die landwirtschaftliche Produktion könnten weiter steigen. Es entstehen aber auch ganz banale Abhängigkeiten wie die des ungestörten und rechtzeitigen Transportes des Saatgutes vom Erzeuger zu den Landwirtinnen und Landwirten quer über die Erde. Jedes Hindernis im rechtzeitigen Transport des Saatgutes vom Erzeuger zum Acker würde den Totalausfall der landwirtschaftlichen Produktion einer Region und damit eine Hungersnot bedeuten. Je mehr davon angebaut wird, desto mehr hängt die Nahrungsproduktion vom good will der Lieferanten und Lieferantinnen ab, umso erpressbarer wird eine Gesellschaft. Zudem ist eine weitere Marktkonzentration bei den Saatgutherstellern zu erwarten.

Wenn sogar der große Monsanto Konzern Bedenken bezüglich der sozialen Auswirkungen dieser Technologie auf der Homepage äußert, dann dürfte diese wirklich fundiert sein. „Monsanto hat kein Produkt mit Samensterilität entwickelt oder auf den Markt gebracht. Da Monsanto viele der Bedenken in Bezug auf die

Kleinbauern teilt, haben wir uns 1999 verpflichtet, die Samensterilität nicht bei Pflanzen einzuführen, die der Nahrungsmittelerzeugung dienen. Wir halten an dieser Verpflichtung fest und haben keine Pläne oder Forschungsziele, die gegen diesen Grundsatz verstoßen." (http://www.monsanto.com/global/de/news-stand-punkte/pages/fragen-patenten-monsanto-saatgut.aspx, Zugegriffen: Oktober 2015) Aus diesem Zitat ist auch herauszulesen, dass Monsanto sehr wohl GURTs verfolgt und abseits der Nahrungsmittelerzeugung auch verwenden will.

„Monsanto sieht sowohl die positiven wie negativen Aspekte der GURT-Technologien. Wir gehen davon aus, dass einige Anwendungen – mit Ausnahme der Samensterilität – für Kleinbauern von Vorteil sind. Denkbar wäre zum Beispiel eine biotechnologisch entwickelte Pflanze, deren Samen auch in weiteren Generationen uneingeschränkt keimfähig bleibt – damit von den Landwirten nachgebaut werden kann –, aber in weiteren Generationen nicht mehr das gentechnisch veränderte Merkmal trägt." (http://www.monsanto.com/global/de/news-standpunkte/pages/fragen-patenten-monsanto-saatgut.aspx, Zugegriffen: Oktober 2015) Lässt man alle Bedenken kurz außen vor, dann muss man dem Monsanto Konzern zustimmen, dass T-GURTs auf jeden Fall weniger riskant als V-GURTs sind, wenn man schon meint den natürlichen Patentschutz haben zu müssen. Das Risiko überwiegt die Vorteile in beiden Fällen doch deutlich.

8.3   Biopiraterie

Die Pharmazeutische und die Lebensmittelindustrie haben seit Jahren zunehmendes Interesse an pflanzlichen Wirkstoffen und dem medizinischen Wissen indigener Gemeinschaften. Die Mehrzahl der dafür interessanten Pflanzen kommt in artenreichen Gebieten des globalen Südens vor, die Mehrzahl der interessierten Konzerne aber ist im reichen Norden.

Seit langem durchforsten deshalb die großen Konzerne die Länder des Südens nach pharmazeutisch, aber auch für die Ernährung interessanten Pflanzen und suchen das traditionelle Wissen der Bevölkerung zu erhalten.

Auf diese Art gewonnenes Wissen und (isolierte) pflanzliche Inhaltsstoffe oder interessante Gene und Verfahren werden dann Patente erlassen, oft gleich für die dazugehörige Pflanze mit. Während im Norden damit große Gewinne gemacht werden, gehen die Menschen des Südens, aus deren Gebiet die Pflanzen stammen und auf deren Wissen die Patente aufbauen, leer aus. Schlimmer noch, es kann passieren, dass diese dann ihre eigenen Pflanzen oder Verfahren nicht mehr anwenden oder verkaufen dürfen, da sie nun mit Patentrechten eines Konzerns belegt sind.

Man spricht in so einem Fall von Biopiraterie. Der Begriff wurde 1994 durch die US-amerikanische NGO ETC-Group (Action Group on Erosion, Technology and Conservation) eingeführt und meint damit das (unrechtmäßige) Aneignen von Wissen und genetischen Ressourcen von Farmerinnen und Farmern und indigenen Gemeinschaften, um exklusives Monopol und Kontrolle über Patente oder geistige Eigentumsrechte (Intellectual Property Rights, IRP) darüber zu erlangen.

Die Beispiele für Biopiraterie sind zahllos, es sollen hier nur einige wenige erwähnt werden.

- Die gelbe Bohne aus Mexiko, die dort schon lange verwendet worden war, wurde in den USA patentiert, woraufhin der Export dieser Bohne in die USA verboten wurde, da es dort ein Patent darauf gab – mit schweren finanziellen Nachteilen für die mexikanischen Bauern und Bäuerinnen.
- Berühmt geworden ist der Fall des indischen Neembaumes, aus dem seit Jahrtausenden verschiedene Medikamente und Mittel gegen Insekten gewonnen werden; genutzt werden Blätter, Blüten, Früchte und die Rinde. Auf Produkte des Neembaums wurden in den USA und durch das Europäische Patentamt in München (EPA) zahlreiche Patente vergeben, u. a. eines auf einen Ölauszug, um ein biologisches Insektizid herzustellen. Als Folge hätten die indischen Bauern ihr Insektizid nicht mehr herstellen dürfen. Gegen mehrere Neembaumpatente wurde erfolgreich geklagt und das EPA zog die Patentierung zurück. Allerdings sind eine Reihe von Patenten für Produkte und Anwendungen des Neembaumes erhalten geblieben.
- Das Madagaskar-Immergrün wurde traditionell schon immer zur Herstellung von Medikamenten verwendet. Elly Lilly verwendete die Pflanze zur Herstellung eines Krebsmedikamentes – von den geschätzten 100 Millionen US$, die Elly Lilly einnahm, floss kein Cent in den Süden.
- An der Hoodia-Pflanze, einem kaktusähnlichen Sukkulent, war ausnahmsweise auch ein südafrikanisches Institut (Zentrum für wissenschaftliche und industrielle Forschung, CSIR) beteiligt. Die Pflanze wurde schon immer vom Volk der San als Hunger- und Durstlöscher auf langen Wanderungen verwendet. CSIR ließ sich einen Wirkstoff daraus patentieren und verkaufte diesen dann weiter. Über die Konzerne Phytopharm und Pfizer gelangte das Patent an Unilever, der damit einen Appetitzügler herstellt. Was selten geschieht, den San gelang es letztlich, wenigstens einen kleinen Teil des Nettogewinnes, 0,003 Prozent einzuklagen.
- Die texanische Firma Rice Tec (im Besitz des Fürsten von Liechtenstein) kreuzte Basmatireispflanzen aus Indien und Pakistan mit amerikanischem Reis und ließ die entstandenen Sorten unter dem Namen Basmati american style patentieren. Basmati Reis ist für die indischen und pakistanischen Reisbäuerinnen und

-bauern wirtschaftlich wichtig, da er gute Preise erzielt. Ein Teil des Exportes ging bis dahin in die USA; nach der Patentierung mussten dabei aber Patentgebühren bezahlt werden. In der Folge kam es zu heftigen Protesten, worauf Rice Tec schließlich vier seiner 20 Patente zurückzog und 13 weitere aufgehoben wurden. Trotzdem kann Rice Tec noch drei Sorten unter dem Namen Basmati american style verkaufen.

- Für die Kurkuma-Pflanze wurde der Mississippi State University ein Patent zur Wundheilung erteilt, das allerdings wieder entzogen wurde, nachdem das Indian Councel for Industrial and Scientiftc Research nachweisen konnte, dass diese Verwendung schon in Sanskrittexten vorkommt – ein seltener Fall mit gutem Ausgang für das betroffene Land.

- Eine in den Anden Perus vorkommende Pflanze, Maca, die von der indigenen Bevölkerung seit langem als Heilpflanze und als Nahrung genutzt wird, wurde von der US-amerikanischen Firme Pureworld Inc. samt Produkten patentiert: Das Patent ist aufrecht.

- Ein Harz des Balsambaums, Guggul, wird seit langem in der traditionellen indischen Medizin verwendet. Inzwischen gibt es dafür mehrere Patente für die kosmetische und medizinische Anwendung in den USA.

- Die International Plant Medicine Corporation ließ sich ein Patent auf eine südamerikanische Lianenart geben, die von den dortigen indigenen Völkern seit langem verwendet wird. Trotz Protesten ist das Patent aufrecht.

- Ein sehr neues Beispiel ist die Steviapflanze. Sie ist bekannt als neuer Zuckerersatz, der kalorienfrei und für Diabetikerinnen und Diabetiker geeignet ist. Das Volk der Guarani verwendet sie seit langem zum Süßen von Getränken und in der Medizin. Lukrativ verwendet wird Stevia nun von großen Lebensmittelkonzernen, während die Entdecker, die Guarani und die Länder Südamerikas leer ausgehen.

Um die Länder, aus denen Pflanzen und Gene stammen, und um die indigenen Gemeinschaften zu schützen und am Gewinn zu beteiligen, wurde auf der Konferenz von Rio 1992 die Konvention über die biologische Vielfalt (Convention on Biological Diversity CBD) beschlossen und von 193 Staaten unterzeichnet (die USA traten der CBD nicht bei). Danach haben die Staaten das Recht, den Zugang zu biologischen Ressourcen zu regeln. Der Zugang dazu soll an vorhergehende informierte Zustimmung (PIC) gekoppelt sein und die Länder des Südens und indigenen Gemeinschaften sollten am Gewinn fair und gerecht teilhaben (Acces and Benefit Sharing, ABS). An sich ist die Konvention verbindlich, allerdings vermieden es die Industrieländer, die nötigen Gesetze zu verabschieden, sodass die Biopiraterie munter weiterging.

Auf Drängen der Länder des Südens wurde auf dem Weltgipfel für nachhaltige Entwicklung 2002 in Johannesburg ein Plan für ein völkerrechtlich verbindliches Abkommen beschlossen. Die Verhandlungen zogen sich von einer Konferenz zur anderen hin, bis es 2010 auf der Konferenz von Nagoya in Japan zur Verabschiedung des Nagoya Protokolls kam, das inzwischen rechtskräftig ist.[71]

Auf den ersten Blick schauen die Ergebnisse für die Länder des Südens und die indigenen Gemeinschaften sehr positiv aus. Knapp zusammengefasst ergeben sich eine Reihe von Vorteilen für die Länder des Südens:

- Das Ziel des Abkommens ist eine ausgewogene und gerechte Aufteilung der Nutzung von biologischem Material mit funktionalem Erbgut, von genetischen und biochemischen Bestandteilen.
- Die Aufteilung der Vorteile soll auch die Vermarktung und nicht nur Forschung und Entwicklung betreffen.
- Mit indigenen Gemeinschaften muss eine vorhergehende Übereinkunft (PIC) getroffen werden. Überhaupt werden die indigenen Gemeinschaften und lokalen Dorfgemeinschaften wiederholt im Abkommen erwähnt.
- Zertifikate sollen der Rückverfolgbarkeit dienen.

Tatsächlich aber ist das Protokoll gleichzeitig stark verwässert worden:[72]

- Während die Vertragsstaaten auch an der Vermarktung beteiligt werden sollen, ist genau das bei den indigenen Gemeinschaften ausgenommen. Diese sollen – völlig unverständlich – nur an Forschung und Entwicklung beteiligt sein. Damit geht den indigenen Gemeinschaften praktisch der gesamte zu erwartende finanzielle Anteil verloren, denn das Geld sprudelt erst bei der Vermarktung, nicht bei Forschung und Entwicklung.
- Es gibt keine brauchbaren Sanktionen und kein verbindliches Kontrollsystem. Alles hängt wieder davon ab, dass die Vertragsstaaten die notwendigen Gesetze erlassen. Auch die indigenen Gemeinschaften sind davon abhängig, dass die notwendigen Gesetze erlassen werden.
- Seit CBD 1992 ist Biopiraterie de jure verboten. Es sind aber keine rückwirkenden Maßnahmen oder Zahlungen vorgesehen.
- Das zentrale Thema „Patente" kommt im ganzen Abkommen nicht vor. D.h. es ist für die Patenterteilung gleichgültig, ob das Wissen für das Patent legal erworben oder gestohlen ist.
- Zertifikate für ein Produkt haben nur informativen, keinen rechtlich bindenden Charakter. Gedacht waren sie ursprünglich als Grundlage für eine Patentierbarkeit.

Liest man Berichte über das Zustandekommen des Vertrages, stellt man fest, dass die Regierungen der Industriestaaten ganz einfach die Interessen der großen Konzerne vertreten haben. Tatsächlich hat die Biopiraterie weder nach CBD noch nach dem Abkommen von Nagoya aufgehört. Es ist zu befürchten, dass die Länder des globalen Südens und besonders die indigenen Gemeinschaften, von denen das eigentliche Wissen meist kommt, weiter ausgebeutet und nicht am, meist viele Millionen schweren, finanziellen Erfolg beteiligt werden.

Schlussbemerkungen

9

Wir haben dieses Buch geschrieben, weil uns persönlich dieses Thema sehr am Herzen liegt. Es ist uns wichtig zu informieren und die Fakten bewusst kritisch zu beleuchten. Wir wollen diese Schlussbemerkungen nutzen, um nochmals auf ganz wichtige Aspekte, die sich durch das gesamte Buch ziehen, hinzuweisen.

9.1   Gentechnik betrifft uns ALLE

Wir haben im Vorwort Fragen gestellt, die wir kurz, mit den erworbenen Fakten im Hinterkopf, beantworten wollen:

- Ja, wir haben vermutlich immer wieder Lebensmittel mit Zusatzstoffen oder ähnlichem aus gentechnisch veränderten Mikroorganismen auf dem Teller. Je mehr wir darauf achten, naturbelassene Lebensmittel mit keinen oder kaum Zusatzstoffen zu verwenden, desto weniger gentechnisch hergestellte Stoffe nehmen wir auf; das gilt besonders auch für biologische Produkte.
- Ja, wir nehmen wahrscheinlich durch technisch unvermeidbare Verunreinigungen auch einen kleinen Prozentsatz gentechnisch veränderter Nahrungspflanzen mit auf. Je mehr diese aus lokalem Anbau kommen oder biologisch gezogen sind, desto seltener wird dies der Fall sein.
- Nein, im Grunde können wir das Essen von gentechnisch veränderten Lebensmitteln nicht zur Gänze selbst bestimmen, weil eine Verunreinigung mit gentechnisch veränderten Organismen von 0,9 Prozent selbst bei Bio-Produkten zulässig ist. Außerdem müssen viele gentechnisch hergestellte Zusätze nicht gekennzeichnet werden.
- Zumindest Diabetiker und Diabetikerinnen, aber auch andere Patienten und Patientinnen, werden mit Medikamenten behandelt, die mit Hilfe gentechnisch veränderter Organismen hergestellt wurden.

• Nein, der Anbau gentechnisch veränderter Pflanzen in Nachbars Garten ist
nicht zulässig. Der Anbau ist in Österreich schon lange und in Deutschland seit
2015 über den Opt-out Mechanismus verboten. In der Schweiz gibt es derzeit ein
Moratorium. In der EU haben alle Staaten die Möglichkeit, über das Opt-out
System grundsätzlich zugelassene Pflanzen auf dem eigenen Staatsgebiet zu verbieten. Diese Möglichkeit wird immer häufiger auch genutzt. Darum ist bei lokal
erzeugten Lebensmitteln das Risiko einer Verunreinigung viel kleiner. Außer
den erwähnten Ländern sind etwa auch Griechenland, Schottland, Wales und
eine ganze Reihe von Regionen innerhalb Frankreichs, Italiens, Belgiens, aber
auch Spaniens, Kroatiens, Schwedens und Finnlands gentechnikfrei. Außerdem
gibt es in ganz Russland keinen Anbau von gentechnisch veränderten Pflanzen.

Gentechnik betrifft uns in vielfältiger Weise auch im Gentechnik-kritischen Europa.

9.2 Unerwartete Nebeneffekte auf Ebene der Organismen

Neue Technologien, besonders solche, die so viele Möglichkeiten versprechen wie
die Gentechnologie, sind ohne Zweifel faszinierend und üben einen eigenen Reiz
aus. Sie wecken ja auch sehr viele Hoffnungen angesichts der zahlreichen Probleme
unserer Zeit von Hunger und Unterernährung über Energiefragen bis zu schweren
Krankheiten.

Scheinbar einfache und wirksame Lösungen berücksichtigen aber oft nicht die
große Komplexität des Lebens, der Natur, jedes Organismus, ja jeder Zelle und der
DNA. Als Folge davon tauchen Probleme dann oft an einer Stelle auf, an der man
nicht damit gerechnet hat.

Darum sind die wiederholt erwähnten unerwarteten Nebeneffekte in gewisser
Weise nahezu systemimmanent. Das gilt zuerst einmal auf der Ebene der betrof-
fenen Organismen, die gelegentlich andere Eigenschaften haben als erwartet. Das
Genom eines Organismus ist keine lineare Anordnung von Genen, sondern ein
hochkomplexes System, das zudem mit einer vermutlich noch viel komplexeren
Umwelt in permanenter Wechselwirkung steht.

Das zufällige Einbringen von ganzen Genkonstrukten in einen Zellkern, wie es in
der klassischen Gentechnologie üblich ist, kann selbstverständlich unvorhersehbare
Effekte haben. Man erkennt dies u.a. an der großen Zahl an nicht lebensfähigen
oder von Geburt an kranken Tieren, wenn diese gentechnisch verändert werden.

Viele dieser Effekte werden möglicherweise mit den Genome Editing Verfahren,
wie CRISPR/Cas, der Vergangenheit angehören. Das Genom kann viel gezielter und

auch in wesentlich kleinerem Rahmen verändert werden. Trotzdem ist und bleibt es ein Eingriff in die DNA, die wir in ihrer ganzen Komplexität nur ansatzweise verstehen. Es mag sein, dass die unerwarteten Nebeneffekte kleiner ausfallen, es mag sein, dass sie schwerer zu erkennen sind und es mag sein, dass sie nicht mit der Veränderung in der DNA verknüpft werden. Aber auch der so genannte punktgenaue Eingriff ins Genom bei den neuen Techniken, wie CRISPR/Cas, verändert das fein aufeinander abgestimmte Gefüge eines Zellkerns, einer Zelle. Abgesehen von den off target cuts, die unerwünschte Folgen haben können, ist ein Eingriff in das komplexe System der Gene, etwa der Mosaikgene, vermutlich weit schwieriger, als es auf den ersten Blick aussehen mag. Schließlich verändert auch eine kleine Änderung möglicherweise gleich mehrere Eiweiße (Stichwort Spleißen). Was ist, wenn am punktgenau geänderten Gen epigenetische Kontrollfaktoren nicht mehr oder anders wirken? Auch bei den neuen Techniken bleiben zum Teil alte Probleme bestehen und mitunter ergeben sich neue.

Aber dass es zu keinen unerwarteten Nebeneffekten kommt, halten wir persönlich doch für höchst unwahrscheinlich. Es wird sich zeigen, ob Genome Editing auch erfüllen wird, was man davon erwartet, oder ob man wieder einmal zu große Hoffnungen hatte, so wie bei den Stammzellen und früheren, klassischen Gentherapieversuchen.

9.3 Die ökologische Dimension

Überhaupt bringt es eine neue Dimension der Komplexität, wenn gentechnisch veränderte Organismen – und auch da ist es gleichgültig, ob auf die klassisch gentechnische Methode oder mit neuen Techniken erzeugt – in die freie Natur gelangen; was insbesondere im weltweiten Ausmaß bei der grünen Gentechnik geschieht. Ökosysteme und deren Organismen reagieren auf ihre und nicht immer vorhersehbare Weise auf Einflüsse von außen. Möglicherweise sehen wir vieles davon (noch) nicht, weil es in Ökosystemen oft lange Verzögerungseffekte gibt oder eine Zeit lang ungünstige Faktoren ausgeglichen werden. Außerdem sind wir weit davon entfernt, Ökosysteme mehr als bruchstückhaft zu verstehen. Wenn allerdings Folgen erkennbar werden, ist es mitunter schwierig, zur Ausgangsposition zurückzukehren – oder in manchen Bereichen schlichtweg zu spät. Andererseits erkennt man gelegentlich schnell, innerhalb von Jahren, wie sich resistente Unkräuter oder Schadinsekten entwickeln können. In diesen Fällen merkt man auch nachteilige Folgen schnell, etwa an den Unkrautproblemen oder Ernteeinbußen durch Schadinsekten, die sich von eingebauten Giften nicht (mehr) beeinflussen lassen.

Wenn die Veränderung der DNA noch mit der Technik des Gene Drive kombiniert wird und sich somit die künstlich hervorgerufene Eigenschaft zu 100 Prozent durchsetzt bzw. sich allen Nachkommen aufzwingt, dann wird sich jeder Effekt, gleich ob vor- oder nachteilig, vervielfachen und unabsehbar werden. Ganz besonders kritisch kann es werden, wenn derart veränderte Organismen ins Freie gelangen oder gezielt freigesetzt werden, um eine ganze Tier- oder Pflanzenart zu verändern oder auszulöschen. Diese Technik bietet ausschließlich ein One-Way Ticket ohne die Möglichkeit eines Notstopps. Es mag sein, dass der Einsatz von Gene Drive zur Bekämpfung von Mücken, die fürchterliche Krankheiten übertragen, gerechtfertigt ist und verglichen mit den Tonnen von ausgebrachtem Insektengift das bessere Übel ist. Doch das zu beurteilen wäre aus der Ferne vermessen. Wir wollen allerdings das Gefahrenpotenzial der Technik an sich etwa aus ökologischer Sicht schon deutlich aufzeigen.

9.4   Nahrungsmittelsicherheit

Weil es sich gerade in der grünen Gentechnik um Nahrungspflanzen handelt, geht es dabei immer auch um Ernährung. Wir denken, es liegt auf der Hand, dass ein derart komplexes Problem wie der Welthunger nicht mit einem monokausalen Ansatz – wie einigen gentechnisch veränderten Pflanzen – gelöst werden kann. Auch dann nicht, wenn es gelänge eine Superpflanze zu kreieren (was, wenn überhaupt, bekanntlich besser auf konventionelle Art gelingt). Da kommen zusätzlich ganz neue Aspekte ins Spiel wie Saatgutpreise, Neuaussaat, lokale Sorten, die in Generationen gezüchtet worden sind, Selbständigkeit und Unabhängigkeit der Bäuerinnen und Bauern oder finanzielle Kapazitäten ebendieser, genug Ackerland und die alltägliche Armut im Süden. So wundert es letztlich nicht, dass der Welternährungsbericht weniger auf Gentechnik als vielmehr auf kleinbäuerliche, eventuell organische Landwirtschaft setzt. Und schließlich muss man auch die Frage stellen, wem etwas nützt; sind es in der grünen Gentechnik die Bäuerinnen und Bauern, die Konsumentinnen und Konsumenten oder einfach die Hersteller, die großen Konzerne?

Angesichts der zahlreichen und immer wieder beobachteten Verunreinigungen von nicht gentechnisch verändertem Saatgut mit gentechnisch verändertem wird die gewünschte und propagierte Wahlfreiheit der Bäuerinnen und Bauern und natürlich auch der Konsumentinnen und Konsumenten relativiert. Dies betrifft aber auch die Frage, wie man gentechnisch veränderte Lebensmittel vermeiden kann. Das hängt von vielen Variablen ab, die oft außerhalb der Möglichkeiten der Konsumenten und Konsumentinnen liegen. Wie gut sind die Kontrollen? Wie genau wird deklariert? Welche Mühe mache ich mir beim Lesen der Produktdeklarationen beim Einkauf? Die derzeit größtmögliche Sicherheit bieten biologische Produkte, wobei auch bei diesen Verunreinigungen möglich sind. Gerade darum ist es wichtig, dass es möglichst großflächige Anbauverbote gibt, denn mit jedem Acker, irgendwo auf der Welt, auf dem gentechnisch veränderte Pflanzen stehen, wächst die Gefahr der Verunreinigung. Es ist erfreulich, dass doch eine ganze Reihe von Ländern der EU sich für Gentechnikfreiheit entschieden haben. Letztlich ist es aber die weltwirtschaftliche Verflechtung, die dazu führt, dass auch in diesen Ländern der Aufwand steigen wird, um gentechnikfreie Produkte erhalten zu können.

9.5 Die ethische Dimension

Wenn von sozialen Aspekten die Rede ist, dann kommt man auch um die Probleme, die sich aus Gendiagnosen ergeben können – unabhängig von verschiedenen medizinischen oder persönlichen Vorteilen aus diesem Wissen –, nicht herum. Vor allem aber auch nicht um die ethische Frage, was wir dürfen und was wir verantworten können. Aber diese Frage stellt sich bei vielen Großtechnologien und ganz besonders bei der Gentechnik, die sozusagen ins Innerste des Lebens, in die Vererbung eingreift. Eine Frage, die ganz besonders für die neuen Technologien des Genome Editing gestellt und diskutiert werden müsste – am besten noch bevor Fakten geschaffen worden sind. Wir haben oft gelesen, dass man mit dem Genome Editing die Gene „verbessern" könnte, aber wo fängt das Verbessern an und vor allem, wo hört es auf? Wer entscheidet, was unter „besser" zu verstehen ist. Der Technik sind zumindest theoretisch offenbar überhaupt keine Grenzen gesetzt, aber wollen wir den absoluten grenzenlosen Eingriff in das Erbgut? Es ist wohl auch nur eine Frage der Zeit, bis die Diskussion um die Keimbahntherapie mit den neuen Möglichkeiten wieder entflammt.

9.6 Grundsätzliche Überlegungen

Wir dürfen auch nicht vergessen, dass wir immer noch nicht alles wissen und vieles, das wir zu wissen glauben, sich später als falsch herausstellt. Über 100 Jahre lang gab es das Dogma, dass es keine Vererbung erworbener Eigenschaften gibt und dann kam die Epigenetik und es gab sie doch. Jahrzehnte lang war ein Gen ein Gen und trug die Information für ein Eiweiß. Dann erkannte man, dass Gene in Stücken auf den Chromosomen liegen und diese Stücke unterschiedlich kombiniert werden können – also mit einem Gen nicht nur das eine, sondern mehrere verschiedene Eiweiße gebildet werden können. Die klassische Gentechnik, die zu den gentechnisch veränderten Pflanzen auf den Feldern dieser Welt geführt hat, ist vielleicht in einigen Jahren absoluter Schnee von gestern, wenn sich Genome Editing durchsetzen sollte. Im Nachhinein werden wir wissen, was die neue Technik wert war. Man sagt oft, ein gewisses Risiko gehört zum Leben dazu, aber man kann bestenfalls für sich selber ein Risiko eingehen, nicht aber für andere Menschen, Pflanzen- und Tierarten oder ganze Ökosysteme. Es braucht Vernunft, Gewissenhaftigkeit, Verantwortung (für sich, andere und die Natur), Geduld und einen Blick über den Tellerrand hinaus.

Oft führt die Beantwortung einer Frage zu neuen Fragen und oft führt mehr Wissen über komplexe Systeme zur Einsicht, dass es noch viel komplexer ist und man deswegen besser sehr behutsam und verantwortungsvoller mit der Natur, mit dem Leben umgehen soll.

Quellenverzeichnis

[1] Gordon L, Joo J E, Powell J E, Ollikainen M, et al (2012) Neonatal DNA methylation profile in human twins is specified by a complex interplay between intrauterine environmental and genetic factors, subject to tissue-specific influence. Genome Research doi: 10.1101/gr.136598.111. Zugegriffen: März 2016

[2] Lodge C, Lowe A, Dharmage S, Olsson D, Forsberg B, Bråbäck L (2015) Does grandmaternal smoking increase the risk of asthma in grandchildren? European Respiratory Journal Vol 46 Issue suppl 59. doi: 10.1183/13993003.congress-2015. OA4762. Zugegriffen: März 2016

[3] Hughes V (2014) Epigenetics: The sins of the father. Nature 507:22-24. doi:10.1038/507022a. Zugegriffen: Jänner 2016

[4] European Lung Foundation (2014) Father's smoking prior to conception could increase asthma risk for baby. http://www.europeanlung.org/en/news-and-events/media-centre/press-releases/father%E2%80%99s-smoking-prior-to-conception-could-increase-asthma-risk-for-baby. Zugegriffen: März 2016

[5] Liang P, Xu Y, Zhang X, et al (2015) CRISPR/Cas9-mediated gene editing in human tripronuclear zygotes. Protein & Cell Volume 6, Issue 5, pp 363-372. Springer Nature. doi: 10.1007/s13238-015-0153-5. Zugegriffen: Jänner 2016

[6] James C (2014) Global Status of Commercialized Biotech/GM Crops: 2014. ISAAA Brief No. 49. ISAAA, Ithaca, NY. http://www.isaaa.org/resources/ publications/ briefs/49/default.asp). Zugegriffen: Dezember 2015

[7] James C (2015) 20th Anniversary (1996-2015) oft he Global Commercialization of Biotech Crops and Biotech Crop Highlights in 2015. ISAAA Brief No. 51. ISAAA, Ithaca, NY. http://www.isaaa.org/resources/publications/briefs/51/default.asp. Zugegriffen: Juni 2016

[8] Bunge J (2015) Fields of Gold: GMO-Free Crops Prove Lucrative for Farmers. The Wall Street Journal. http://www.wsj.com/articles/fields-of-gold-gmo-free-crops-prove-lucrative-for-farmers-1422909700. Zugegriffen: November 2015

[9] Bauer-Panskus A (2015) USA: Glyphosat-Verbrauch steigt auf 128.000 Tonnen jährlich. Testbiotech e.V. http://www.testbiotech.org/en/node/1192. Zugegriffen: Jänner 2016

10   Gurian-Sherman D, Mellon M (2013) The Rise of Superweeds – and What to Do About It. Union of Concerned Scientists, policy brief. Cambridge. http://www.ucsusa.org/sites/default/files/legacy/assets/documents/food_and_agriculture/rise-of-superweeds.pdf. Zugegriffen: Dezember 2015

[11] The International Survey of Herbicide Resistant Weeds (Hrsg) Weeds Resistant to EPSP synthase inhibitors (G79). http://weedscience.org/summary/moa.aspx. Zugegriffen: Mai 2016

[12] Then Ch, Boeddinghaus R (2014) Das Prinzip industrielle Landwirtschaft in der Sackgasse. Eine Studie im Auftrag Der Grünen/Europäische Freie Allianz und Martin Häusling, MEP, Wiesbaden

[13] Loomis D, Guyton K, Grosse Y, El Ghissasi F, et al. on behalf of the International Agency for Research on Cancer Monograph Working Group, IARC, Lyon, France (2015) Carcinogenicity of lindane, DDT, and 2,4-dichlorophenoxyacetic acid, The Lancet Oncology, Volume 16, No. 8, p891-892 http://dx.doi.org/10.1016/S1470-2045(15)00081-9. Zugegriffen: Jänner 2016

[14] Then Ch (2016) Toxische Wirkung von Herbizidmischungen in gentechnisch veränderten Sojabohnen, Pressemitteilung. Testbiotech, München. http://www.testbiotech.org/sites/default/files/PM%20%20Kombinationseffekte%20von%20Glyphosat.pdf. Zugegriffen: Februar 2016

[15] Guyton K Z, Loomis D, Grosse Y, El Ghissassi F, et al. on behalf of the International Agency for Research on Cancer Monograph Working Group, IARC, Lyon, France (2015) Carcinogenicity of tetrachlorvinphos, parathion, malathion, diazinon, and glyphosate The Lancet Oncology, Volume 16, No.5, p490-p491 doi: http://dx.doi.org/10.1016/S1470-2045(15)70134-8. Zugegriffen: Jänner 2016

[16] Sèralini G-E, Clair E, Mesnage R, et al (2014) Republished study: long-term toxicity of a Roundup herbicide and a Roundup-tolerant genetically modified maize. https://enveurope.springeropen.com/articles/10.1186/s12302-014-0014-5. Zugegriffen: Jänner 2016

[17] Gaupp – Berghausen M, Hofer M, Rewald B, Zaller J G (2015) Glyphosate-based herbicides reduce the activity and reproduction of earthworms and lead to in-

creased soil nutrient concentrations. Scientific Reports 5:12886, Springer Nature. doi: 10.1038/srep12886. Zugegriffen: Februar 2016

[18] Mertens M (2011) Glyphosat und Agrogentechnik – Risiken des Anbaus herbizidresistenter Pflanzen für Mensch und Umwelt. NABU, Berlin. https://www. nabu.de/imperia/md/content/nabude/gentechnik/studien/nabu-glyphosat-agrogentechnik_fin.pdf. Zugegriffen: Februar 2016

[19] Tappeser B, Reichenbecher W, Teichmann H (Hrsg.) (2014) Agronomic and environmental aspects of the cultivation of genetically modified herbicide-resistant plants – A joint paper of BfN (Germany), FOEN (Switzerland) and EAA (Austria). Bundesamt für Naturschutz, Bonn. http://www.bfn.de/fileadmin/ MDB/ documents/service/skript362.pdf. Zugegriffen: Februar 2016

[20] Epigen (Hrsg) Stand der Dinge: Bt-Pflanzen und resistente Schädlinge. Epigen. http://www.epi-gen.de/themen/oekologie/btresistenz. Zugegriffen: Jänner 2016

[21] Ziegler E (2014) Gentech-Mais hilft nicht gegen Schädling. Science Orf.at, Wien. http://science.orf.at/stories/1735191/. Zugegriffen: Jänner 2016

[22] Gera K A (2016) Haryana, Punjab may cut Bt cotton sowing. Business Standard. http://mybs.in/2TCHvpt. Zugegriffen: April 2016

[23] Holderbaum D F, Cuhra M, Wickson F, Orth A l, Nodari R O, Bøhn T (2015) Chronic Responses of Daphnia magna Under Dietary Exposure to Leaves of a Transgenic (Event MON810) Bt-Maize Hybrid and ist Conventional Near-Isoline. Journal of Toxicology and Environmental Health Part A; 78(15):993-1007 doi: 10.1080/15287394.2015.1037877. Zugegriffen: Februar 2016

[24] Agapito-Tenfen S Z, Vilperte V, et al (2014) Effect of stacking insecticidal cry and herbicide tolerance epsps transgenes on transgenic maize proteome. BMC Plant Biology. http://www.biomedcentral.com/1471-2229/14/346. Zugegriffen: Dezember 2015

[25] Carman J R, Howard R, et al (2013) A long-term toxicology study on pigs fed a combined genetically modified (GM) soy and GM maize diet. Journal of Organic Systems Vol 8, No 1, p.38-54. http://www.organic-systems.org/journal/81/8106. pdf. Zugegriffen: Dezember 2015

[26] Tang G, Hu Y, et al (2012) ß-Carotene in Golden Rice is as good as ß-carotene in oil at providing vitamin A to children. American Society of Nutrition. (Artikel zurückgezogen am 29.07.2015). doi:10.3945/ajcn.111.030775. Zugegriffen: Oktober 2015

[27] Tang G, Qin J (2009) Golden Rice is an effective source of vitamin A. American Society of Nutrition. doi:10.3945/ajcn.2008.27119. Zugegriffen: Oktober 2015

[28] International Rice Research Institute (Hrsg) What is the status of the Golden Rice project coordinated by IRRI. http://irri.org/golden-rice/faqs/what-is-the-status-of-the-golden-rice-project-coordinated-by-irri. Zugegriffen: Juni 2016

[29] Food and Agriculture Organization of the United Nations (Hrsg) FAO Philippines Newsletter 2015 Issue 2, FAO. http://www.fao.org/3/a-i4614e.pdf. Zugegriffen: Oktober 2015

[30] Ewen S, Pusztai A (1999) Effect of diets containing genetically modified potatoes expressing Galanthus nivalis lectin on rat small intestine. The Lancet Vol 354, No 9187, p 1353-1354. http://www.thelancet.com/journals/lancet/article/PIIS0140-6736(98)05860-7/abstract. Zugegriffen: November 2015

[31] Young E. (2005) GM pea causes allergic damage in mice. New Scientist. https://www.newscientist.com/article/dn8347-gm-pea-causes-allergic-damage-in-mice/. Zugegriffen: November 2015

[32] Ermakova I V (2005) Influence of genetically modified soya on the birth-weight and survival of rat pups. In: Moch K (Ed) (2006) *Proceedings of the Conference: Epigenetics, Transgenic Plants and Risk Assessment*. Öko-Institut e.V., p. 41–48, Freiburg

[33] Marshall A (2007) GM soybeans and health safety – a controversy reexamined. Nature Biotechnology 25, 981-987. doi:10.1038/nbt0907-981. Zugegriffen: November 2015

[34] Hoffmann-Sommergruber K, Wiedermann-Schmidt U, Benesch T (2008) Allergene Risikoabschätzung einer genetisch modifizierten Maislinie im Vergleich zu der isogenen Kontrolllinie: Evaluierung der möglichen Untersuchungen und deren Aussagekraft. Forschungsberichte der Sektion IV Band 4/2008. Bundesministerium für Gesundheit, Familie und Jugend, Sektion IV, Wien

[35] Finamore A, Roselli M, Britti S, Monastra G, Ambra R, Turrini A, Mengheri E (2008) Intestinal and Peripheral Immune Response to MON810 Maize Ingestion in Weaning and Old Mice. Journal of Agricultural and Food Chemistry. doi: 10.1021/jf802059w. Zugegriffen: November 2015

[36] Fernandez-Cornejo J, Wechsler S, Livingston M and Mitchell L (2014) Genetically Engineered Crops in the United States. Economic Research Report Number 162. Department of Agriculture, Economic Research Service, Washington. http://www.ers.usda.gov/ media/1282246/err162.pdf. Zugegriffen: Jänner 2016

[37] Van Hoesen S (2015) Claims That GMOs Will „Feed The World" Don't Hold Up. Environmental Working Group. http://www.ewg.org/release/claims-gmos-will-feed-world-don-t-hold. Zugegriffen: Februar 2016

[38] Zukunftsstiftung Landwirtschaft (Hrsg) (2013) Wege aus der Hungerkrise: Die Erkenntnisse und Folgen des Weltagrarberichts: Vorschläge für eine Landwirtschaft von morgen. AbL Verlag, Hamm

[39] Schulze J, Brodmann P, Oehen B, Bagutti C (2015) Low level impurities in imported wheat are a likely source of feral transgenic oilseed rape (Brassica napus L.) in Switzerland. Environmental Science and Pollution Research. 22:16936-42. doi: 10.1007/s11356-015-4903-y. Zugegriffen: Februar 2016

[40] Flachsbarth M (2014) Parlamentarische Anfrage zu „Volkswirtschaftliche Kosten der Agro-Gentechnik". Drucksache 18/03168. Bundesministerium für Ernährung und Landwirtschaft, Berlin. http://www.keine-gentechnik.de/fileadmin/files/Infodienst/Dokumente/141127_AntwBR_Volkswirtschaftliche_Kosten_Agro_Gentechnik_18_3168.pdf. Zugegriffen: März 2016

[41] Wirz A, Kasperczyk N, Gatzert X, Weik N (2015) Schadensbericht Gentechnik, BÖLW (Hrsg), Berlin. http://www.boelw.de/fileadmin/Dokumentation/150112_BOELW_Schadensbericht_Gentechnik.pdf. Zugegriffen: Jänner 2016

[42] Lees R S, Gilles J R L, Hendrichs J, Vreysen M J B, Bourtzis K (2015) Back to the future: the sterile insect technique against mosquito disease vectors. Current Opinion in Insect Science, Vol 10, p. 156-162. Elsevier. doi:10.1016/j.cois.2015.05.011. Zugegriffen: März 2016

[43] Hammond A, Galizi R, Kyrou K, et al (2016) A CRISPR-Cas9 gene drive system targeting female reproduction in the malaria mosquito vector Anopheles gambiae. Nature Biotechnology 34, p. 78-83. doi:10.1038/nbt.3439. Zugegriffen: März 2016

[44] Bundesministerium für Ernährung und Landwirtschaft (Hrsg) (2013) Anzahl der für Versuche und andere wissenschaftliche Zwecke verwendeten Wirbeltiere. Tabelle des Bundesministeriums für Ernährung und Landwirtschaft, Berlin. http://www.bmel.de/SharedDocs/Downloads/Tier/Tierschutz/2013-TierversuchszahlenGesamt.pdf?__blob=publicationFile. Zugegriffen: Jänner 2016

[45] Oberhauser S (2014) 209.000 Versuchstiere im Jahr 2014. Anfragebeantwortung zu der schriftlichen Anfrage der Abgeordneten Josef A. Riemer, Kolleginnen und Kollegen. Offenes Parlament. https://www.parlament.gv.at/PAKT/VHG/XXV/AB/AB_06733/index.shtml. Zugegriffen: Jänner 2016

[46] Die forschenden Pharma-Unternehmen (Hrsg) (2016) Zugelassene gentechnische Arzneimittel in Deutschland. http://www.vfa.de/de/arzneimittel-forschung/datenbanken-zu-arzneimitteln/amzulassungen-gentec.html. Zugegriffen: April 2016

[47] Die forschenden Pharma-Unternehmen (Hrsg) (2016) Originalpräparate und Biosimilars (zugelassen in der EU). Übersichtstabelle. http://www.vfa.de/embed/biosimilars-uebersicht-originalpraeparate.pdf. Zugegriffen: Juni 2016

[48] Schüddekopf C (2003) Der tödliche Zucker. Die Zeit, Nr 48. http://www.zeit.de/2003/48/Diabetes_neu/komplettansicht. Zugegriffen: April 2016

[49] European Medicines Agency (Hrsg) (2015) Zusammenfassung des EPAR für die Öffentlichkeit für Rixubis. http://www.ema.europa.eu/docs/de_DE/document_library/EPAR_-_Summary_for_the_public/human/003771/WC500182069.pdf. Zugegriffen: April 2016

[50] Barahimipour R, Neupert J, Bock R (2016): Efficient expression of nuclear transgenes in the green alga Chlamydomonas: synthesis of an HIV antigen and development of a new selectable marker. Plant Molecular Biology (8. Januar 2016), doi:10.1007/s11103-015-0425-8. Zugegriffen: Februar 2016

[51] European Medicines Agency (Hrsg) (2011) EPAR summary fort he public – ATryn. http://www.ema.europa.eu/docs/en_GB/document_library/EPAR_-_Summary_for_the_public/human/000587/WC500028255.pdf. Zugegriffen: April 2016

[52] European Medicines Agency (Hrsg) (2016) EPAR summary for the public – Ruconest. http://www.ema.europa.eu/ema/index.jsp?curl=pages/medicines/human/medicines/001223/human_med_001382.jsp&mid=WC0b01ac058001d125. Zugegriffen: April 2016

[53] Pelters B (2008) Zurück in die Zukunft. Gen-ethisches Netzwerk, Berlin. http://www.gen-ethisches-netzwerk.de/gid/188/pelters/zurueck-zukunft. Zugegriffen: Jänner 2016

[54] Krebsinformationsdienst (Hrsg) (2013) Risiko Brustkrebs: Veranlagung, Vererbung, Genetik. Deutsches Krebsforschungszentrum Krebsinformationsdienst, Heidelberg. https://www.krebsinformationsdienst.de/tumorarten/brustkrebs/brustkrebsrisiken-persoenlich.php.Zugegriffen: Jänner 2016

[55] Petrucelli N, Daly M B, Feldmann G L (1998) BRCA1 and BRCA2 Hereditary Breast and Ovarian Cancer. Updated 2013, In: Pagon R A, Adam M P, Ardinger H H, et al (1993-2016) GeneReviews. National Center für Biotechnology Information, Seattle. http://www.ncbi.nlm.nih.gov/. Zugegriffen: Jänner 2016

[56] The National Cancer Institute (2015) BRCA1 and BRCA2: Cancer Risk and Genetic Testing. http://www.cancer.gov/about-cancer/causes-prevention/genetics/brca-fact-sheet#q2. Zugegriffen: Jänner 2016

[57] Krebsinformationsdienst (Hrsg) (2013) Familiärer Brust- und Eierstockkrebs. Informationsblatt. Deutsches Krebsforschungszentrum Krebsinformations-

dienst, Heidelberg. https://www.krebsinformationsdienst.de/wegweiser/iblatt/
iblatt-familiaerer-brustkrebs.pdf. Zugegriffen: Jänner 2016

[58] Schrenk P (2015) Therapieoptionen bei Mutationsträger. Brustkompetenz Zentrum, Linz. http://www.bhslinz.at/fileadmin/media/pdf_bhslinz/Schrenk_1_Linzer_Mammaforum_2015__Kompatibilitaetsmodus_.pdf. Zugegriffen: Jänner 2016

[59] Lichtenschopf R, Renz R, Rappaport-Fürhauser C, Singer G (2015) Erblicher Brust- und Eierstockkrebs. Informationsbroschüre. Zentrum für familiären Brust- und Eierstockkrebs, Wien

[60] Bublak R (2015) Erst Fakten, dann Moral. Ärzte Zeitung. Springer Medizin. http://www.aerztezeitung.de/politik_gesellschaft/medizinethik/article/887202/cfdna-bluttest-trisomie-21-erst-fakten-dann-moral.html?sh=1&h=1354264913. Zugegriffen: Jänner 2016

[61] Ormond K E, Wheeler M T, Hudgins L, et al (2010) Challenges in the clinical application of whole-genome sequencing. The Lancet Vol 375, No. 9727, p 1749-1751. http://www.thelancet.com/journals/lancet/article/PIIS0140-6736(10)60599-5/abstract. Zugegriffen: Februar 2016

[62] Dewey F E, Grove M E, Pan C, et al. (2014): Clinical Interpretation and Implications of Whole-Genome Sequencing. The Journal of the American Medical Association, 311(10): 1035-1045. doi: 10.1001/jama.2014.1717. Zugegriffen: Februrar 2016

[63] Leiner P (2015) Der Gentest für zu Hause. ÄrzteZeitung. Springer Medizin. http://www.aerztezeitung.de/medizin/krankheiten/krebs/article/881406/usa-erlaubt-gentest-hause.html. Zugegriffen: Jänner 2016

[64] Lewis R (2015) Gentherapie, zweiter Anlauf. Spektrum.de. http://www.spektrum.de/news/gentherapie-zweiter-anlauf/1328627. Zugegriffen: Jänner 2016

[65] European Medicines Agency (Hrsg) (2015) EPAR summary for the public – GLybera. http://www.ema.europa.eu/docs/en_GB/document_library/EPAR_-_Summary_for_the_public/human/002145/WC500135474.pdf. Zugegriffen: April 2016

[66] Czepel R (2016) Gen-Schere „CRISPR": Erster Test am Menschen. Science.orf.at. http://science.orf.at/stories/2781858/. Zugegriffen: Juni 2016

[67] WHO (Hrsg) (2005) Statement from the xenotransplantation advisory consultation. WHO, Genf

[68] Merlot J (2015) Fleisch von Gentechnik-Lamm in Paris verkauft. Spiegel Online. http://www.spiegel.de/wissenschaft/natur/fleisch-von-gentechnisch-veraendertem-lamm-in-frankreich-verkauft-a-1040243.html. Zugegriffen: Februar 2016

[69] Supreme Court of the United States (2013) Association für molecular pathology et al. V. myriad genetics, inc, et al. http://www.supremecourt.gov/opinions/12pdf/12-398_1b7d.pdf. Zugegriffen: Juni 2016

[70] Hills M J, Hall L, Arnison P G, Good A G (2007) Genetic use restriction technologies (GURTs): strategies to impede transgene movement. TRENDS in Plant Science Vol.12 No.4, Elsevier http://citeseerx.ist.psu.edu/viewdoc/ download?doi=10.1.1.554.9447&rep=rep1&type=pdf. Zugegriffen: November 2015

[71] United Nations Convention on Biological Diversity (2010) Nagoya Protocol on Access to Genetic Resources and the Fair and Equitable Sharing of Benefits Arising from their Utilization to the Convention on Biological Diversity. Secretariat of the Convention on Biological Diversity, Montreal. https://www.cbd.int/abs/doc/protocol/nagoya-protocol-en.pdf. Zugegriffen: März 2016

[72] Frein M, Meyer H (2012) Wer kriegt was, das Nagoya Protokoll gegen Biopiraterie – eine politische Analyse. Evangelischer Entwicklungsdienst, Bonn. https://www.brot-fuer-die-welt.de/static/shop-eed/EED_Nagoya_Protokoll_2012_deu.pdf. Zugegriffen Februar 2016

Literaturverzeichnis

African Centre for Biodiversity (2016) „For your own good!" The chicanery behind GM non-commercial 'orphan crops' and rice for Africa. The African Centre for Biodiversity, Johannesburg. http://acbio.org.za/wp-content/uploads/2016/04/GM-Orphan-Crops-Report.pdf. Zugegriffen: Juni 2016

Agapito-Tenfen S Z, Vilperte V, et al (2014) Effect of stacking insecticidal cry and herbicide tolerance epsps transgenes on transgenic maize proteome. BMC Plant Biology. http://www.biomedcentral.com/1471-2229/14/346. Zugegriffen: Dezember 2015

Anzenberger A (2015) Auch in den USA zieht „gentechnikfrei". Kurier Wirtschaft. http://kurier.at/wirtschaft/unternehmen/auch-in-den-usa-zieht-gentechnikfrei/158.885.928. Zugegriffen: Dezember 2015

Bahnsen U (2015) Der Test. Die Zeit Nr.4. http://www.zeit.de/ 2015/04/praenataldiagnostik-down-syndrom-krankenkasse. Zugegriffen: November 2015

Bauer-Panskus A (2015) USA: Glyphosat-Verbrauch steigt auf 128.000 Tonnen jährlich. Testbiotech e.V. http://www.testbiotech.org/en/node/1192. Zugegriffen: Jänner 2016

Bayerischer Rundfunk (Hrsg) (2014) Biopiraterie – Patente auf jahrtausendealtes Wissen. Bayerischer Rundfunkservice. http://br.de/s/vWd0jf. Zugegriffen: Dezember 2015

Bernard E (2013) Goldener Reis – Hoffnungsträger vor der Premiere. Spektrum.de Hintergrund. http://www.spektrum.de/news/hoffnungstraeger-goldener-reis-steht-vor-der-premiere/1217447. Zugegriffen: Oktober 2015

Binder J, Pusztai Á, Bardócz S (2010) Sicherheitsrisiko Gentechnik. orange-press, Freiburg

Bouis H, Low J, McEwan M, Tanumihardjo S (2013) Biofortification: Evidence and lessons learned linking agriculture and nutrition. FAO and WHO. http://www.fao.org/fileadmin/user_upload/agn/pdf/Biofortification_paper.pdf. Zugegriffen: Oktober 2015

Barahimipour R, Neupert J, Bock R (2016): Efficient expression of nuclear transgenes in the green alga Chlamydomonas: synthesis of an HIV antigen and development of a new selectable marker. Plant Molecular Biology (8. Januar 2016), doi:10.1007/s11103-015-0425-8. Zugegriffen: Februar 2016

Bublak R (2015) Erst Fakten, dann Moral. ÄrzteZeitung. Springer Medizin. http://www.aerztezeitung.de/politik_gesellschaft/medizinethik/article/887202/cfdna-bluttest-trisomie-21-erst-fakten-dann-moral.html?sh=1&h=1354264913. Zugegriffen: Jänner 2016

Bundesministerium für Ernährung und Landwirtschaft (Hrsg) (2013) Anzahl der für Versuche und andere wissenschaftliche Zwecke verwendeten Wirbeltiere. Tabelle des Bundesministeriums für Ernährung und Landwirtschaft, Berlin. http://www.bmel.de/

SharedDocs/Downloads/Tier/Tierschutz/2013-TierversuchszahlenGesamt.pdf?__blob=-publicationFile. Zugegriffen: Jänner 2016

Bunge J (2015) Fields of Gold: GMO-Free Crops Prove Lucrative for Farmers. The Wall Street Journal. http://www.wsj.com/articles/fields-of-gold-gmo-free-crops-prove-lucrative-for-farmers-1422909700. Zugegriffen: November 2015

Campbell NA, Reece JB, Urry LA, et al (2015) Campbell Biologie (10. Aufl). Pearson Studium, München

Carman J R, Howard R, et al (2013) A long-term toxicology study on pigs fed a combined genetically modified (GM) soy and GM maize diet. Journal of Organic Systems Vol 8, No 1, p.38-54. http://www.organic-systems.org/journal/81/8106.pdf. Zugegriffen: Dezember 2015

Chargaff E (1981) Das Feuer des Heraklit – Skizzen aus einem Leben von der Natur. Klett-Cotta, Stuttgart

Choudhary B, Gaur K (2015) Biotech Cotton in India, 2002-2014. ISAAA Series if Biotech Crop Profiles. ISAAA: Ithaca, NY. https://www.isaaa.org/resources/publications/biotech_crop_profiles/bt_cotton_in_india-a_country_profile/download/Bt_Cotton_in_India-2002-2014.pdf. Zugegriffen: Oktober 2015

Cox C (1994) Herbicide Factsheet Dicamba. Journal of Pesticide Reform/Spring 1994, Vol.14, No.1. http://www.panna.org/sites/default/files/dicamba-NCAP.pdf. Zugegriffen: Jänner 2016

Czepel R (2016) Gen-Schere „CRISPR": Erster Test am Menschen. Science.orf.at. http://science.orf.at/stories/2781858/. Zugegriffen: Juni 2016

Deutscher Ethikrat (2013) Die Zukunft der genetischen Diagnostik – von der Forschung in die klinische Anwendung, Stellungnahme. Deutscher Ethikrat, Berlin. http://www.ethikrat.org/dateien/pdf/stellungnahme-zukunft-der-genetischen-diagnostik.pdf. Zugegriffen: Jänner 2016

Dewey F E, Grove M E, Pan C, et al. (2014): Clinical Interpretation and Implications of Whole-Genome Sequencing. The Journal of the American Medical Association, 311(10): 1035-1045. doi: 10.1001/jama.2014.1717. Zugegriffen: Februrar 2016

Die forschenden Pharma-Unternehmen (Hrsg) (2016) Zugelassene gentechnische Arzneimittel in Deutschland. http://www.vfa.de/de/arzneimittel-forschung/datenbanken-zu-arzneimitteln/amzulassungen-gentec.html. Zugegriffen: April 2016

Die forschenden Pharma-Unternehmen (Hrsg) (2016) Originalpräparate und Biosimilars (zugelassen in der EU). Übersichtstabelle. http://www.vfa.de/embed/biosimilars-uebersicht-originalpraeparate.pdf. Zugegriffen: Juni 2016

Duba H, Speicher M (2013) Expertengutachten – Beratung bei genetischen Analysen. Bundesministerium für Gesundheit, Sektion II, Wien. http://bmg.gv.at/cms/home/attachments/4/6/0/CH1053/CMS1362400994960/genetischeanalysen_20130320.pdf, Zugegriffen: Dezember 2015

Epigen (Hrsg) Stand der Dinge: Bt-Pflanzen und resistente Schädlinge. Epigen. http://www.epi-gen.de/themen/oekologie/btresistenz. Zugegriffen: Jänner 2016

Ermakova I V (2005) Influence of genetically modified soya on the birth-weight and survival of rat pups. In: Moch K (Ed) (2006) Proceedings of the Conference: Epigenetics, Transgenic Plants and Risk Assessment. Öko-Institut e.V., p. 41–48, Freiburg

Ernst&Young (2003) Zeit der Bewährung. Deutscher Biotechnologie-Report 2003. Ernst&Young AG, Mannheim

European Lung Foundation (2014) Father's smoking prior to conception could increase asthma risk for baby. http://www.europeanlung.org/en/news-and-events/media-centre/

press-releases/father%E2%80%99s-smoking-prior-to-conception-could-increase-asthma-risk-for-baby. Zugegriffen: März 2016

European Medicines Agency (Hrsg) (2011) EPAR summary fort he public – ATryn. http://www.ema.europa.eu/docs/en_GB/document_library/EPAR_-_Summary_for_the_public/human/000587/WC500028255.pdf. Zugegriffen: April 2016

European Medicines Agency (Hrsg) (2015) EPAR summary for the public – GLybera. http://www.ema.europa.eu/docs/en_GB/document_library/EPAR_-_Summary_for_the_public/human/002145/WC500135474.pdf. Zugegriffen: April 2016

European Medicines Agency (Hrsg) (2015) Zusammenfassung des EPAR für die Öffentlichkeit für Rixubis. http://www.ema.europa.eu/docs/de_DE/document_library/EPAR_-_Summary_for_the_public/human/003771/WC500182069.pdf. Zugegriffen: April 2016

European Medicines Agency (Hrsg) (2016) EPAR summary for the public – Ruconest. http://www.ema.europa.eu/ema/index.jsp?curl=pages/medicines/human/medicines/001223/human_med_001382.jsp&mid=WC0b01ac058001d125. Zugegriffen: April 2016

Ewen S, Pusztai A (1999) Effect of diets containing genetically modified potatoes expressing Galanthus nivalis lectin on rat small intestine. The Lancet Vol 354, No 9187, p 1353-1354. http://www.thelancet.com/journals/lancet/article/PIIS0140-6736(98)05860-7/abstract. Zugegriffen: November 2015

FAO, IFAD und WFP (2015) The State of Food Insecurity in the World 2015. Meeting the 2015 international hunger targets: taking stock of uneven progress. FAO, Rom http://www.fao.org/3/a4ef2d16-70a7-460a-a9ac-2a65a533269a/i4646e.pdf. Zugegriffen: Jänner 2016

Fernandez-Cornejo J, Wechsler S, Livingston M and Mitchell L (2014) Genetically Engineered Crops in the United States. Economic Research Report Number 162. Department of Agriculture, Economic Research Service, Washington. http://www.ers.usda.gov/media/1282246/err162.pdf. Zugegriffen: Februar 2016

Finamore A, Roselli M, Britti S, Monastra G, Ambra R, Turrini A, Mengheri E (2008) Intestinal and Peripheral Immune Response to MON810 Maize Ingestion in Weaning and Old Mice. Journal of Agricultural and Food Chemistry. doi: 10.1021/jf802059w. Zugegriffen: November 2015

Fischer L (2012) Die neuen Genom-Schreibmaschinen. Spektrum.de. http://www.spektrum.de/news/die-neuen-genom-schreibmaschinen/1170292. Zugegriffen: Jänner 2016

Flachsbarth M (2014) Parlamentarische Anfrage zu „Volkswirtschaftliche Kosten der Agro-Gentechnik". Drucksache 18/03168. Bundesministerium für Ernährung und Landwirtschaft, Berlin. http://www.keine-gentechnik.de/fileadmin/files/Infodienst/Dokumente/141127_AntwBR_Volkswirtschaftliche_Kosten_Agro_Gentechnik_18_3168.pdf. Zugegriffen: März 2016

Food and Agriculture Organization of the United Nations (Hrsg) FAO Philippines Newsletter 2015 Issue 2, FAO. http://www.fao.org/3/a-i4614e.pdf. Zugegriffen: Jänner 2016

Frein M, Meyer H (2012) Wer kriegt was, das Nagoya Protokoll gegen Biopiraterie – eine politische Analyse. Evangelischer Entwicklungsdienst, Bonn. https://www.brot-fuer-die-welt.de/static/shop-eed/EED_Nagoya_Protokoll_2012_deu.pdf. Zugegriffen Februar 2016

Gaupp – Berghausen M, Hofer M, Rewald B, Zaller J G (2015) Glyphosate-based herbicides reduce the activity and reproduction of earthworms and lead to increased soil nutrient concentrations Scientific Reports 5:12886. doi: 10.1038/srep12886. Zugegriffen: Februar 2016

Gen-ethisches Netzwerk e.V. (Hrsg) Schriftenreihe GID bis 234, Berlin

Gentechnikgesetz (GTG) Bundesgesetz, mit dem Arbeiten mit gentechnisch veränderten Organismen, das Freisetzen und Inverkehrbringen von gentechnisch veränderten Organismen und die Anwendung von Genanalyse und Gentherapie am Menschen geregelt werden, Fassung vom 08.03.2016. Bundeskanzleramt Rechtsinformationssystem, Wien. https://www.ris.bka.gv.at/GeltendeFassung/Bundesnormen/10010826/GTG%2c%20 Fassung%20vom%2008.03.2016.pdf. Zugegriffen: März 2016

Gentechnikgesetz (GenTG) Gesetz zur Regelung der Gentechnik, Fassung vom 16.12.1993 mit der letzten Änderung am 31.08.2015. Bundesministerium der Justiz und für Verbraucherschutz, Berlin. http://www.gesetze-im-internet.de/bundesrecht/gentg/gesamt. pdf. Zugegriffen: März 2016

Gera K A (2016) Haryana, Punjab may cut Bt cotton sowing. Business Standard. http://mybs. in/2TCHvpt. Zugegriffen: April 2016

Gesetz über genetische Untersuchungen bei Menschen, Fassung vom 31.07.2009 mit der letzten Änderung am 07.08.2013. Bundesministerium der Justiz und für Verbraucherschutz, Berlin. http://www.gesetze-im-internet.de/bundesrecht/gendg/gesamt.pdf. Zugegriffen: März 2016

Gilbert N (2016) Tradition schlägt Gentechnik. Spektrum.de. http://www.spektrum.de/news/ traditionelle-zuechtung-ist-so-gut-wie-gentechnik/1414243?utm_source=zon&utm_medium=teaser&utm_content=feature&utm_campaign=ZON_KOOP. Zugegriffen: Juni 2016

Global 2000 und Friends fo the Earth Austria (2012) Glyphosat im menschlichen Körper – Factsheet. https://www.global2000.at/sites/global/files/Glyphosate_im_menschlichen_Koerper_0.pdf. Zugegriffen: Februar 2016

GMO Compass (2006) GM Soy Dangerous for Newborns. http://www.gmo-compass.org/eng/ news/stories/195.study_gm_soy_dangerous_newborns.html#top. Zugegriffen: März 2016

Gordon L, Joo J E, Powell J E, Ollikainen M, et al (2012) Neonatal DNA methylation profile in human twins is specified by a complex interplay between intrauterine environmental and genetic factors, subject to tissue-specific influence. Genome Research doi: 10.1101/ gr.136598.111. Zugegriffen: März 2016

Gräfe K A, Siebenand S (2015) Eliglustat und Nonacog gamma. Pharmazeutische Zeitung, Ausgabe 19/2015. http://www.pharmazeutische-zeitung.de/index.php?id=57799. Zugegriffen: Dezember 2015

Greenpeace (2015) Zwei Jahrzehnte des Versagens – die gebrochenen Versprechen der Agro-Gentechnik. Greenpeace e.V. (Hrsg), Hamburg. https://www.greenpeace.de/ sites/www.greenpeace.de/files/publications/20-jahre-gentechnik-bilanz-greenpeace-20150311_0.pdf. Zugegriffen: November 2015

Grunert U (2012) Genetisch veränderter Eukalyptus als Energiepflanze – Zukunftsmusik der Green Economy in Brasilien. KoBra e.V., Freiburg. https://www.kooperation-brasilien. org/de/impressum. Zugegriffen: Dezember 2015

Gurian-Sherman D (2009) Failure to Yield – Evaluating the Performance of Genetically Engineered Crops. Union of Concerned Scientists, Cambridge. http://www.ucsusa.org/ sites/default/files/legacy/assets/documents/food_and_agriculture/failure-to-yield.pdf. Zugegriffen: Februar 2016

Gurian-Sherman D, Mellon M (2013) The Rise of Superweeds – and What to Do About It. Union of Concerned Scientists, policy brief. Cambridge. http://www.ucsusa.org/sites/ default/files/legacy/assets/documents/food_and_agriculture/rise-of-superweeds.pdf. Zugegriffen: Dezember 2015

Guyton K Z, Loomis D, Grosse Y, El Ghissassi F, et al. on behalf of the International Agency for Research on Cancer Monograph Working Group, IARC, Lyon, France (2015) Carcinogenicity of tetrachlorvinphos, parathion, malathion, diazinon, and glyphosate

The Lancet Oncology, Volume 16, No.5, p490-p491 doi: http://dx.doi.org/10.1016/S1470-2045(15)70134-8. Zugegriffen: Jänner 2016

Hammond A, Galizi R, Kyrou K, et al (2016) A CRISPR-Cas9 gene drive system targeting female reproduction in the malaria mosquito vector Anopheles gambiae. Nature Biotechnology 34, p. 78-83. doi:10.1038/nbt.3439. Zugegriffen: März 2016

Herzog U (2007) Transgene Tiere – Status-quo bezüglich Risikoabschätzung und Stand der Forschung. Bundesministerium für Gesundheit, Familie und Jugend, Sektion IV, Wien

Hills M J, Hall L, Arnison P G, Good A G (2007) Genetic use restriction technologies (GURTs): strategies to impede transgene movement. TRENDS in Plant Science Vol.12 No.4, Elsevier http://citeseerx.ist.psu.edu/viewdoc/ download?doi=10.1.1.554.9447&rep=rep1&type=pdf. Zugegriffen: November 2015

Hoffmann-Sommergruber K, Wiedermann-Schmidt U, Benesch T (2008) Allergene Risikoabschätzung einer genetisch modifizierten Maislinie im Vergleich zu der isogenen Kontrolllinie: Evaluierung der möglichen Untersuchungen und deren Aussagekraft. Forschungsberichte der Sektion IV Band 4/2008. Bundesministerium für Gesundheit, Familie und Jugend, Sektion IV, Wien

Holderbaum D F, Cuhra M, Wickson F, Orth A l, Nodari R O, Bøhn T (2015) Chronic Responses of Daphnia magna Under Dietary Exposure to Leaves of a Transgenic (Event MON810) Bt-Maize Hybrid and ist Conventional Near-Isoline. Journal of Toxicology and Environmental Health Part A; 78(15):993-1007 doi: 10.1080/15287394.2015.1037877. Zugegriffen: Februar 2016

Hoppichler, J (2010) Die Agro-Gentechnik zwischen Gen-Verschmutzung und Gentechnik-Freiheit. Forschungsbericht Nr.64. Bundesanstalt für Bergbauernfragen, Wien

Hughes V (2014) Epigenetics: The sins of the father. Nature 507:22-24. doi:10.1038/507022a. Zugegriffen: Jänner 2016

Infosperber (2015) Stevia: Ein klassischer Fall von Biopiraterie. http://www.infosperber.ch/ Wirtschaft/Biopiraterie-Stevia. Zugegriffen: Februar 2016

International Rice Research Institute (Hrsg) What is the status of the Golden Rice project coordinated by IRRI. http://irri.org/golden-rice/faqs/what-is-the-status-of-the-golden-rice-project-coordinated-by-irri. Zugegriffen: Juni 2016

James C (2014) Global Status of Commercialized Biotech/GM Crops: 2014. ISAAA Brief No. 49. ISAAA, Ithaca, NY. http://www.isaaa.org/resources/ publications/briefs/49/default. asp. Zugegriffen: Dezember 2015

James C (2015) 20th Anniversary (1996-2015) oft he Global Commercialization of Biotech Crops and Biotech Crop Highlights in 2015. ISAAA Brief No. 51. ISAAA, Ithaca, NY. http://www.isaaa.org/resources/publications/briefs/51/default.asp. Zugegriffen: Juni 2016

Kegel B (2010) Epigenetik – Wie Erfahrungen vererbt werden. Dumont, Köln

Kempken F, Kempken R (2012) Gentechnik bei Pflanzen – Chancen und Risiken (4. Aufl). Springer Spektrum, Berlin Heidelberg

Kollek R, Lemke T (2008) Der medizinische Blick in die Zukunft – Gesellschaftliche Implikationen prädiktiver Gentests. Campus, Frankfurt

Krebsinformationsdienst (Hrsg) (2013) Familiärer Brust- und Eierstockkrebs. Informationsblatt. Deutsches Krebsforschungszentrum Krebsinformationsdienst, Heidelberg. https://www.krebsinformationsdienst.de/wegweiser/iblatt/iblatt-familiaerer-brustkrebs. pdf. Zugegriffen: Jänner 2016

Krebsinformationsdienst (Hrsg) (2013) Risiko Brustkrebs: Veranlagung, Vererbung, Genetik. Deutsches Krebsforschungszentrum Krebsinformationsdienst, Heidelberg. https://www.

krebsinformationsdienst.de/tumorarten/brustkrebs/brustkrebsrisiken-persoenlich.php. Zugegriffen: Jänner 2016

Ledford H (2015) Gentechnik: CRISPR verändert alles. Spektrum.de. http://www.spektrum. de/news/gentechnik-crispr-erleichtert-die-manipulation/1351915. Zugegriffen: Jänner 2016

Lees R S, Gilles J R L, Hendrichs J, Vreysen M J B, Bourtzis K (2015) Back to the future: the sterile insect technique against mosquito disease vectors. Current Opinion in Insect Science, Vol 10, p. 156-162. Elsevier. doi:10.1016/j.cois.2015.05.011. Zugegriffen: März 2016

Leiner P (2015) Der Gentest für zu Hause. ÄrzteZeitung. Springer Medizin. http://www. aerztezeitung.de/medizin/krankheiten/krebs/article/881406/usa-erlaubt-gentest-hause. html. Zugegriffen: Jänner 2016

Lewis R (2015) Gentherapie, zweiter Anlauf. Spektrum.de. http://www.spektrum.de/news/ gentherapie-zweiter-anlauf/1328627. Zugegriffen: Jänner 2016

Liang P, Xu Y, Zhang X, et al (2015) CRISPR/Cas9-mediated gene editing in human tripro-nuclear zygotes. Protein & Cell Volume 6, Issue 5, pp 363-372. Springer Nature. doi: 10.1007/s13238-015-0153-5. Zugegriffen: Jänner 2016

Lichtenschopf R, Renz R, Rappaport-Fürhauser C, Singer G (2015) Erblicher Brust- und Eierstockkrebs. Informationsbroschüre. Zentrum für familiären Brust- und Eierstock-krebs, Wien

Lodge C, Lowe A, Dharmage S, Olsson D, Forsberg B, Bråbäck L (2015) Does grandmaternal smoking increase the risk of asthma in grandchildren? European Respiratory Journal Vol 46 Issue suppl 59. doi: 10.1183/13993003.congress-2015.OA4762. Zugegriffen: März 2016

Loomis D, Guyton K, Grosse Y, El Ghissasi F, et al. on behalf of the International Agen-cy for Research on Cancer Monograph Working Group, IARC, Lyon, France (2015) Carcinogenicity of lindane, DDT, and 2,4-dichlorophenoxyacetic acid, The Lancet Oncology, Volume 16, No. 8, p891-892 http://dx.doi.org/10.1016/S1470-2045(15)00081-9. Zugegriffen: Jänner 2016

Luger O (2011) Der Goldreis. SOL Magazin, Nr. 143. SOL (Menschen für Solidarität, Ökologie und Lebensstil) (Hrsg), Wien

Luger O (2015) Neue, erfolgreiche Pflanzensorten – besser ohne Gentechnik. SOL Magazin, Nr. 159. SOL (Menschen für Solidarität, Ökologie und Lebensstil) (Hrsg), Wien

Luger O (2016) Glyphosat. SOL Magazin, Nr. 163. SOL (Menschen für Solidarität, Ökologie und Lebensstil) (Hrsg), Wien

Maier-Borst H (2015) Mein DNA-Ich. Die Zeit Nr. 50. http://www.zeit.de/2015/50/gene-tik-dna-gesicht-physiognomie-genom. Zugegriffen: Dezember 2015

Marshall A (2007) GM soybeans and health safety – a controversy reexamined. Nature Biotechnology 25, 981-987. doi:10.1038/nbt0907-981. Zugegriffen: November 2015

Merlot J (2015) Fleisch von Gentechnik-Lamm in Paris verkauft. Spiegel Online. http://www. spiegel.de/wissenschaft/natur/fleisch-von-gentechnisch-veraendertem-lamm-in-frank-reich-verkauft-a-1040243.html. Zugegriffen: Februar 2016

Mertens M (2011) Glyphosat und Agrogentechnik – Risiken des Anbaus herbizidresistenter Pflanzen für Mensch und Umwelt. NABU, Berlin. https://www.nabu.de/imperia/md/ content/nabude/gentechnik/studien/nabu-glyphosat-agrogentechnik_fin.pdf. Zuge-griffen: Februar 2016

Müller-Röber B, Budisa N, Diekämper J, et al (Hrsg) (2015) Dritter Gentechnologiebericht – Analyse einer Hochtechnologie. Nomos Verlagsgesellschaft, Baden-Baden

Ngereza C (2016) Tanzanian rice swells yield from salty soil. SciDev.Net, London. http://www.scidev.net/global/farming/news/tanzanian-rice-swells-yield-salty-soil.html. Zugegriffen: Juni 2016

Oberhauser S (2014) 209.000 Versuchstiere im Jahr 2014. Anfragebeantwortung zu der schriftlichen Anfrage der Abgeordneten Josef A. Riemer, Kolleginnen und Kollegen. Offenes Parlament. https://www.parlament.gv.at/PAKT/VHG/XXV/AB/AB_06733/index.shtml. Zugegriffen: Jänner 2016

Ormond K E, Wheeler M T, Hudgins L, et al (2010) Challenges in the clinical application of whole-genome sequencing. The Lancet Vol 375, No. 9727, p 1749-1751. http://www.thelancet.com/journals/lancet/article/PIIS0140-6736(10)60599-5/abstract. Zugegriffen: Februar 2016

Osterkamp J (2015) Gentechnik mit Selbstzerstörung. Spektrum.de. http://www.spektrum.de/news/gentechnik-mit-selbstzerstoerung/1346934. Zugegriffen: Jänner 2016

Pan – Pesticide Action Network (Hrsg) (2006) Herbicide Factsheet 2,4-D. Journal of Pesticide Reform/Winter 2005, Vol.25, No.4, updated 4/2006. https://www.panna.org/sites/default/files/24D-factsheet.pdf. Zugegriffen: Jänner 2016

Pascher K, Dolezel M (2005) Koexistenz von gentechnisch veränderten, konventionellen und biologisch angebauten Kulturpflanzen in der Österreichischen Landwirtschaft – Handlungsempfehlungen aus ökologischer Sicht. Studie im Auftrag des Bundesministeriums für Gesundheit und Frauen. Forschungsbericht der Sektion IV, Wien. http://bmg.gv.at/cms/home/attachments/5/3/0/CH1050/ CMS1340177559357/forschungsbericht_2-2005.pdf. Zugegriffen: November 2015

Pelters B (2008) Zurück in die Zukunft. Gen-ethisches Netzwerk, Berlin. http://www.gen-ethisches-netzwerk.de/gid/188/pelters/zurueck-zukunft. Zugegriffen: Jänner 2016

Petrucelli N, Daly M B, Feldmann G L (1998) BRCA1 and BRCA2 Hereditary Breast and Ovarian Cancer. Updated 2013, In: Pagon R A, Adam M P, Ardinger H H, et al (1993-2016) GeneReviews. National Center für Biotechnology Information, Seattle. http://www.ncbi.nlm.nih.gov/. Zugegriffen: Jänner 2016

Reich J, Fanerau H, Fehse B, et al (2015) Genomchirurgie beim Menschen – Zur verantwortlichen Bewertung einer neuen Technologie. Berlin-Brandenburgische Akademie der Wissenschaften, Berlin

Robin M-M (2010) Mit Gift und Genen – Wie der Biotech-Konzern Monsanto unsere Welt verändert. Goldmann, München

Sag (Hrsg) (2015) Gentechnologie ist keine Antwort auf den Hunger. Sag, Zürich. http://gentechfrei.ch/images/stories/pdfs/papiere/150415_SAG_Factsheet_Hunger.pdf. Zugegriffen: Jänner 2016

Sagener N (2015) Biopharmazeutika: Gentechnisch hergestellte Medikamente boomen. http://www.euractiv.de/section/innovation/news/biopharmazeutika-gentechnisch-hergestellte-medikamente-boomen/. Zugegriffen: Dezember 2015

Sauter A, Hüsing B (2005) TA-Projekt Grüne Gentechnik – transgene Pflanzen der 2. und 3. Generation, Arbeitsbericht 104. Büro für Technikfolgen-Abschätzung beim Deutschen Bundestag, Berlin http://www.tab-beim-bundestag.de/de/pdf/publikationen/berichte/TAB-Arbeitsbericht-ab104.pdf. Zugegriffen: Dezember 2015

Sauter A, Albrecht S, van Doren D, et al (2015) Synthetische Biologie – die nächste Stufe der Bio- und Gentechnologie, Arbeitsbericht Nr. 164. Büro für Technikfolgen-Abschätzung beim Deutschen Bundestag, Berlin. http://www.tab-beim-bundestag.de/de/pdf/publikationen/berichte/TAB-Arbeitsbericht-ab164.pdf. Zugegriffen: März 2016

Scherer P (2014) Argumentarium Golden Rice – „Golden Rice" ist nicht die Lösung. Schweizerische Arbeitsgruppe Gentechnologie, Zürich. http://gentechfrei.ch/images/stories/pdfs/papiere/SAG_argumentarium_Golden_Rice.pdf. Zugegriffen: September 2015

Scherer P (2015) Gentechnologie ist keine Antwort auf den Hunger. Schweizerische Arbeitsgruppe Gentechnologie, Zürich. http://gentechfrei.ch/images/stories/pdfs/ papiere/150415_SAG_Factsheet_Hunger.pdf. Zugegriffen: Dezember 2015

Schermaier A, Weisl H (2015) bio@school 8 (8. Aufl). Veritas-Verlag, Linz

Schrenk P (2015) Therapieoptionen bei Mutationsträger. Brustkompetenz Zentrum, Linz. http://www.bhslinz.at/fileadmin/media/pdf_bhslinz/Schrenk_1_Linzer_Mammaforum_2015__Kompatibilitaetsmodus_.pdf. Zugegriffen: Jänner 2016

Schüddekopf C (2003) Der tödliche Zucker. Die Zeit, Nr 48. http://www.zeit.de/2003/48/ Diabetes_neu/komplettansicht. Zugegriffen: April 2016

Schulze J, Brodmann P, Oehen B, Bagutti C (2015) Low level impurities in imported wheat are a likely source of feral transgenic oilseed rape (Brassica napus L.) in Switzerland. Environmental Science and Pollution Research. 22:16936-42. doi: 10.1007/s11356-015-4903-y. Zugegriffen: Februar 2016

Sèralini G-E, Clair E, Mesnage R, et al (2014) Republished study: long-term toxicity of a Roundup herbicide and a Roundup-tolerant genetically modified maize. Environmental Sciences Europe Bridging Science and Regulation at the Regional and European Level 2014 26:14. Springer open. doi: 10.1186/s12302-014-0014-5. Zugegriffen: Jänner 2016

Shiva V (2001) Genetically Engineered Vitamin A Rice: A Blind Approach to Blindness Prevention. In: Tokar B (Hrsg) Redesigning Life? The Worldwide Challenge to Genetic Engineering. Zed Books, London

Shiva V (2011) Geraubte Ernte: Biodiversität und Ernährungspolitik (2. Aufl). Rotpunktverlag, Zürich

Shiva V (2014) Golden Rice: Myth, not Miracle. http://www.gmwatch.org/index.php/news/ archive/2014/15250-golden-rice-myth-not-miracle. Zugegriffen: Dezember 2015

Skinner M (2015) Epigenetik – Vererbung der anderen Art. Spektrum.de Magazin. http://www.spektrum.de/magazin/epigenetik-wie-sich-umwelteinfluesse-ins-erbgut-einbrennen/1346951. Zugegriffen: Jänner 2016

Smith J M (2007) Genetic Roulette, The Documented Health Risks of Genetically Engineered Foods. YES! Books, Fairfield, Iowa

Sparmann A (2015) Was ist da drin? Zeit Dossier, Die Zeit Nr. 50: 15ff

Spiegel online (2013) BASF-Produkt Amflora: EU-Richter stoppen Genkartoffel. http://www. spiegel.de/wirtschaft/unternehmen/genkartoffel-eu-richter-stoppen-zulassung-von-amflora-a-938839.html. Zugegriffen: Dezember 2015

Spök A, Karner, S (2008) Plant Molecular Farming – Opportunities and Challenges. European Comission, Institute for Prospective Technological Studies, Seville. http://ftp.jrc. es/EURdoc/JRC43873.pdf. Zugegriffen: Februar 2016

Spork P (2009) Der zweite Code, Epigenetik – oder wie wir unser Erbgut steuern können. Rowohlt, Reinbek

Supreme Court of the United States (2013) Association für molecular pathology et al. V. myriad genetics, inc, et al. http://www.supremecourt.gov/opinions/12pdf/12-398_1b7d. pdf. Zugegriffen: Juni 2016

Tappeser B, Reichenbecher W, Teichmann H (Hrsg.) (2014) Agronomic and environmental aspects of the cultivation of genetically modified herbicide-resistant plants – A joint paper of BfN (Germany), FOEN (Switzerland) and EAA (Austria). Bundesamt für Naturschutz, Bonn. http://www.bfn.de/fileadmin/MDB/ documents/service/skript362. pdf. Zugegriffen: Februar 2016

Tang G, Hu Y, et al (2012) ß-Carotene in Golden Rice is as good as ß-carotene in oil at providing vitamin A to children. American Society of Nutrition. (Artikel zurückgezogen am 29.07.2015). doi:10.3945/ajcn.111.030775. Zugegriffen: Oktober 2015

Tang G, Qin J (2009) Golden Rice is an effective source of vitamin A. American Society of Nutrition. doi:10.3945/ajcn.2008.27119. Zugegriffen: Oktober 2015

The Guardian (2014) Herbicide 2,4-D „possibly" causes cancer, World Health Organisation study finds. http://www.theguardian.com/environment/2015/jun/23/herbicide-24-d-possibly-causes-cancer-world-health-organisation-study-finds. Zugegriffen: Jänner 2016

The National Cancer Institute (2015) BRCA1 and BRCA2: Cancer Risk and Genetic Testing. http://www.cancer.gov/about-cancer/causes-prevention/genetics/brca-fact-sheet#q2. Zugegriffen: Jänner 2016

The International Survey of Herbicide Resistant Weeds (Hrsg) Weeds Resistant to EPSP synthase inhibitors (G79). http://weedscience.org/summary/moa.aspx. Zugegriffen: Mai 2016

Then Ch, Boeddinghaus R (2014) Das Prinzip industrielle Landwirtschaft in der Sackgasse. Eine Studie im Auftrag Der Grünen/Europäische Freie Allianz und Martin Häusling, MEP, Wiesbaden

Then Ch (2015) Handbuch Agro-Gentechnik – Die Folgen für Landwirtschaft, Mensch und Umwelt. oekom Verlag, München

Then Ch (2016) Toxische Wirkung von Herbizidmischungen in gentechnisch veränderten Sojabohnen, Pressemitteilung. Testbiotech, München. http://www.testbiotech.org/sites/default/files/PM%20%20Kombinationseffekte%20von%20Glyphosat.pdf. Zugegriffen: Februar 2016

Tischer H (2015) Gene Pharming – Medikamente aus dem Stall. Pharmazeutische Zeitung online, Ausgabe 21. http://www.pharmazeutische-zeitung.de/index.php?id=57990. Zugegriffen: Dezember 2015

United Nations Convention on Biological Diversity (2010) Nagoya Protocol on Access to Genetic Resources and the Fair and Equitable Sharing of Benefits Arising from their Utilization to the Convention on Biological Diversity. Secretariat of the Convention on Biological Diversity, Montreal. https://www.cbd.int/abs/doc/protocol/nagoya-protocol-en. pdf. Zugegriffen: März 2016

Van Hoesen S (2015) Claims That GMOs Will „Feed The World" Don't Hold Up. Environmental Working Group. http://www.ewg.org/release/claims-gmos-will-feed-world-don-t-hold. Zugegriffen: Februar 2016

Vogel B (2014) Smart Breeding – the next generation. Greenpeace International, Amsterdam. http://www.greenpeace.org/international/en/publications/Campaign-reports/Agriculture/Smart-Breeding/. Zugegriffen: Jänner 2016

Wagenmann U (2013) „Individualisierte Medizin" – Unternehmen, Politik und Forschung, September 2013. GeN (Hrsg), Berlin.

Welch R M, Graham R D, Cakmak I (2013) Linking Agricultural Production Practices to Improving Human Nutrition and Health. FAO and WHO. http://www.fao.org/3/a-as574e. pdf. Zugegriffen: Oktober 2015

Weber N (2013) Gendiagnostik: Bomben im eigenen Erbgut. Spiegel Online. http://www.spiegel.de/wissenschaft/mensch/gendiagnostik-vom-brca-test-bis-zu-huntington-a-899744. html. Zugegriffen: Dezember 2015

WHO (Hrsg) (2005) Statement from the xenotransplantation advisory consultation. WHO, Genf

Willinger D (2015/2016) Der Kampf gegen die Baumwollkrise. Baumwollzeitung Fairer Stoff-Wechsel. FAIRTRADE Österreich (Hrsg), Wien. http://www.fairtrade.at/fileadmin/ user_upload/PDFs/Materialien/Baumwollzeitung_FINAL.pdf. Zugegriffen: März 2016

Wirz A, Kasperczyk N, Gatzert X, Weik N (2015) Schadensbericht Gentechnik, BÖLW (Hrsg), Berlin. http://www.boelw.de/fileadmin/Dokumentation/ 150112_BOELW_Schadensbericht_Gentechnik.pdf. Zugegriffen: Jänner 2016

Young E. (2005) GM pea causes allergic damage in mice. New Scientist. https://www. newscientist.com/article/dn8347-gm-pea-causes-allergic-damage-in-mice/. Zugegriffen: November 2015

Ziegler E (2014) Gentech-Mais hilft nicht gegen Schädling. Science Orf.at, Wien. http:// science.orf.at/stories/1735191/. Zugegriffen: Jänner 2016

Zukunftsstiftung Landwirtschaft (Hrsg) (2013) Wege aus der Hungerkrise: Die Erkenntnisse und Folgen des Weltagrarberichts: Vorschläge für eine Landwirtschaft von morgen. AbL Verlag, Hamm

Weitere Internetquellen:

Mehrmalige Zugriffe zwischen September 2015 und März 2016

AGES – Österreichische Agentur für Gesundheit und Ernährungssicherheit
http://www.ages.at/themen/gentechnik/

Arte – Film: Gentechnisch veränderte Insekten
http://future.arte.tv/de/gentechnisch-veranderte-insekten

Biotech Lerncenter
http://biotechlerncenter.interpharma.ch/

BMEL – Bundesministerium für Ernährung und Landwirtschaft (Deutschland)
http://www.bmel.de/DE/Startseite/startseite_node.html

Bundeszentrale für politische Bildung
http://www.bpb.de/gesellschaft/umwelt/bioethik/33741/weisse-gentechnik

Das Erste – Film: USA: Gentest to go – Gefahr oder Hoffnung
http://www.daserste.de/information/politik-weltgeschehen/weltspiegel/sendung/wdr/ usa-gentest_to_go-100.html

Deutsches Referenzzentrum für Ethik in den Biowissenschaften
http://www.drze.de/im-blickpunkt/gmf

Die forschenden Pharma-Unternehmen
https://www.vfa.de/

efsa – European Food Safety Authority
http://www.efsa.europa.eu/

EU Umweltbüro
http://eu-umweltbuero.at/

European Commission – Health and Food Safety
http://ec.europa.eu/food/plant/gmo/index_en.htm

European GMO-Free Regions Network
http://gmo-free-regions-nrw.de/Home.aspx

FAO – Food and Agricultural Organization of the United Nations
http://www.fao.org/home/en/

Fian – FoodFirst Informations- & Aktions-Netzwerk e.V.
http://www.fian.de/online/index.php?option=com_remository&Itemid=160&func=startdown
&id=124., Zugegriffen: April 2011

Gen-ethisches Netzwerk e.V.
http://www.gen-ethisches-netzwerk.de/

Genom Austria – ein Wissenschafts-, Kultur- und Bildungsprojekt zur Erforschung unseres
Erbugtes
http://genomaustria.at/das-projekt/

Gentechnologiebericht – interdisziplinäre Arbeitsgruppe
http://www.gentechnologiebericht.de/

Global 2000 – österreichische Umweltschutzorganisation
https://www.global2000.at/

GMO-free Europe
http://www.gmo-free-regions.org/

Golden Rice Project – Golden Rice Humanitarian Board
http://www.goldenrice.org/index.php

Greenovation Biopharmaceuticals
http://www.greenovation.com/developmental-pipeline.html

Greenpeace Deutschland – Bereich Gentechnik
https://www.greenpeace.de/themen/landwirtschaft/gentechnik

Greenpeace International
http://www.greenpeace.org/international/en/

Informationsdienst Gentechnik
www.keine-gentechnik.de

International Survey of Herbicide Resistant Weeds
http://weedscience.org/summary/moa.aspx?MOAID=12

ISAAA – The International Service for the Acquisition of Agri-biotech Applications
http://www.isaaa.org/default.asp

ISAAA (2016) GM Approval Database
http://www.isaaa.org/gmapprovaldatabase/default.asp

Lebensmittelklarheit (2015) Gentechnik in Lebensmitteln. Verbraucherzentrale.
http://www.lebensmittelklarheit.de/informationen/gentechnik-lebensmitteln

Lukas Hensel
http://www.lukashensel.de/biomain.php?biopage=biologie

Menschen für Tierrechte – Bundesverband der Tierversuchsgegner e.V.
https://www.tierrechte.de/themen/gentechnik/xenotransplantation-und-gen-pharming

Monsanto
http://www.monsanto.com/global/de/news-standpunkte/pages/fragen-patenten-monsanto-saatgut.aspx. Zugegriffen: Oktober 2015

National Institutes of Health
http://www.nih.gov/

Open Science
http://www.openscience.or.at/

Pflanzenforschung
http://www.pflanzenforschung.de/de/startseite/

Psrast – Physicians and Scientists for Responsible Application of Science and Technology
http://www.psrast.org/

sag – Schweizer Allianz Gentechfrei
http://gentechfrei.ch/ oder www.gentechnologie.ch

Schule und Gentechnik
http://www.schule-und-gentechnik.de/

sos – save our seeds
http://www.saveourseeds.org/

Spektrum der Wissenschaft
http://www.spektrum.de

Testbiotech e.V. – Institut für unabhängige Felgenabschätzung in der Biotechnologie
http://www.testbiotech.org/

Transparenz Gentechnik
http://www.transgen.de

Umweltinstitut München e.V.
http://www.umweltinstitut.org/home.html

Umweltstiftung
http://www.umweltstiftung.com/

Union of Concerned Scientists
http://www.ucsusa.org/

United States Department of Agriculture
http://www.usda.gov/wps/portal/usda/usdahome?navid=BIOTECH&navtype=CO&edeployment_action=changenav

Weltagrarbericht – Wege aus der Hungerkrise
http://www.weltagrarbericht.de/

Word Health Organization – Micronutrient deficiencies
http://www.who.int/nutrition/topics/vad/en/

Verband der Ölsaatenverarbeitenden Industrie in Deutschland
http://www.ovid-verband.de/index.php

Kommentiertes Literaturverzeichnis

In einer schnelllebigen Wissenschaft wie der Gentechnik, wo Studien, neue Sorten, Zulassungen, Zwischenfälle und politische Entscheidungen schnell Neuerungen oder Änderungen bringen können, ist es vielleicht hilfreich, einen kurzen Überblick über die Unzahl an Informationsquellen im Internet zu bieten. Es sind in diesem Zusammenhang Homepages ausgewählt worden, die zusätzlich zur Lektüre dieses Buches aktuellste Meldungen anbieten. Die Kommentare sollen dabei helfen, sich leichter zurecht zu finden.

Das Gen-ethische Netzwerk (http://www.gen-ethisches-netzwerk.de), kurz GEN, informiert kritisch, aber sehr umfassend zu praktisch allen Bereichen der Gentechnik und ihren Anwendungen und geht auch auf gesellschaftlich und politisch relevante Aspekte ein. Das GEN gibt außerdem eine monatliche Zeitschrift, den Genethischen Informationsdienst, der ebenso vielseitig informiert, heraus. Darin enthalten sind aktuelle Fachartikel zu einem bestimmten Thema und alle aktuellen Meldungen. Darüber hinaus werden auch Broschüren und andere Schriften angeboten.

Ähnlich umfassend – oder vielleicht in manchen Bereichen noch ausführlicher – ist die Seite von Transparenz Gentechnik (http://www.transgen.de). Transgen berichtet laufend über aktuelle und/oder allgemein interessante Ergebnisse, vor allem aus dem Bereich der grünen Gentechnik. Die Seite ist eher neutral gehalten bzw. gentechnik-freundlich.

Das International Service for the Acquisition of Agro-Biotech Applications (http://www.isaaa.org) bietet in englischer Sprache viele Daten und Informationen zur Biotechnologie. Offiziell ist ISAAA eine NGO, wird aber von der Industrie mitfinanziert. Die ISAAA informiert deshalb pro grüner Gentechnik mit sowohl Aktuellem als auch Hintergrundinformationen. Sie gibt unter dem Titel Crop Biotech Update auch einen Newsletter heraus. Besonders interessant ist außerdem die angebotene

Datenbank (http://www.isaaa.org/gmapprovaldatabase/default.asp), wo sämtliche Pflanzen mit gentechnischer Veränderung erfasst sind, egal ob zugelassen oder noch nicht. Hier wird zu jeder Pflanze sämtliche Information geboten, die interessant sein könnte: von allen eingebauten Genen über den Entwickler oder die Entwicklerin bis hin zu Zulassungen.

Sowohl aktuelle Informationen als auch Übersichtsberichte und Hintergrundinformationen bietet die Homepage der Schweizer Allianz Gentechfrei (SAG) (http://gentechfrei.ch). Wie aus dem Namen schon ersichtlich, ist die Seite gentechnik-kritisch. Die SAG gibt einen Newsletter mit ausgewählten Nachrichten aus dem Bereich der grünen Gentechnik heraus.

Der Informationsdienst Gentechnik (http://www.keine-gentechnik.de) – Kritische Nachrichten zu Gentechnik in der Landwirtschaft informiert, wie der Untertitel sagt, kritisch über Neuerungen im Bereich der grünen Gentechnik. Auf der Homepage findet man aber auch Dossiers und Informationen zu verschiedenen anderen Themen der grünen Gentechnik. Auch der Informationsdienst Gentechnik gibt einen Newsletter heraus.

Die Seite http://www.saveourseeds.org ist Teil der Zukunftsstiftung Landwirtschaft. Das ursprüngliche Hauptziel war die Reinhaltung von Saatgut von gentechnisch veränderten Verunreinigungen. Inzwischen ist die Aktivität ausgeweitet auf Saatgutvielfalt, nachhaltige Landwirtschaft und globale Ernährung.

Ausgehend vom Weltagrarbericht des Jahres 2008 beschäftigt sich diese Seite (http://www.weltagrarbericht.de: Wege aus der Hungerkrise) mit Themen betreffend (vor allem nachhaltige) Landwirtschaft, Hunger und Ernährungsproblematiken im weitesten Sinn.

Als ein Beispiel für verschiedene Umweltorganisationen, die auf ihren Seiten immer wieder gentechnik-kritische Berichte, Kommentare oder Arbeiten publizieren, sei die Seite von Greenpeace (https://www.greenpeace.de/Gentechnikbilanz: Gentechnikseite von Greenpeace-Deutschland) genannt.

Einen eher wissenschaftlich-technischeren Zugang bietet die Seite des Gentechnologieberichts (http://www.gentechnologiebericht.de). Es handelt sich um eine interdisziplinäre Arbeitsgruppe der Berlin-Brandenburgischen Akademie der Wissenschaften, die die Entwicklung der Gentechnologie insgesamt in Deutschland langfristig beobachtet und dazu laufend Veröffentlichungen anbietet. Kurzfassungen sind auf der Homepage auch gratis als Dokumente verfügbar.

Auf EU Ebene ist die Seite der EFSA (http://www.efsa.europa.eu), der European Food Safety Authority, unter anderem für die Gentechnik zuständig. Einen Überblick über europarelevante Umweltthemen, darunter auch immer wieder solche zur Gentechnologie, bietet auch die Seite des EU Umweltbüros (http://eu-umweltbuero.at). Der angebotene Newsletter geht thematisch auch weit über die Gentechnik hinaus.

Das African Centre for Biodiversity (http://acbio.org.za) fokussiert die Bestrebungen Gentechnologie in Afrika zu implementieren, vornehmlich durch große multinationale Gesellschaften und die Gates Foundation. Auf dieser Seite werden außerdem Berichte zu afrikanischen Agrarsystemen, ökologischem Landbau und Nahrungssouveränität geboten.

Für Vortragende oder Lehrerinnen und Lehrer gibt es ebenso eine ganze Reihe von Angeboten. An dieser Stelle nennen wir stellvertretend die Seite Schule und Gentechnik (http://www.schule-und-gentechnik.de/). Die Seite bietet speziell für Schülerinnen und Schüler und für Lehrende aufbereitete kritische Materialien zur grünen Gentechnik. Neutraler gehalten oder eher gentechnik-freundlich ist die Seite von Open Science – Lebenswissenschaften im Dialog (http://www.openscience.or.at/). Umfassende Informationen zu den verschiedensten Themen sind auf der Seite informativ und kurz aufgearbeitet. Darüber hinaus werden diverse Unterlagen oder Broschüren zum Thema angeboten.

Abbildungsverzeichnis

Abb. 2.1   Mendels Spaltungsregel: Bei diesem dominant-rezessiven Kreuzungsbeispiel werden reinerbig violettblühende Erbsen mit reinerbig weißblühenden Erbsen gekreuzt, wobei violett dominant (V) und weiß rezessiv
(v) ist. In Anlehnung an: Brigitte Gold, Wien © Veritas-Verlag, Linz.
Entnommen aus: Andreas Schermaier, Herbert Weisl: bio@school 8.
Linz: Veritas-Verlag 2015 (8. Auflage), S. 12

Abb. 2.2   Erbschema zum dihybriden Erbgang: Bei diesem dominant-rezessiven
Kreuzungsbeispiel werden zwei unterschiedliche Merkmale gekreuzt. Die
reinerbig gelben (G) und runden (R) Erbsen werden mit reinerbig grünen
(g) und runzeligen (r) Erbsen gekreuzt, wobei gelb und rund dominant sind
sowie grün und runzelig rezessiv. In der zweiten Generation zeigt sich eine
Durchmischung beider Merkmale. In Anlehnung an: Brigitte Gold, Wien
© Veritas-Verlag, Linz. Entnommen aus: Andreas Schermaier, Herbert
Weisl: bio@school 8. Linz: Veritas-Verlag 2015 (8. Auflage), S. 14

Abb. 2.3   Aufbau der DNA: Diese schematische Darstellung der DNA zeigt den
molekularen Aufbau der DNA mit den vier Kernbasen und dem Phos-
phorsäure-Zucker-Rückgrat, die Doppelhelix und die Verpackung des
DNA Fadens als Chromosom während der Zellteilung. Eine bestimmte
Sequenzabfolge, die für ein Protein codiert, wird als Gen bezeichnet.
In Anlehnung an: © jack0m / Getty Images / iStock

Abb. 2.4   Replikation: Bei der Verdoppelung der DNA während der Zellteilung
wird zu jedem alten Strang ein neuer Strang hinzugefügt. Dieser semikonservative Vorgang ist weniger fehleranfällig. © dpa / picture alliance

Abb. 2.5   Von der DNA zum Protein: In den Zellen höherer Lebewesen wird die
DNA in eine prä-mRNA (unreife Boten-RNA) abgeschrieben. Bei der
Prozessierung bilden die Introns Schleifen oder Lasso-Strukturen und
werden herausgeschnitten. Die Exons werden zusammengefügt und
enthalten die Information für das Protein. Die reife mRNA wird aus

dem Kern zu den Ribosomen gebracht und in Proteine (Polypeptide) übersetzt. Quelle: www.lukashensel.de

Abb. 2.6 Epigenetik: Diese Abbildung stellt vereinfacht und schematisch einen Ausschnitt epigenetischer Mechanismen dar. © Stefan Pigur

Abb. 3.1 Technik der Mikroinjektion: Die Eizelle wird mit einer Glaspipette festgehalten und die Fremd-DNA wird mit einer sehr feinen Glaskapillare ins Zellinnere injiziert. © Haag + Kropp / mauritius images

Abb. 3.2 Factsheet: Das CRISPR/Cas-System: Beschreibt die Zerstörung von eingedrungener Virus-DNA. Phase 1 zeigt das Eindringen der Virus-DNA bei der Infektion und den Einbau eines kleinen Stücks DNA (Spacer) in die Virus-DNA. In der Phase 2 wird eine RNA (crRNA) erzeugt, die den Spacer erkennt. In der Phase 3 heftet sich die crRNA gemeinsam mit dem Enzym Cas9 an die passende Stelle der Virus-DNA, wobei die Virus-DNA an dieser Stelle vom Enzym Cas9 zerschnitten wird. Mit Hilfe von passenden crRNAs kann DNA an jeder beliebigen Stelle geschnitten werden und es können dort Änderungen (Herausschneiden, Einsetzen, Umbauen der DNA an dieser Stelle) durchgeführt werden. Quelle: pflanzenforschung.de

Abb. 3.3 Wie Dolly erzeugt wurde: Aus dem Euter eines Schafes (weiß) wurden Zellen entnommen, die in einer Nährlösung gehalten und vorbereitet wurden. Einem anderen Schaf (schwarz-weiß) wurde eine reife Eizelle entnommen, entkernt und mit einer der vorbereiteten Euterzellen verschmolzen. Dadurch bekam die entkernte Eizelle den Zellkern und damit die Erbinformation des weißen Schafes. Die Eizelle mit dem fremden Kern begann sich zu entwickeln und wurde dann in ein Ammenschaf implantiert. Das Ammenschaf trug das Tier aus und brachte Dolly, eine genetische Kopie des weißen Schafes, zur Welt. © Alamy / Universal Images Group North America LLC / mauritius images

Abb. 4.1 Biotech Crop Countries and Mega-Countries 2015: Die Karte zeigt jene Länder, die 2015 gentechnisch veränderte Pflanzen angebaut haben. Alle Länder, die mehr als 50.000 Hektar gentechnisch veränderte Pflanzen bewirtschaftet haben, werden als Mega-Countries geführt. In der jeweiligen Beschriftung stehen bei den Ländern sowohl die bepflanzte Fläche als auch die Nutzpflanzen, die gentechnisch verändert wurden. Quelle: James, C. 2015. 20th Anniversary (1996 to 2015) of the Global Commercialization of Biotech Crops and Biotech Crop Highlights in 2015. ISAAA Brief 51. International Service for the Acquisition of Agri-biotech Applications, Ithaca, NY, USA. http://www.isaaa.org.

Abb. 4.2   Gentechnische Veränderung von Pflanzen am Beispiel der Insektenresistenz. Dieses Schema zeigt den Ablauf einer gentechnischen Veränderung
von Pflanzen. Dabei wird das gewünschte Gen, das für ein Insektengift
codiert, aus dem Bazillus thurengiensis entnommen bzw. mit Restriktionsenzymen geschnitten. Ein Plasmid wird als Vektor passend dazu
vorbereitet. Mit Hilfe von Ligase Enzymen werden das neue Gen und
ein weiteres Markergen in das Plasmid eingebaut. Dieses veränderte
Plasmid wird von manchen der infizierten Pflanzenzellen, z.B. Maiszellen, aufgenommen. Durch das Markergen können jene Pflanzenzellen
ausgewählt werden, die das veränderte Gen aufgenommen haben. Aus
den Maiszellen mit dem Bakteriengen werden ganze Pflanzen gezogen,
die die Erbinformation für das Insektengift haben, das Gift erzeugen und
tödlich für Insekten sind, die von der Maispflanze fressen. In Anlehnung
an: © Alamy / Universal Images Group North America LLC / mauritius
images
Abb. 4.3   Anbauflächen von gentechnisch verändertem Soja: Das Diagramm
zeigt die zunehmenden Mengen an gentechnisch verändertem Soja, die
weltweit angebaut werden, und die häufigsten Herkunftsländer. Quelle:
transgen.de; eigene Darstellung
Abb. 4.4   Sojaschrot: Von den rund 319 Mio. Tonnen weltweit produzierten Sojabohnen werden ca. 77 Prozent zu Öl und Schrot verarbeitet. Von den rund
200 Mio. Tonnen Sojaschrot sind rund 163 Mio. Tonnen gentechnisch
veränderter Sojaschrot und rund 28 Mio. Tonnen nicht gentechnisch
veränderter Sojaschrot. Durch fehlende Trennung von gentechnisch
verändertem und nicht gentechnisch verändertem Soja oder dem Eigenverbrauch im jeweiligen Erzeugerland stehen der EU nur rund neun
Mio. Tonnen zur Verfügung. Die Nachfrage liegt mit 32 Mio. Tonnen
beim Dreifachen der verfügbaren Menge. Quelle: Berechnungen und
Annahmen OVID 2016 nach USDA, ISAAA, Oil World, ACTI; eigene
Darstellung
Abb. 4.5   Hunger – Cartoon. © Martin Guhl / dieKleinert / mauritius images
Abb. 4.6   Verunreinigungsmöglichkeiten: Die Verunreinigungsmöglichkeiten im
Laufe eines Produktionsprozesses sind vielfältig und betreffen nahezu
alle Bereiche, sofern keine 100 Prozent Trennung von gentechnisch
veränderten und konventionellen bzw. biologischen Produkten erfolgt.
© Astrid Tröstl
Abb. 4.7   Koexistenz: Langfristig ist vermutlich mit steigendem Anteil an gen-
technisch veränderten Pflanzen eine Koexistenz nicht zu gewährleisten,
auch wenn man hohen finanziellen Aufwand betreibt. © Astrid Tröstl

Abb. 4.8 Bohnenjungpflanze. Quelle: eigenes Foto

Abb. 5.1 Gentechnisch veränderter Lachs: Die Abbildung zeigt einen gentechnisch veränderten Lachs (Hintergrund) und einen natürlichen Lachs (Vordergrund) im Vergleich. © AquaBounty Technologies

Abb. 5.2 Gene Drive: Diese Gegenüberstellung von klassischer Vererbung und Vererbung durch Gene Drive zeigt die unterschiedliche Häufigkeit der veränderten Gene in der Population. Während bei der klassischen Vererbung 50 Prozent der Nachkommen das veränderte Gen tragen und es im Laufe der Zeit zu einer Ausdünnung kommt, sind bei der Vererbung durch Gene Drive (nahezu) 100 Prozent der Nachkommen betroffen. In einigen Generationen kann so die gesamte Population verändert werden. © Wesley Fernandes/Nature; dt. Bearbeitung: Spektrum der Wissenschaft; Ledford, H.: CRISPR, the disruptor. In: Nature 522, S. 20-24, 2015 (Ausschnitt)

Abb. 7.1 Diabetes mellitus Typ 1 und Typ 2: Die beiden Abbildungen zeigen, dass bei Diabetes mellitus Typ 1 zu wenig Insulin gebildet wird, während bei Typ 2 die Zielzellen nicht mehr adäquat auf das Insulin reagieren. In beiden Fällen kommt es zu einem erhöhten Blutzuckerspiegel im Blut. © bilderzwerg / Fotolia

Abb. 7.2 Personalisierte Medizin: Die schematische Darstellung fasst die Vor- und Nachteile der personalisierten und der konventionellen Medizin zusammen. © Astrid Tröstl

Abb. 7.3 Monogene Vererbung – Mukoviszidose: Dieses Vererbungsbeispiel zeigt, dass beide Eltern Träger des defekten, rezessiven Allels sind und die Kinder eine 75-prozentige Wahrscheinlichkeit haben völlig gesund zu sein, wobei eine 50-prozentige Wahrscheinlichkeit besteht, dass die Kinder das rezessive Allel in sich tragen. Kinder dieser Eltern haben eine 25-prozentige Wahrscheinlichkeit, an Mukoviszidose zu erkranken. In Anlehnung an: © zuzanaa / Fotolia

Abb. 7.4 Monogene und polygene Vererbung: Während bei der monogenen Vererbung die Krankheit einzig durch ein Gen bedingt ist, kommt es bei der polygenen Vererbung zu einem Zusammenspiel mehrerer Gene und Umweltfaktoren. © Astrid Tröstl und Katrin Urferer

Abb. 7.5 Methoden der Gentherapie: Bei der klassischen Gentherapie kommt es zur Übertragung der therapeutischen Gene auf zwei Wegen. Entweder wird die Gentherapie außerhalb des Körpers in entnommenen Zellen durchgeführt, die dann wieder in den Körper übertragen werden (ex vivo). Oder Viren werden mit dem therapeutischen Gen in den Körper gebracht, um dort bestimmte Gewebe zu infizieren und das Gen so einzubauen (in vivo). © Astrid Tröstl

Abb. 8.1   Das Patent auf die (gentechnisch veränderte) Tomate. © vreemous / Getty Images / iStock

Abb. 8.2   Generosion, Biopiraterie und Patente: Die Darstellung zeigt den Einfluss der Konzerne auf die weltweite Landwirtschaft. Durch gentechnische Veränderung und die damit verbundene Patentierung verstärken sich diese Abhängigkeiten weiter. Quelle: www.umweltstiftung.com

Abb. 8.3   Übersicht über die Möglichkeiten der biologischen Patentierung, Quelle: eigene Darstellung

Tabellenverzeichnis

Tab. 4.1   Zunahme der Anbauflächen der kommerziellen Nutzung gentechnisch
           veränderter Pflanzen (nach Daten der ISAAA)
Tab. 4.2   Veränderung der Anbauflächen für MON810 in der EU (nach: http://
           www.keine-gentechnik.de/dossiers/anbaustatistiken.html, Zugegriffen:
           April 2016)
Tab. 4.3   Glyphosatresistente Unkräuter, mit Vorkommen und Jahr der ersten
           Beobachtung. Glyphosat ist der Wirkstoff in ‚Roundup'. (vgl. Hoppichler
           2010, S. 41-42)
Tab. 4.4   Liste der 2015 bekannten 35 glyphosatresistenten Wildkräuter mit den
           Ländern, in denen sie beobachtet wurden, und dem Jahr der erstmali-
           gen Beobachtung nach: http://weedscience.org/summary/moa.aspx?-
           MOAID=12, Zugegriffen: März 2016
Tab. 4.5   Übersichtstabelle mit Beispielen zur Kennzeichnungspflicht, Quelle: http://
           www.lebensmittelklarheit.de/informationen/gentechnik-lebensmittel
           Zugegriffen: März 2016
Tab. 4.6   Übersichtstabelle mit Beispielen, wo keine Kennzeichnungspflicht
           besteht, Quelle: http://www.lebensmittelklarheit.de/informationen/
           gentechnik-lebensmittel Zugegriffen: März 2016
Tab. 4.7   Übersicht über gentechnisch veränderte Pflanzen mit anderen Eigenschaf-
           ten als die bekannten Resistenzen gegen Herbizide und Insekten (nach:
           http://www.transgen.de/aktuell/1546.gentechnik-pflanzen-nadeloehr.
           html; Zugegriffen: März 2016)